读国学·诵经典

了凡四训全解

（明）袁黄◎著　韩菲◎编译

中国華僑出版社

·北京·

图书在版编目（CIP）数据

了凡四训全解 /（明）袁黄著；韩菲编译. — 北京：中国华侨出版社，2018. 3

ISBN 978-7-5113-7392-2

Ⅰ. ①了… Ⅱ. ①袁… ②韩… Ⅲ. ①家庭道德—中国—明代②《了凡四训》—注释 Ⅳ. ①B823. 1

中国版本图书馆 CIP 数据核字（2018）第 019459 号

了凡四训全解

编　　译 /（明）袁黄著　韩菲编译
责任编辑 / 高文喆　王　委
责任校对 / 孙　丽
装帧设计 / 环球互动
经　　销 / 新华书店
开　　本 / 730 毫米×1030 毫米　1/16　印张 /18. 5　字数 /283 千字
印　　刷 / 香河利华文化发展有限公司
版　　次 / 2018 年 5 月第 1 版　2018 年 5 月第 1 次印刷
书　　号 / ISBN 978-7-5113-7392-2
定　　价 / 42. 00 元

中国华侨出版社　北京市朝阳区静安里 26 号通成达大厦 3 层　邮编：100028
法律顾问：陈鹰律师事务所　　编辑部：（010）64443056　　64443979
发行部：（010）64443051　　传　真：（010）64439708
网　址：www. oveaschin. com　　E-mail：oveaschin@sina. com

前言

《了凡四训》是明代思想家袁了凡为教诫自己儿子袁天启所作的家训，他用自己的亲身经历来阐明“命自我立，福自己求”的观点，希望儿子能摆脱命运束缚，努力上进，将人生把握在自己手中。

袁了凡，本名袁黄，江苏吴江人。袁黄在年幼的时候便失去了父亲，读书之后因为相信命运之说，认为自己的命运已经被算定了，所以过得有些随波逐流。直到有一天，他得到了云谷禅师的点拨才恍然大悟，明白了人可以通过自己努力行善来改变命运，于是开始了新的人生。他和妻子发愿行善，果然跳出了被算定的命运，在五十三岁那年，他考中了进士，两年后又被任命为宝坻知县。

袁黄在担任县令的时候，廉洁自律，亲民务实，推行善政，做了很多有利于百姓的好事，深受当地民众敬爱，被称赞为“宝坻自金代建县800多年来最受人称道的好县令”。万历朝鲜战争爆发后，袁黄入朝参加支援朝鲜、抗击倭寇的战事，并在“平壤大捷”中表现突出。但他因和主将李如松主张不同、关系不和而遭到弹劾，后又遭罢官。归乡以后他并未消沉，而是通过著书立说，努力宣传行善的主张，受到了远近四方的尊重。为了教诫自己的儿子，也为了教化世人，他创作了这本《了凡四训》。

《了凡四训》共分四篇，分别是“立命之学”“改过之法”“积善之方”“谦德之效”。“立命之法”，主要讲述袁黄一生的经历，叙述了他是如何相信命运之说，又是如何得到了云谷禅师点化、跳出命运拘束的；“改过之法”，教人如何克服惰性，改掉身上的各种过错；“积善之方”，列举了各种为善的方法，又通过列举大量事实来说明“善恶有报”“因果相关”的道理，劝人为善；“谦德之效”，告诉人们“满招损，谦受益”的好处，让人要拥有谦德。

《了凡四训》融合了儒、释、道三家思想，它既提倡儒家的积极入仕、努力求取功名，又主张道家的不争、谦退等思想，还坚信佛家所提倡的慈悲为怀、因果报应。这和对儒、释、道三家兼容并蓄的传统文化极为切合，很能引起人们的共鸣。加之袁黄以自身改造命运的经验“现身说法”，更使人们对其中劝善的内容深信不疑了。所以，自该书面世以来，就颇受世人推崇。晚清名臣曾国藩就极为欣赏《了凡四训》中“命自我立，福自己求”的主张，将其列为子侄必读的第一本人生智慧书，他自己则改号涤生：“涤者，取涤其旧染之污也；生者，取明袁了凡之言：‘从前种种，譬如昨日死；从后种种，譬如今日生也。’”可见其对《了凡四训》推崇之至。

生活中，很多人对现实不满，对自己的命运不满，想要跳出命数的束缚，却又不知如何去做；羡慕那些幸运的人和“有福”的人，自己也想得到却不知如何去争取；有改过行善的愿望，却总是动力不足、半途而废……这些问题该如何应对、解决呢？《了凡四训》之中都有明确的回答。好好阅读这本书，一定能让我们寻找到一种更积极的生活方式，让我们获得从内到外新的人生感受，让迷惘的人生获得明确的指南，从而走向幸福、成功、辉煌。

目 录

立命之学

立命，就是确立自己的命运、改变自己的命运、创造自己的命运。每个人一生下来就在这个世上生活，都有安身之所，有的人贫穷，有的人富贵，有的人健康，有的人多病，有的人生活平静顺利，有的人屡屡遭受不幸，这些都是人的命运。但了解这些，被动地接受这些，以及发自本能地在一定程度上进行反抗，都称不上是立命。真正的立命，是要了解自己生命的意义，坚定自己的理想信念，确立自己人生的奋斗方向，知道自己为何而活，应该怎样活，在这珍贵的一生中应该努力实现什么样的价值。

人的命运是自己树立的，无论上天给我们怎么恶劣的条件，让我们生活在怎样不利的环境之下，只要通过努力奋斗，就一定会改变命运，得到自己应有的人生价值。很多人不懂得这个道理，遇到挫折就哀叹命运不好，陷入困境就自暴自弃，抱着听天由命的态度，将未来寄托在命运之上。这种消极的人生态度是极其错误的，长此以往必然会耽误了自己的生命进程。在"立命之学"这一篇中，了凡先生就用自己的亲身经历，向世人讲述了命运可以改变的道理，以及改变命运的方法。

了凡偶遇孔先生

原文

余童年丧父，老母命弃举业[①]学医，谓可以养生[②]，可以济人[③]，且习一艺以成名，尔父夙心[④]也。后余在慈云寺，遇一老者，修髯[⑤]伟貌，飘飘若仙，余敬礼之。语余曰："子仕路中人[⑥]也，明年即进学，何不读书？"

余告以故，并叩⑦老者姓氏里居。

曰："吾姓孔，云南人也。得邵子⑧皇极数⑨正传，数该传汝。"

余引之归，告母。

母曰："善待之。"

注释

①弃举业：即放弃为应科举而进行的学业。

②养生：维持生活，养活自己及家人。

③济人：凭借医术救济他人。

④夙心：夙愿，平素的心愿。

⑤修髯：长着长胡须。

⑥仕路中人：即为官之人。

⑦叩：询问。

⑧邵子：北宋哲学家、易学家邵雍，自号安乐先生、伊川翁，谥号康节，著有《观物篇》《先天图》《皇极经世》等。

⑨皇极数：即《皇极经世》中的推卦、占卜之法，以八卦之数推断人的祸福吉凶。

译文

我童年之时就失去了父亲，母亲命我放弃举业，改学医，认为这样既可以维持生活，又能救济他人，况且谙习一项技艺而成名，也是我父亲生前夙愿。后来，我在慈云寺遇到一位老者，长髯飘飘，相貌非凡，俨然世外仙人，我恭敬地向他作礼。他对我说："你命中应该做官，明年就可以进学堂了，为何不读书呢?"

我将不读书的缘故告诉了他，并请教老人的姓名及家住何处。

老人回答："我姓孔，是云南人，得道了邵子皇极数的正传，注定应该传授于你。"

我将他请回家中，将具体情形禀告给母亲。

母亲告诉我："善待老人家。"

经典解读

中国古人最推崇的人生境界，就是要达到"三不朽"，即立功、立德、立言。认为只有在这三方面都取得了一定的成就，才能说是成功的人生；而只有圣人才能将这三件事都做得完满，这样的圣人从古至今屈指可数。立功，就是建立功勋，即在治国治民之上有功绩；立德，就是树立德行，即在修身养德上达到一定境界；立言，就是著书立说，树立经典可传的言论。圣人，自然就是像孔子、释迦牟尼那样的人物，他们留下的言论、关于他们事迹的记述虽然很多，但毕竟年代久远，而且普通人又没有他们那样的资质，那该如何追求不朽的成功人生呢？恰好，了凡先生就是一个"成功人士"，他所作的这本《了凡四训》就是在向自己的儿子传授自己如何走向成功的，如何从一个童年丧父的孩子、一个本会默默无闻的小吏，成长为一代名臣、思想家的。

本节是了凡一生故事的开端，介绍了了凡先生童年丧父的经历，以及母亲最初对自己的期望，和遇到擅长皇极数的孔先生的经过。虽然只是一些简单的交代性文字，从中也可以看出很多有关了凡先生成长经历的线索，以及值得人们学习的道理。比如，了凡的母亲很开明，她并不认为读书是人生的唯一出路，也不强求儿子将来能光宗耀祖、名扬天下，而是希望他能学医。而学医的目的又不仅仅是为了养活自己，更是为了医病救人。现在很多父母培养孩子都对孩子期望过高，不是希望他们做大官，就是想着他们能挣很多钱，这样真的能如愿以偿吗？真的能培养好孩子吗？再如，童年时的了凡见到了具有仙风道骨、俨然世外高人的孔先生就恭敬地作礼，这种尊师重道的精神也是十分可贵的，一个年幼的小童就能有如此行为，这不令当今社会上那些不尊重知识、不尊重长者、不尊重老师的人感到羞愧吗？

哲理引申

人生之路，并非只有一条

古人说："万般皆下品，唯有读书高。"可了凡的父亲去世以后，母亲并未要求他继续读书准备科举，而是希望他做个医生，既能养活家人，又能治病救人。这看似是很正常的事情，其实很多人做不到。做不到的原因，就是因为看不到除了读书、做官之外，人生还有别的道路。譬如《儒林外史》中的范进，一生的目的就是中举，想做官想得如癫如痴，即便家中一贫如洗，吃饭都吃不饱也要继续读书；侥幸中举之后便高兴得发疯，仿佛人生的一切价值都在那一刻实现了，丑态毕露，将一切读书人应有的斯文都丢掉脑后。读书、做官真的那么重要，人生难道除了这个就无路可走了吗？

圣人说过："学而优则仕。"于是很多人便将做官、做大官当成了最重要的人生目的，一辈子读书，唯一的目的就是中举、中进士，然后做官，得功名、富贵。其实，这种思想是对圣人思想的曲解，是对读书为学的亵渎，也是对为官的亵渎。孔子说："学而优则仕。"并不是让人们贪恋官位，并不是让读书人将读书作为走向富贵的踏板；圣人教人读书，读的是造福世人的学问，做官只是为了使这些学问有更好的发挥平台，能够更大范围地践行，造福更多的人。若真是为了得到富贵，孔子也不会与权贵作对而遭到排挤了，也不会辞去高位到处风餐露宿地周游天下了。后世的贪婪小人不体悟圣人说话的本意，故意将其扭曲，作为自己追求富贵的借口，实在是损害圣人学说的奸贼。而世上那些俗人，不了解这些，盲目地跟风，将做官、做大官当作人生目的，不仅有害于国家人民，也耽误了自己的人生，使自己失去了生命本该具有的价值。

有些人拥有艺术天赋，本可以成为艺术家，却因为父母的要求、世俗的舆论压力而走向读书、做官的道路，那世上就少了一个艺术家，而多了一个平庸无名的官员；有些人本可成为一个著名的学者，却贪恋官位放弃自己的研究领域，去从事行政工作，结果世上多了一个平庸的官员，少了一个优秀的学者；有的人本可从事自己喜欢的职业，拥有平淡却幸福的生活，却迫于种种压力，去追求所谓的"主流"人生，结果一生过得压抑、郁闷……很多流芳千古的人物，并非是官员出身，甚至在科举之中屡屡失意。曹雪芹、吴承恩、徐霞客、李时珍，这些都是受后人敬仰的名人，但他们的名声并不来自科举、做官；和他们同时的为官者成千上万，现在能够让人记得的有几个呢？比他们还出名的又有几个呢？

清代著名小说家蒲松龄，年幼的时候就被寄予重望，父亲希望他读书考取功名，光宗耀祖，重振衰落的家道。他十九岁时，开始参加县府的考试，县、府、道试都如愿夺得第一名，中了秀才，还专门受到山东学政的赞誉。然而，自此以后参加乡试却屡战屡败，考了多次都没有考中举人。在科举之路受挫之时，蒲松龄发现了一件比科举更为有意义的事情，那就是收集、编纂志异小说。他通过这些描写狐鬼的小说，来讽刺当时腐败的官场，揭露社会各种不公平的真相；并逐渐将精力都放在了这件事上。

相传，为了搜集更多的素材，蒲松龄曾在家乡柳泉旁边摆茶摊，邀请过路人喝茶，听他们讲述各种奇异的故事。他的朋友们看到他这样，都纷纷劝告说这些事耽误学业，会影响到考举人，好友张笃庆还专门写诗劝他，说“聊斋且莫竞谈空”，让他不要搜集什么小说了，专心去准备考试。可蒲松龄不听，还是继续写，继续搜集，知道谁有了什么奇闻异事，他都要殷勤地跑去了解一下，将故事添加到自己的作品中。每逢听到一个好的故事，他都欣然欢喜，高兴得像中了举人。就这样，经过多年的积累，他终于编写出了一本不朽的著作——《聊斋志异》。

现在的人几乎没有不知道《聊斋志异》、不知道蒲松龄的，可当年和他生活在一个时期、那些中举的人呢，早就连名字都消失得无影无踪了。谁的人生更有价值，谁对社会的贡献更大，一目了然。

读书、做官在古代不是唯一的出路，这个道理在今日也同样适用。生活本来就是各种各样、多姿多彩的，我们没有必要非得按照社会的“主流”方式生活，没有必要非得跟随大多数人的脚步。考上大学固然值得庆祝，但上了技校，去学一门手艺并非就没有前途；考了公务员固然是一种生活方式，到公司里打工、回乡创业同样是值得认同的生活方式。选择不被众人所了解、认可的生活方式并不丢人，甚至往往更能实现自己独特的人生价值。有的人觉得读了大学，不在大公司找一份好的工作，回乡就是丢人；有了稳定的工作，不按部就班地工作，去追求自己的爱好就是错误……这些观点，通达的古人都不会认同，如今再被它拘束岂不可笑？

人生的目的其实很简单，就是做一个对社会有用的人。只要能达到这个目的，无论你选择什么样的道路都不是错误的。你可以选择做官，也可以选择经商，可以去教书育人，可以去治病救人，可以做个普通的服务者，只要是活得有意义，又何必拘泥于某一条道路、某一种生活方式呢！

幸运，来源于懂得敬畏他人

假如没有遇到仙风道骨的孔先生，那么了凡也许就真的会遵从母亲最初的愿望，去学医，最终成为一个家庭小康、享誉十里八村的乡间大夫了。那么后来就不会有一个博学多才的大家，有一个体恤民生的清官了，自然也就不会有《了凡四训》这本著作了。可以说，了凡的命运就是从遇到孔先生开始改变的。孔先生看到的孩童自然多得数不清，为何却单单青睐了凡，还要将自己的皇极数绝学传给了凡呢？就是因为了凡一见面就礼敬他。普通的小孩见到陌生人不是赶快跑开，就是远远观看，了凡却能主动上前致礼，恭敬地与先生谈话，还将先生请到家中。待人如此恭敬之人，又怎么会不被别人喜爱、看重，怎么会得不到好运呢？

生活中我们会遇到各种各样的人，我们的命运也往往会因为他们而改变。当他们帮助我们，指导我们，为我们指引迷津之时，他们便是我们生命中的贵人，是我们成功的引路人；当他们厌恶我们，坑害我们之时，他们便是我们生命中的“灾星”，为我们带来失败、痛苦。每个人都希望努力结识更多的贵人，避开每一个“灾星”；其实，很多时候你遇到的人是贵人还是“灾星”，都是由自己与人交往的态度决定的。你尊重别人，以礼待人，别人自然愿意帮助你；你轻视别人，待人无礼，别人自然会厌恶你，故意让你吃苦头。

秦朝的时候，张良收买刺客刺杀秦始皇，刺杀失败，受到通缉，便躲藏在下邳。一天他闲暇时从容步行游玩到城外桥下。桥边有一位老人，穿着破旧的粗布衣，看到张良走过来，便故意将自己的一只鞋子丢到桥下，回头对张良说：“小子，下去替我把鞋取回来！”张良十分吃惊，想打他，但看到他年纪很大，满脸的白胡子，又强忍下怒火，走下桥将老人的鞋子取了回来。老人说：“给我穿上！”张良想既然已经取回了鞋子，又何必再计较呢。于是跪下，将老人的鞋子穿在了脚上。老人待他穿好鞋子后，笑着离开了。张良对这老人的行为很惊诧，凝视着他离去。没想到，老人走过一段路后又返了回来。对张良说：“你小子值得教导，五天以后天亮时来这里等我。”张良感到惊异，便许诺了。

五天以后，天亮时，张良来到桥边。没想到老人已经先到了，看到晚来的张良，老人生气地训斥说：“跟老人家见面，反而后到，为什么呢？”说着转身离去，又回头告诉张良：“五天以后，早点儿来！”五天以后，鸡刚鸣叫，张良就起身前往，没想到远远地看到老人又已经站在了那里。老人又发怒地说：“与老人家约定，却总是迟到，成何体统！”告诉张良五日之后再早点儿，便离开了。

五日以后，半夜十分张良就出发到桥边等待。过了一会儿老人也到了，看到张良笑着说：“就应该这样。”老人从怀中掏出一本书，交给张良说：“读了这本书便可以成为帝王的老师，今后十年你将建立一番事业。”说完就离开了，再也没有出现过。第二天张良看那卷书，原来是《太公兵法》，张良反反复复地阅读它，从中学到了很多智谋、道理。后来，张良以这些智谋辅佐汉高祖刘邦西入咸阳，东破项羽，统一了天下。张良亦被封为留侯，流芳千古。

张良之所以能得到老人的青睐，关键就在于他懂得敬畏老者。若他没有这种敬畏之心，听到老人让自己捡鞋子的要求后不屑一顾地离去，或是受到老人的责备后便反唇相讥、不再赴约，也就不会获得兵法了，后来辅佐汉高祖成就大业、封侯拜相之事都将不复存在。影响人成功的因素有很多，是否会遇到贵人就是其中重要的一点。为什么有些人在生命中经常遇到能够帮助他的贵人，而有些人却总是孤独无助呢？人们往往认为这是机遇的因素，其实在这里机遇的影响微乎其微。我们每天身边都有形形色色的人经过，经常都要与各种各样的人交往。与这些人交往的过程，就是上天赐予我们的机遇，它对每个人都是慷慨的。只不过，大多数人都不懂得珍惜。

一位企业家在谈及自己的成功经验时，曾深深地感慨道：“成功是件需要运气的事情，而好的运气就来自对周围人的敬畏。”他说：“每当我遇到一个人，我都认为上帝让我遇到他们，一定不是毫无意义的。他们就是上帝派来帮助我的，我必须尊重他们，敬畏他们，学习他们身上的优点；尽可能地接近他们，使他们愿意赐教于我。我一直这样坚持着，所以，我失败时，总有人出现来提携我；我迷茫时，总有人出现来指点我；我取得一些成就，总有人出现来告诫我不可骄傲自满……今天我所取得的一切成就，就是他们提携、指点、帮助、告诫的结果。我身边有这么多贵人，又怎么能不成功呢？”

的确如此啊！一个人如果身边都是协助他的贵人，那他想要不成功也很难了。其实，我们都可以反思一下，你的身边有没有这样的人？有多少这样的人？为什么很多人没能成为你的贵人呢？并不是他们不够优秀，而是你自己的敬畏之心不足。他们身上有很多优点，可你并未虚心去学习；他们有足够的智慧，可你并未虚心去请教。

人都是容易向自己所敬畏的人学习，而难于向自己所轻视的人学习。若是有了骄狂自大之心，对周围的人都不屑一顾，那这个人想要去别人身上汲取优点就太难了，他自己心中就会产生一种不自觉的抗拒——我怎么会向这些人学习呢？他们比我差远了……有了这样的想法，就会变得越来越刚愎自用、自以为是，越来越听不进去好的意见；身边的人也自然会远离你，厌恶你，没人再愿意指点你、扶助你；成功也变得遥不可及了。所以说，我们要改变自己的命运，成为一个幸运的成功者，一个能够经常遇到贵人、获得帮助的人，必须要先改变自己的心——让自己的心中充满对他人的敬畏。

入馆求学，命数被算定

原文

试其数，纤悉皆验[①]。余遂启[②]读书之念，谋之表兄沈称，言：“郁海谷先生，在沈友夫家开馆，我送汝寄学甚便。”余遂礼郁为师。

孔为余起数[③]：县考童生，当十四名；府考七十一名，提学考第九名。明年赴考，三处名数皆合。复为卜终身休咎[④]，言：某年考第几名，某年当补廪[⑤]，某年当贡[⑥]，贡后某年，当选四川一大尹[⑦]，在任三年半，即宜告归。五十三岁八月十四日丑时，当终于正寝，惜无子。余备录而谨记之。

自此以后，凡遇考校，其名数先后，皆不出孔公所悬定[8]者。独算余食廪米[9]九十一石五斗当出贡；及食米七十一石，屠宗师[10]即批准补贡，余窃疑之。后果为署印[11]杨公所驳，直至丁卯年（1567年），殷秋溟宗师见余场中备卷，叹曰："五策，即五篇奏议也，岂可使博洽淹贯[12]之儒老于窗下乎！"遂依县申文准贡，连前食米计之，实九十一石五斗也。余因此益信进退有命，迟速有时，澹然无求矣。

注释

①纤悉：细微详尽。纤悉皆验，即无论巨细都能应验。

②启：动、产生。

③起数：即占算。

④休咎：祸福。

⑤补廪：明清科举制度，生员经岁、科两试成绩优秀者，可依次升补廪生，谓之"补廪"。

⑥贡：即升为贡生。科举制度中，挑选府、州、县生员中成绩优异者，升入国子监读书，称为贡生。

⑦大尹：明代称府县行政长官为大尹。

⑧悬定：早先推定。

⑨廪米：指官府按月发给在学生员的粮食。食廪米多少即体现在学时间的长短。

⑩屠宗师：对屠姓学台的尊称。明代读书人将提督学道、提督学政等官员尊称为宗师。

⑪署印：代理官员。

⑫博洽淹贯：知识渊博、深明事理。

译文

试验老人的命学理数，所占之事无论大小都能应验。我于是产生了读书的念头，和表兄沈称商讨此事，他说："郁海谷先生，在沈友夫家开馆教授，我送你去那里入学甚为方便。”我于是拜郁先生为师，开始读书。

孔先生替我推算以后的命运：做童生参加县考时，当考第十四名；参加府考时，当考第七十一名；提学考应当考第九名。第二年参加考试，这三处考试名次果然与孔先生推算的完全一致。他又为我占卜一生的凶吉，说：哪一年考第几名，哪一年当补为廪生，哪一年当补为贡生，入贡后哪一年当被选为四川一知府，在任三年半，便该辞职回家。五十三岁那年八月十四日丑时当寿终正寝，可惜没有儿子。我将这些话一一记录下来，并谨记在心。

从此以后，但凡遇到考试，所考名次先后，都不出孔先生早先推定的结果。唯独算我当领九十一石五斗廪米出贡，可领到七十一石之时，屠学台便批准我出补贡生，我私下对孔先生的命学理数心生怀疑。后来果然被代理学台杨公驳回，不让我补贡生。直到丁卯年（1567 年），殷秋溟学台看到我在考场中的备选试卷，感叹道：“这本卷子中所写的五篇策论，就如上给皇帝的五篇奏议一样。怎能令这样博学明理的大才在这里埋没到老呢！”于是吩咐县官呈文，准许我升补贡职，这段时间和之前所领的廪米总共算来，确实是九十一石五斗。我因此更加相信富贵穷达、死生迟速都是由命中注定的，对世俗的一切也就淡然无求了。

经典解读

本节文字主要讲述了了凡坚信命数之说的缘由、经过。孔先生的命学理数的确灵验异常，所占卜之事“纤悉皆验”，甚至了凡每次考试的名次、一生中该吃的廪米数都一一切合，这就不由得人不相信。所以，了凡对孔先生为自己算的一生命运深信不疑，认为命运都已经完全确定了，便有了“淡然无求”的态度。

对于世上大多数人来说，都是这样的，假若已经知道了自己的命运，便不会再去努力追求，求取改变。所以，有人说：“人生之所以精彩，就是因为未来是不可知的。”有很多科幻小说，就描述了人们能够推知未来的情景。大多数人知道未来的结果以后，并未感到满足，反而充满了失落、空虚的情绪，仿佛人生中的任何奋斗都已经没有意义了。其实，这就是对结果过于看重的弊端，也就是被命运所拘束起来了。真正的智勇之人，应该跳出对生命结果的过分期盼，摆脱命运的束缚，享受在生命中努力奋斗的整个过程。

从生到死，最终人都是要化为尘埃，无论是帝王将相还是平民奴隶，都摆脱不了这最终的命运。于是，世界上便有很多倡导空虚守静的学说，主张人们应该“无为”，应该无欲无求。这样的学说在纠正人们过多的贪欲时，的确有些作用，但绝不是君子应该沉溺于其中的。人生若完全听信命运、无求无欲，那和草木瓦石又有什么区别？上天让人有知觉，让人有智慧，就是要人能够利用自己的聪明才智，在世间创建出一番事业，来证明自己这段生命与众不同的价值。最终都要死亡，但有的人却重于泰山，活得轰轰烈烈；有的人却轻于鸿毛，活得毫无价值。有的人明知只有几年的寿命，却努力做了很多有意义的事情，所以他们即便走了，也有很多人怀念他们；有的人知道自己患病以后，便怨天尤人，堕落懈怠，那他们就真的将这段最宝贵的生命浪费了。

生命的意义并不在于最终取得了什么位置，获得了多少金钱，而在于平时奋斗的每一刻。同样是二十岁考中进士，每天都努力学习、求访圣贤，与每天都饮酒作乐、拈花惹草，这两段生命的意义岂能相同？同样是做到知府，每天玩忽职守，与每天都努力为民众排忧解难，这两段生命的价值岂能相同？孔子五十而知天命，他难道不了解自己“克己复礼”的政治理想难以在天下实现？他知道却还要到处为了梦想奔波，这种“知其不可而为之”的人生态度，才最值得世人尊重。无论上天怎么安排我们的命运，无论我们必将接受什么样的结果，我们都应该积极地面对生活，好好对待自己所能把握的那段过程，即便真的“进退有命，迟速有时”，也不应有一丝懈怠——倘若生命真的像流星那么短暂，我们也要努力让它更加明亮地划过天空。

哲理引申

生命的意义，并不在于结果

了凡看到了孔先生的推算处处应验，便深信进退有命，迟速有时，于是便起了淡然无求之心。淡然无求，也就是没有什么追求了，不再努力进取了，对未来也就没有什么期盼了。很多人就是因为有了这种生命态度，而没有了奋斗的激情，没有了继续前进的动力，觉得生命变得索然无味，甚至产生了轻生的念头。

认为一生完全注定了，就不再愿意继续奋斗，其实，这是最大的懦弱。真正的勇士就该像鲁迅先生所说的那样："敢于面对惨淡的人生，敢于正视淋漓的鲜血。"无论遇到了什么困难，遭受着什么苦难，他们都不会放弃对未来的期待，都不会放弃生命中珍贵的每一分钟。即便知道自己永远不能成功，也要继续拼搏；即便知道自己即将死亡，也要将剩下的时间过得充满意义。

西汉之时，汉宣帝为了标榜自己是汉武帝正统嫡孙的身份下诏颂扬汉武帝，要求群臣讨论武帝的"尊号"和"庙乐"。群臣莫不赞成，唯有长信少府夏侯胜极力反对。他认为武帝虽然开疆拓土，但对百姓没有任何恩泽，反而因为常年战争、穷兵黩武，给民众带来了沉重的灾难，没有资格另立庙乐。大臣们见夏侯胜如此不识时务，纷纷阿附宣帝，对他进行弹劾，唯独丞相长史黄霸认为夏侯胜说得有道理，不肯在弹劾他的联名诏书上签字。

在丞相蔡义和御史大夫田广明的带头声讨下，夏侯胜被认为是"非议诏书，毁先帝"，定为大逆不道的罪行。同时，黄霸也被弹劾，认为他是知道夏侯胜的观点而不举报，有包庇怂恿的大罪。两人都被捕入狱，判处了死刑。不过汉宣帝毕竟是明君，知道他们二人都是贤者，所犯的过错也谈不上"大逆不道"，于是迟迟不下令处死他们。

在狱中，黄霸和夏侯胜关在一起，他早就钦佩夏侯胜的学识，便提议向夏侯胜学习经术。夏侯胜得知黄霸的意思以后，哀叹道："我们被判处死刑，随时都可能被杀，正所谓朝不保夕。连能不能活着出狱都不知道，还学经术干什么?"准备拒绝黄霸。但黄霸诚恳地请求说："《论语》中说：'朝闻道，夕死可矣。'即便明日就处死，和今日学习学问又有什么关系呢?"夏侯胜听了以后，觉得黄霸说得有道理，于是便教他《尚书》。

两年以后，关东地震，汉宣帝为祈求太平而大赦天下，夏侯胜和黄霸都被赦出狱。夏侯胜出狱后被任命为谏议大夫，他亲自向汉宣帝举荐黄霸的贤能，宣帝于是提拔黄霸为扬州刺史。在刺史任期之内，黄霸勤政爱民，为政宽和，深受当地民众爱戴，宣帝对他的政绩十分满意。后来，黄霸官至丞相，被封为建成侯。

黄霸被捕入狱，判了死刑，还要继续学习，这种不屈服于命运的精神对世人来说是最为可贵的。有了这种精神，人的生命才会变得神圣而珍贵，生活中才会永远充满激情、动力。为什么有的人每天都是精神饱满的，每天都过得很快乐、很充实？就是因为他们不会因为所处的环境和现状就认为自己的一生就这样了，不会因为身处逆境就丢掉奋斗的勇气。他们每天都给自己一个新的希望，时刻告诉自己生命的意义在于所走过的每一步，所经历的每一天、每一刻。

张海迪、海伦·凯勒为什么能感动那么多人？就是因为她们身上有这种不屈服于命运的精神，她们知道自己的腿可能永远好不了，自己的眼睛可能永远也不能再看见，但她们并不因此而自暴自弃，并不因此而放弃对未来的美好憧憬。于是，她们珍惜生命中的每一天、每一秒，在困境中挑战命运，在奋斗中享受生命。最终，她们让自己的生命比大多数的人更有意义。

《肖申克的救赎》这部电影为什么能感动无数人？就是因为主人公安迪身上有着这种不屈服于命运的精神。即便被判处终身监禁，重获自由的机会近乎为零，他依旧没有放弃。在漫长的岁月中，克服种种困难，最终战胜了命运，为自己迎来了新生。

斯蒂芬·霍金在 21 岁的时候就不幸患上了卢伽雷氏症，这是一种让人肌肉萎缩的怪病，而且根本不能治愈。也就是说在 21 岁的时候，霍金就已经知道自己将会一辈子萎缩在轮椅上，不能说话、不能运动，甚至连正常人的面部表情都不再拥有。面对这种情况，也许大多数人都会绝望，从此一蹶不振，在沉沦中等待生命的结束，甚至选择死亡。但霍金没有，他不愿向恶疾低头，甚至不愿接受任何帮助，他努力将自己看成是一个正常人，在别人都认为他可怜的时候保持乐观、幽默的生活态度。普通的卢伽雷氏症患者只能在患病后活两三年，而霍金却继续生活了几十年，并且在物理学、宇宙学、数学、哲学等方面都取得了极高的成就，甚至被喻为“继爱因斯坦之后最伟大的科学家”。

人生就像一盒录像带，某些无法改变的命运也许决定了它的长短，却未能决定它的内容。我们每天的生活就是在这录像带上刻画出独特的图像、声音，最后衡量一份录像带价值的标准，并非它的长短，而是它上面记录了什么。所以，我们要做的不是因为自己的录像带太短而唉声叹气，而是要珍惜每一分、每一秒，让它变得缤纷多彩，变得与众不同，这就是上天赐予我们生命的目的，也是人生意义之所在。

于栖霞山，访云谷禅师

原文

贡入燕都[①]，留京一年，终日静坐，不阅文字。己巳（1569 年）归，游南雍[②]，未入监，先访云谷会禅师于栖霞山中，对坐一室，凡三昼夜不瞑目。

云谷问曰："凡人所以不得作圣者，只为妄念[③]相缠耳。汝坐三日，不见起一妄念，何也？"

余曰："吾为孔先生算定，荣辱生死，皆有定数，即要妄想，亦无可妄想。"

云谷笑曰："我待汝是豪杰，原来只是凡夫。"

注释

①燕都：即北京。

②南雍：明代指设在南京的国子监。雍，辟雍，古之大学。

③妄念：虚妄、不正当的想法。

译文

补为贡生以后，我到北京国子监读书。在京城一年间，终日静坐，不读文字。己巳年（1569 年）南归，回到南京国子监读书。未进国子监前，我先到栖霞山中拜访云谷禅师。两人对坐一室，一连三昼夜没有闭眼休息。

云谷禅师问："凡人之所以成不了圣贤，都是因为被妄念所纠缠。你静坐三日，不曾见你起一丝妄念，为何能如此呢？"

我说："我的命被孔先生算定了，生死荣辱都有命数，即便想有妄念，又能妄念些什么呢？"

云谷禅师笑着说："我以为你是了不起的豪杰，原来只是凡夫俗子。"

经典解读

自从深信孔先生的命数之说，了凡达到了"澹然无求"的境界，能够终日静坐，心中不起一丝妄念。云谷禅师开始的时候对他的这种境界很是吃惊，认为这是豪杰之士才能达到的；然而听了原因之后，又不禁失笑，原来只是凡夫俗子罢了。其中产生了个大大的误会。那么什么是豪杰的"澹然无求"，什么是凡夫俗子的"澹然无求"呢？二者有什么区别呢？

豪杰的澹然无求，源自于内心的极度充实，他们心中有坚定的信念，有清晰的原则，被"天理"所充满，所以不会再有任何私心杂念，不再受贪欲、色欲等干扰、迷惑。而了凡所达到的凡夫俗子的澹然无求，则完全是来自外界，他们的内心并不充实，他们的"人欲"并没有消失，只不过因为相信命数之说，认为自己无福得到罢了；一旦有一天他们有了得到财富、美色的机会，那原来的"澹然无求"也就没有了，这些人就会和那些世俗的凡夫毫无二致。

这就如孟子的不动心和告子的不动心。一个源自于内，一个源自于外。王阳明先生的弟子曾请教他这两种不动心的区别，阳明先生说："告子是硬扣住此心，要它不动；孟子却是集义到自然不动。"两个人都行善，一个人是发自内在的仁慈恻隐之心，而另一个人却是为了得到好名声；两个人都不为恶，一个人是内里有是非之心、羞恶之心，不愿意做恶事，而另一个人却为了保全自己的名声、维护自己的利益。这两种不同的行为看着类似，但在个人修养之上却有天壤之别。

君子修身一定不能只做表面功夫，要从心上入手，也就是古人强调的"诚意""正心"。只有如此修行到澹然无求，才是真正的英雄豪杰。

哲理引申

修身修心 察人观心

同样是“澹然无求”，可能是英雄豪杰，也可能是凡夫俗子。若不考察一个人“澹然无求”的原因，便会错将凡夫俗子当成英雄豪杰，将英雄豪杰当成凡夫俗子。每个人都希望成为英雄豪杰，但若不考察之所以是英雄豪杰的根源，盲目地追求“澹然无求”，最终可能修身到老，还是一个凡夫俗子。所以，我们从这里可以得出很重要的两点结论：修身要修心，观人要察心。

修身修心，就是说修养一定要从内心下功夫，而不能单单修饰外在的行为。一个人是善是恶，是君子是小人，并不单单在于他做了什么，更重要的是他的心如何。要想成为君子，就要有一颗君子的心；要想成为圣人，就要有一颗圣人的心。心中藏着奸诈、险恶，即便行为再高尚，总也有坚持不下去的时候；沽名钓誉、欺世盗名的行为，总会有暴露的一天。所以，我们在加强自身修养的时候，要真正立志做个善良的人，培养自己的仁慈之心、利人之心，而不要做半截的功夫。

有很多人，做了很多善事，救济了很多人，但真正感激他的人却很少，甚至人们还都指责他，说他沽名钓誉，这是为什么呢？就是因为他为善不是出于真心的，他心中并不是真正想做善事，而仅仅是想通过这些行为得到好的名声罢了。比如，春秋战国之时的田常，他在齐国做大夫，看到国君为政苛严，便用大斗将米借给民众，当收回的时候采用小斗。这样国人都称赞他，最后田氏逐渐掌握了齐国政权，最后篡夺了国家。田常的行为的确对人民有利，但后世谈论他的时候都将其视为乱臣贼子，没人称赞他的仁慈、慷慨。因为他为善的目的是不纯正的，并非真心想要为民众好，而是为了收买人心、窃取政权。

表面为善、内心不善，这就是人们常说的“伪君子”，这样的人最终都是要受到唾弃的，他们的善也就变成不善了，还谈什么功德呢？所以，我们在修身为善的时候，一定要存养自己的为善之心，而不是在外面做些善举的样子出来。

同样，在观察、评判一个人的时候，也不能只看他的某些行为，更要考察他的内心。孔子曾经说过："视其所以，观其所由，察其所安，人焉廋哉！人焉廋哉！"看一个人做什么不能完全评判一个人，还要看他为什么这么做，他心中想的到底是什么。这样才不会被伪君子所蒙蔽，才不会出现所托非人的后果。

历史上就有很多因为察人不明而产生的错误、悲剧。汉成帝之时，亲信舅家王氏，王氏子弟多恃权恃宠，骄奢放纵，唯有王莽表现出一副温良恭俭的样子，亲近贤人、孝顺亲人、勤奋学习、生活节俭……汉成帝便十分看重他，将他引入朝中，授予重职；朝中大臣也都推崇王莽，认为他是少有的圣贤。然而，最终王莽却篡夺了汉朝的江山，成为历史上有名的大奸佞、伪君子。

宋神宗的时候，任用王安石变法。为了推行新法王安石起用了很多有志改革的人，其中就有吕惠卿。吕惠卿办事能力很强，又善于揣摸王安石的心意，且对王安石十分尊重，无论他想出什么意见，都要先请教王安石，然后才提出来。于是王安石十分看重他，大小事务都和他商议，就连有关变法的奏章都多出自吕惠卿的手笔。当时人都称王安石为孔子，称吕惠卿为颜渊。王安石因此向宋神宗推荐吕惠卿，说："吕惠卿的贤能，岂止在当今之人中出类拔萃，即便前世大儒也不是能轻易比得过的。学习先王的道理而能运用在当今之世的，唯有吕惠卿一人而已。"

但司马光却不这样认为，宋神宗曾询问他对群臣看法，到吕惠卿之时，司马光说："吕惠卿这人邪佞不是良士，他表面阿附王安石内心却忌妒。王安石不谙世事，信任吕惠卿，让他谋划变法事宜，所以招致朝野的不满，也被认为是奸臣。"宋神宗说："吕惠卿进献对策条理清晰，提出的主张也都有利于国家，确实像是美材。"司马光回答说："吕惠卿确实文采出众，思辨明惠，但用心不正，希望陛下慢慢考察。江充、李训这一类人如果没有才能，怎么能够打动人主呢？"

司马光又给王安石写信，说："吕惠卿是阿谀谄媚的小人，表面上顺从你，心中却忌妒，一旦你失势了，他必将出卖你换取利益。”并称吕惠卿虽然也积极变法，但却不是和王安石一样想要使国家强盛，而是为了给自己谋取权力。但王安石都没有接受，反而对司马光的话感到不悦。

后来，变法受阻，王安石被迫离任，吕惠卿逐渐掌握大权，果然做出了很多邪佞之事。他不仅利用权力为自己谋私，打击异己，还扭曲王安石的新法，制定很多严苛的规定，弄得百姓不胜其苦，对新法厌恶不已。他还对提拔自己的王安石恩将仇报，宋神宗本来打算重新起用王安石，吕惠卿担心自己的权势受到威胁，便想尽办法阻挠，甚至拿出王安石的私心来诋毁他。王安石这时才知道所信非人，对提携吕惠卿深为悔恨。

曾国藩说过一句话：“善观人者观己，善观己者观心。”其实，无论观人还是观己，都不能仅仅停留在外表，要细细考察内心。观己不观心，自己的修养做的就永远是表层功夫，永远不能称为真正的君子、圣贤。观人不观心，就无法分辨真正的君子、小人，就会被奸邪所欺骗，被小人所利用，最终误了大事。

命被算定，即是凡夫

原文

问其故？曰：“人未能无心[①]，终为阴阳所缚，安得无数？但惟凡人有数；极善之人，数固拘[②]他不定；极恶之人，数亦拘他不定。汝二十年来，被他算定，不曾转动一毫，岂非是凡夫？”

注释

①无心：没有意识心、修得解脱邪念的真心。

②拘：限制、限定。

译文

我询问他这样说的缘由。他说：“人未能摆脱胡思乱想的意识心，就要被阴阳所束缚；既然被阴阳所束缚，怎能没有命数呢？但只有凡人才会被命数所束缚；至善之人，命数就束缚不了他；至恶之人，命数也束缚不了他。你二十年来，都被孔先生算定，不曾将命数转动分毫，难道还不是凡夫俗子吗？”

经典解读

“人未能无心，终为阴阳所缚，安得无数？”这句话虽然并非云谷禅师在此所要谈论的重点，但细细思来却颇有深意。在云谷禅师看来，人之所以被阴阳——也就是命运所束缚，就是因为不能无心。不能无心，即心中有各种私心杂念——妄心、分别心、执着心……也就是心不净、欲太多。假若没了这些，那人怎么还被束缚得住呢？如此看来，与其说人是被命运所束缚，倒不如说是被自己的私心杂念所束缚，被世俗的欲望所束缚。摆脱命运的束缚，最重要的是改变自己的心。

命数只能拘缚普通人，对于极善之人、极恶之人它都是无法束缚得了的。因为极善之人，无论命运如何他都会努力做善事，不断积累功德，这些功德必将改变他的命运，使他从贫贱变得富贵，从不幸变得幸福。而极恶之人，无论命运给他安排什么好条件，如果他只知道为恶，不断地积累恶报，这样富贵也会变得贫贱，本该受福也会变成遭祸。普通人则处于善恶之间，生活中有时为善、有时作恶，得福时便觉得是善报，遭祸时便觉得是恶报，仿佛命运十分灵验一般，其实是失去了对生命的把握。

哲理引申

束缚你的，恰恰是自己的心

云谷禅师说：“人未能无心，终为阴阳所缚。”的确如此啊！世人所受到的束缚，往往并不是来源于天命、命运，而是自己的内心。自己心中有太多欲求、有太多邪僻不正的念想，所以才会觉得处处受阻、时时不如意。有些人其实生活得不错，却常常抱怨造化弄人，命运不佳；有的人生活在困厄苦难之中，却保持着积极的心态，永远怀着对上天的感激之情；有的人身居高位、享受富贵，还整日为如何爬得更高而愁眉苦脸；有的人虽然家境清贫、身无余财，却生活得有滋有味……人生的感受为何如此不同？就是因为有人能放下欲望、杂念，不让它们束缚了自己的生活；而有的人却沉湎于欲望、杂念之中，被它们紧紧地束缚。

曾经，有一个婆罗门来到佛陀面前，两手托着礼物献给佛陀，诚恳地像佛陀诉说自己的苦恼，并请教解脱之法。他说："我虽然生活富足，可每一天过得都不开心。当我看到亲爱的家人、朋友时，我就担忧总有一天我会失去他们。当我看到那些辛苦得来的财物时，我就为它们终将属于别人而苦恼。甚至，每天早晨我呼吸清新的空气、沐浴在阳光之下时，都会因为不能抓住这美好的一刻而感到痛心……生命如此美好，我却终将失去；死亡那么可怕，它却终会到来。请问佛陀啊，我该如何从中解脱呢？"佛陀对婆罗门说："放下吧。"婆罗门放下了手中的礼物。佛陀又对他说："放下！"婆罗门疑惑地问："我已经放下了，没什么可以再放下的了。"佛陀摇摇头，对他说："我并没有让你放下手中的东西，而是让你放下心中的东西。正是这些将你的心蒙蔽了，缠绕了，让你感受不到生活的美好，让你在生死桎梏中饱受煎熬。"

佛家说人有六根：眼、耳、鼻、舌、身、意；六尘：色、声、香、味、触、法。所有的烦恼、困苦都来源于此。六根不净，便萌生各种欲望，想看看不到，想吃吃不着，想得得不到，便觉得自己没有福分，被命运所束缚；便会哀叹命运的不公，抱怨时运的不济。不消除这些欲望，只知道要求，是永远无法满足的。没有吃的时，希望求得稀粥；有了稀粥喝，又要去求馒头；有了馒头，又要去求精美的菜肴；有了菜肴，又要去求山珍海味；吃到了山珍海味，还要更进一步寻求什么凤髓龙胎……得到的速度，永远跟不上欲念的增长，得不到便被苦恼所萦绕，哪还有一份"闲心"去感受生活的美好呢？

人生的痛苦，难道不全部来源于放不下心中的执念吗？有的人一生想着追求富贵，最后成了守财奴，变为金钱的奴隶；有的人一生想着追求权力，最后丢失良知，变为权力的傀儡；有的人一心想着报复，最后失去了人性，成为仇恨的牺牲品；有的人一生与人攀比，最后丢失了自己的人生，变为别人的复制品……想富贵的，不得富贵，便痛苦不堪，认为自己被注定贫穷的命运所束缚了；想权力的，不得权力，便痛苦不堪，认为自己被注定卑微的命运所束缚了；想复仇的，不能复仇，便痛苦不堪，认为命运注定了自己一生不能如愿，必在痛苦、失望中生活……很多人都戴着沉重的枷锁生活着，却不知道这枷锁随时可以放下，只不过自己不放罢了。

放下奢望之心，便能得到满足；放下仇恨之心，便能得到宽容；放下忧伤之心，便能得到快乐；放下攀比之心，便能得到自在；放下怀疑之心，便能得到信任；放下犹豫之心，便能得到果敢；放下自卑之心，便能得到自信；放下忌妒之心，便能得到合作；放下傲慢之心，便能得到谦和；放下苛刻之心，便能得到欣慰。人只有放下心中的执念，将一切六根、六尘全部放下，排除物欲，换自己一个澄明、洁净的心地，才能从生死桎梏中解脱出来，才能感受到生活真正的美好。

有人说："人生就如一个箱子，因为装得太多，所以才关不上；关不上却硬要去关，所以才会扭曲、破损。"箱子不会因为空而受损，却一定会因为装得太多而毁掉，这与人生是何其相似啊！净慧法师曾说："学佛几十年，我对佛教最重要的体会只有六个字：看破，放下，自在。"生活的一切智慧，幸运的一切钥匙，都在"放下"这两个字当中，若能真正地放下一切执念、妄念、邪念，命运又如何能将你拘缚，生活又怎能不美好！

改变命运，先改变自己

"极善之人，数固拘他不定；极恶之人，数亦拘他不定。"在云谷禅师看来，极善、极恶的人都是不被命运所拘缚的。为何如此呢？

极善之人，总是做善事，不断为自己积累功德，在上有天地鬼神的赐福，在下有无数人愿意帮助他；在外不自私、不害人则不会遭到忌妒陷害，在内无愧于天理良心则忧愁、疾病不生。他遇到困难的时候，一定有人愿意伸出援手；他遭受危险的时候，一定有人帮他化解；对手都会被他的善德而感动，不愿伤害他；这样的人运气想不好都不行。

极恶之人，则恰恰相反。他们不断做荒淫、放荡的事情，不断减损自己的阴德，祖先做了再多的好事，功德都会被他败光；祖先积累了再大的家业，他都能挥霍一空。不仅如此，还会因为害人利己而四处结怨，因为沉湎酒色而自招病患，因为行为不端而触犯律法……这样的人，即便出生在再好的家庭中，享有再高的地位，也最终会走向败亡。就如古时候的夏桀、商纣一样，上天将他们生在帝王之家，让他们享有无尽的财富，他们却不懂珍惜，认为自己的命运是上天注定的，像太阳一样不可动摇，于是荒淫残暴、滥杀无辜、殃害百姓、为所欲为，最终丢掉国家、丢掉性命，想要做普通的百姓都不可以了。

既然命运不能束缚极善之人，那么改变命运的最好方法，也就是改变自己，让自己成为一个极善之人。很多人只知道感慨命运无常，却又不去改变自己；每日为未来的命运担忧，却不能好好修身自好，这又有什么用呢？古人说："临渊羡鱼，不如退而结网。"与其羡慕别人的幸运，不如好好修身改变自己；与其哀叹自己的不幸，不如静思反省自身存在哪些不足，为什么会招致这些不幸。

春秋之时，齐庄公无道，大夫崔杼、庆封杀死齐庄公，不久庆封又设计陷害崔杼，使其家破人亡，从而自己掌握了政权。专揽朝政以后，庆封荒淫骄纵，宠信奸佞小人，将齐国搞得一塌糊涂。后来，齐国的大夫田氏、鲍氏、栾氏、高氏等联合反对他，从前齐庄公的宠臣也从中作乱，攻杀了庆封的儿子。庆封不能平定，只好带着家人外出逃亡吴国。

逃亡到边境的时候，他的族人劝他说："晋国路近，吴国路远，我们不如前往吴国。"庆封说："我所做的事情，受到诸侯们的厌恶，哪个国君愿意收留我呢！只怕到了晋国，我的命运就是被晋人抓起来，送回齐国去。吴国路远，所以才能到那里去避难啊！"族人叹了口气说："命运都是自己造成的。你若改变了自己的行为，到晋国又有什么不可呢？你若不改变自己的行为，到了吴国又岂能安全？"

庆封一行到了吴国，吴王将朱方这块地方作为采邑封给他，使他如同在齐国一样富有。鲁国大夫子服惠伯听到这个消息，对叔孙豹感慨说："难道上天降福给淫人吗？庆封在齐国作乱，没有得到足够的惩罚，逃到了吴国，却在那里又得到富贵。"叔孙豹说："上天怎么会出错呢？赐予善人富贵，可以说是赏赐；而赐给淫人富贵，只能说是灾殃。庆氏的灾殃就要到了，上天使他们得到封地，大概就是为了将他们聚在一起，一举而灭尽吧！"

七年以后，楚灵王听到了庆封在吴国的事情，于是便率诸侯联军攻打吴国，包围了朱方。攻下以后，将庆氏族人全部诛戮，并拉着庆封游街，当众侮辱他说："做臣子的，一定不要学齐国的庆封，杀死他的君主。"

人的命运与其说是上天注定，不如说来自自己的品行。一个善人，即便是偶尔陷入穷困，那也一定是上天在磨砺他的心志，为了让他能承受更大的福泽；一个恶人，即便得到富贵、权势，那也一定是上天在让他更加骄纵，准备将更大的灾难降临到他的身上。就如叔孙豹所说的，上天给善人富贵才是赐福，给恶人富贵只能说是殃祸。所以说，命运的好坏最终还是要看自己的品行如何，我们无法决定上天施与我们什么，但我们可以决定让自己成为什么样的人。

一个人想要获得好运，就应该先做好充分的准备。这准备不是烧香拜佛，不是祭祀祈祷，而是改变自己——使自己具有可以承受好运的品行。投资大师巴菲特就曾说过这样一段类似的话：人生在世，要时刻思考人生。虽然命不可更改，但运是可以改变的。当你无法改变环境时，改变自己。

我们不妨想想，一个极度善良的人，在你身边遇到了小麻烦时，你会视而不见吗？当一个总是帮助别人的人需要一点儿帮助时，你会收紧双手吗？我们肯定不会这样。上天也是如此的。所以，我们要做的，就是改变自己，努力让自己成为一个连上天都不忍心不帮、连好运都不忍心错过的极善之人。

命由我作，福自己求

原文

余问曰："然则数可逃乎？"

曰："命由我作，福自己求。诗书所称，的为明训。我教典中说：求富贵得富贵，求男女得男女，求长寿得长寿。夫妄语[①]乃释迦大戒，诸佛菩萨，岂诳语欺人？"

注释

①妄语：说假话，讲虚妄不实的话。

译文

我问："那么，命运可以改变吗？"

云谷禅师说："命运由自己决定，福泽由自己求来。这是诗、书中所说的，确实是明确的训诫。佛教经典中也说：求富贵就得到富贵，求子女就得到子女，求长寿就得到长寿。口出妄语是佛家大戒，诸佛菩萨难道会说假话来诓骗大家？"

经典解读

天命无常，凶吉由己，这是几千年前我们的祖先就已经论证得清清楚楚的道理了。《墨子·非命》一篇就是专门来驳斥那些认为命运由上天注定，不可更改的想法的。《尚书》《诗经》等典籍中阐述这些道理的文字不胜枚举。如《尚书》中说："天命靡常，惟德是辅。"《诗经》中说："永言配命，自求多福。"都是告诉人们上天青睐有德行的人，这样的人必然能承受好运；我们不要被命运所拘束，而要努力修养自己的美德来求取好运。

云谷禅师所说的"求富贵得富贵，求男女得男女，求长寿得长寿。"是同样的道理，人的一生中该不该有富贵，该不该有子女，该不该得长寿，这不是命运注定的，都是能够通过"求"来改变的。人们不能如愿，是他们不知道怎样去求，该向谁求。什么是上天？什么是神佛？不是头顶上的空气，不是木石雕刻的塑像，而是自己的良心。求福，就要向自己的良心中去求。宽容别人，让自己的心也宽敞；帮助别人，让自己的心也舒服；多做善事，让自己的心也踏实……这就是求福。

哲理引申

命由我作，福自己求

云谷禅师并不否认命数的存在，所以他说："人未能无心，安得无数。"我们凡世间的这些人，需要生活，有各种需求，就难免会受到命数的拘束。

我们需要衣食住行，有的人生活在富贵之家，从小锦衣玉食，有的人生活在贫贱之家，从小没吃少喝，这不就是命数的差异吗？我们需要地位、成绩来证明自己，有的人生在权贵之家，生下来就有前辈为他铺好的平台，有的人生活在穷苦人家，连学都上不起，不得不辍学打工，养活家人，这不就是命数不同吗？我们常说，有的人命好，从小衣来伸手，饭来张口，被一大家子视为掌上明珠；而有的人却命不好，从小无依无靠，为了生存下去不得不经历别人无须忍耐的磨难。这些都可以说是命数。

那些先天注定的命数，的确是我们不能改变的——我们不能选择自己的父母、家庭，我们不能选择自己的皮肤颜色、相貌美丑，我们不能选择自己生理上的一些缺陷……但这些绝不是命运的全部。上天留给了我们充裕的空间，让我们可以通过后天的努力去战胜那些先天的不足，去改写自己的命数。在这一点上来讲，命运又是不确定的，是完全可以改变、创造的。

古希腊哲学家柏拉图给学生们讲学，谈论中一个学生感慨道："命运真是像大山一样，永远难以改变啊！"柏拉图摇摇头说："山有什么难以改变的。"指着远处的大山说："我可以把它搬到窗前来。"学生们一下子炸开了，议论纷纷都觉得难以置信。于是大家便请教柏拉图："老师，您怎么能做到这样不可思议的事情呢？能不能将方法教给我们？"柏拉图笑着说："方法很简单，那就是我将房子盖到山的下面去。"学生们听了哈哈大笑，觉得老师在同他们开玩笑。

柏拉图却严肃地对他们说："命运就是这样的，有时它的确像一座大山般难以改变。但我们却能改变自己去适应它，你们在山的左面看到的山是什么样的？在山的右面看到的山是什么样的？在山脚下看到的山是什么样的？在山坡上看到的山是什么样的？有时它看起来很险峻，有时它看起来很平坦，有时它让人感到压抑，有时它让人心胸开阔。"学生们觉得很有道理，纷纷点头。

柏拉图接着说："命运也是一样的。有时你觉得它带给你苦难，有时你觉得它带给你羞耻，有时你觉得它对你太不公平，你们抱怨它，说它难以改变。那为什么不改变一下自己的行为呢？对于一座高山，换个位置就能体会到不同的风景。对于命运，又何尝不是改变行为就能体验到不同的得失祸福呢？”

改变自己的行为，命运也就随之而改变了。俗话常说：“种瓜得瓜，种豆得豆。”种，就是我们自己的行为；得，就是我们的命运，一切凶吉祸福。一个人不关注自己的“种”，却一味求“得”，岂不是不知因果关系，愚蠢昏庸。

《尚书》中说：“惠迪吉，从逆凶，惟影响。”一个人走正道、行善事，就会获得吉祥；背弃正道，做凶邪之事，就会遭受灾殃。凶吉祸福的到来，就如影子、回声一样迅速，哪有什么完全固定的命运呢？一切都在于自身的行为。

出生在帝王之家，应该是最好的命了，然而历史上无数亡国之君，不仅丢掉了权势、富贵，连自己的脑袋都保不住。比如秦二世、隋炀帝，并非命运不青睐他们，而是他们自己不知道顺应天命。相反还有很多人，出身十分低贱、穷苦，但他们恪守正道，努力为善，最终功德圆满，名利双收。比如北宋的名臣范仲淹，小时候家境十分贫穷，但他努力读书，长大做官以后也勤政爱民，忠心为国，最后身居高位，受到百姓爱戴，且家族兴旺，子孙繁衍不绝。

佛家说：“若知前世因，今生受者是。若知后世果，今生做者是。”其实，因果哪有那么遥远：今生为善，今生便有不断的善缘；今生为恶，今生便有不断的恶果。历史上这样的故事不胜枚举，譬如人们耳熟能详的结草衔环。

晋国大夫魏武子有个爱妾，没生孩子。魏武子生病的时候，嘱咐儿子魏颗说：“你一定要把她嫁出去。”后来武子病重了，吩咐家人：“一定要让她为我殉葬。”武子死了以后，家人都要将这个女子殉葬，魏颗却制止了，说：“人病重的时候是神志不清的，我嫁出此女才是遵照父亲的遗愿。”于是，找个好人家，将这个女子嫁了出去。后来魏颗带兵与秦军作战，秦将杜回十分勇猛，眼见晋军要战败，忽然战场上出现一个老人，将地上的草都结成环，将杜回绊倒。于是，魏颗俘虏了杜回，取得战争胜利。后来，他梦到老人，老人告诉他自己就是那个女子的父亲，前来回报他的恩情。

衔环的故事与此类似。

东汉杨宝年幼时救了一只受伤的黄雀，将它放在巾箱中细心养护。百日之后，见它伤好了，就将其放走。当夜便梦到有个黄衣童子向他拜谢，说："我是西王母的使者，蒙您仁爱救拯，感恩不尽。"并赠给他四枚白环，说佑护他的子孙位列三公，为政清廉，像白环一样无瑕。果然杨宝的儿子杨震、孙子杨秉、曾孙杨赐、玄孙杨彪四代都官至三公，享有盛名。

这些故事虽然充满玄幻色彩，不一定可信，但"善恶有报，福祸由己"的道理却是实实在在的。所以，想知道自己命运的好坏，不用求神问佛，不用占卜测算，反省一下自己平日的行为就知道了。想要求得好运，也不用烧香拜佛，不用祭祀祈祷，多做点善事，多怀着善心，改掉自己身上的恶习，这就足够了。

命由我作，要向善处去做。福自己求，要在善心里求。

一切福田，不离方寸

原文

余进曰："孟子言：求则得之①，是求在我者也。道德仁义可以力求；功名富贵，如何求得？"

云谷曰："孟子之言不错，汝自错解耳。汝不见六祖②说：一切福田，不离方寸③；从心而觅，感无不通。求在我，不独得道德仁义，亦得功名富贵；内外双得，是求有益于得也。若不反躬内省，而徒向外驰求，则求之有道，而得之有命矣，内外双失，故无益。"

注释

①求则得之：出自《孟子·尽心上》。

②六祖：禅宗六祖慧能大师。

③方寸：指心。

译文

我进一步问："孟子说：'求则得之'，求是出于自我的。然而，道德仁义这些，尽力去追求就能做到，可功名富贵这些身外之物，又怎么能保证一定求得呢？”

云谷禅师说：“孟子的话说得不错，只不过你自己理解有误。你难道不知六祖慧能大师所说的‘一切福田，不离方寸；从心而觅，感无不通’？从自己内心去求，不仅能得到道德仁义，也能得到功名富贵；身内、身外双得，这就是求有益于得。若不反躬自省，而只知道向外求取，就只能是‘求之有道，得之有命’了，身内、身外双失，所以才觉得求无益于得。”

经典解读

“求则得之”，孟子的原话是：“求则得之，舍则失之，是求有益于得也，求在我者也。求之有道，得之有命，是求无益于得也，求在外也。”即求取就会得到，舍弃就会失去，则求有助于得，这是向自己内心的求。求有一定的原则，得不得在于天命，则求无助于得，这是向自身之外的求。了凡最初对这句话的理解是错误的。

向自己内心的求，指的是求取仁义道德。一个人有没有仁心，行事合不合道义，平时遵不遵守礼仪，都在于自己。你去追求，就能拥有仁德，不追求，就没有仁德。也就是孔子所说的：“仁远乎哉？我欲仁，斯仁至矣。”这是告诉人们，对于仁义道德不可不努力去追求。

向自身之外的求，指的是权势、富贵、地位、衣食等。这些东西不应该是君子着力追求的目标。每个人都希望得到这些，但君子应该通过努力加强自己的修养而求得它们。内在有了仁义道德，这些该拥有时自然会拥有；即便不能拥有，也不应该有所怨恨，不应该违背道德去得到它们。这就是先贤们强调的“固穷”“居易以俟命”“贫贱不能移”。

可见，对于“得之有命”那些东西，君子并不是不能求，而是不愿放弃自己的原则去追求它们。了凡显然是理解错了孟子的意思，认为这些都是“命中注定”，是求之不可得了。而六祖慧能大师所说的“一切福田，不离方寸；从心而觅，感无不通”和儒家的主张并无差别，都是让人去加强自己的内在修养，通过修身正心而得到外面的功名富贵。

哲理引申

富贵须向心内求

“一切福田，不离方寸”，一个人能享受多大福泽，都是由自己的心决定的。心地善良，力行仁义，这样的人大家都会尊敬他、喜欢他。他的功名富贵不用到处去求，旁人自然就给他了。反之，一个人心地不善，行事不仁，大家必然都厌恶他、远离他，想要去求功名富贵，谁会给他呢？就像一个为官的人，忠君爱民，必然君主亲信他，同僚支持他，百姓爱戴他，他想辞去官位，人们都会苦苦挽留。若是这个人做官，欺上瞒下，排挤异己，残虐百姓，则人人都会痛恨他，百姓诅咒他，同僚揭发他，君主必然剥夺他的官职；他为什么丢官呢？归根到底还是自己行为不端。

孔子名满天下，到哪里都能受到人们的尊重，有人便问他的弟子：“为什么夫子到了哪里都能受到君主们的信任，能够参与国政呢？这些都是他求来的吗？”子贡回答说：“夫子他老人家温和、善良、恭敬、俭朴、谦让，他用这样的态度去对待别人，别人自然会把政事告诉他，这就是他与众不同的品质，也是与别人不同的听到政事的方式。”历史上那些长久兴旺的家族，长保富贵的名臣，之所以能够那样，都必然是因为他们身上有着超出常人的美好品质，他们的心中有别人不具备的善良。

我们每个人都希望富贵，都希望获得别人的尊重、信任，这些去哪里求呢？就是要求之于心。俗话说：“品高人自重，德馨人自贵。”自己品行足够高，别人才会敬重你；自己道德足够厚，别人自然会尊崇你。自身没有道德，去别人面前要求别人尊重自己、信任自己，可能吗？想要长享富贵平安，可能吗？

有这样一个故事：

有一位小女孩在走过一片草地的时候，看到一只美丽的蝴蝶被草从中的荆棘刺伤了。这位善良的小女孩就小心翼翼地帮助这只蝴蝶拔掉了身上的刺，并将它放回大自然中。到后来，这只蝴蝶就化为一个仙女来人间报恩，仙女对小女孩说："因为你很仁慈，所以，你可以许个愿，我可以让它变成现实。"

小女孩眨着眼睛，想了想，说："我希望自己可以永久地得到快乐。"于是，仙女就弯下腰去，在她耳边悄悄地细语一番，然后就飘然而去。

果然，从此之后，这位小女孩获得了莫大的快乐，一直到她老去。后来，很多人都问她，并且哀求她："请告诉我们，仙女到底给你说了什么方法，让你快乐地度过了一生呢？"

当年的小女孩已经变成了一位老太太，她听罢，笑了笑说道："仙女告诉我，施予他人，关怀他人就能够得到快乐。"

小女孩也是在无私地奉献自己，无私地施舍，所以，才快乐地度过了一生。

人心就像一个容器，它装了多大的善，便能得到多大的福。很多人不去拓展自己心中的善念，反而到外面去求福，想通过祈祷拜佛、看风水、测吉时等行为求得福泽，不仅新福求不来，反而会将自己原本可以承受的好运丢掉，这就是缘木求鱼的行为。

老子说："天道无亲，常与善人。"善良的心是得到好运的基础，是获得富贵的根源。《周易》中说："积善之家，必有余庆；积不善之家，必有余殃。"积善修德，上天必然赐福，家庭必然兴旺；怙恶不悛，上天一定降祸，近则祸及自身，远则殃及子孙。要想自身平安、子孙富贵，没有什么别的路径，最好、最有效的办法就是修养自己的仁心善心，多做好事善事，为自己、子孙积累更多的功德。

有德，则内外双得；无德，则内外双失

在云谷禅师看来，圣人所主张的向内求、向外求，并不是只谈仁义道德，而完全忽视功名富贵。功名富贵必须是建立在仁义道德之上的，有了仁义道德这个基础，才能获得功名富贵；有了仁义道德，就自然而然地会获得功名富贵。若没有仁义道德为基础，要么得不到功名富贵，要么得到了功名富贵也难以长久保全。所以说，向内求则内外双得，求之有益；向外求则内外双失，求之无益。

“德”是“得”的基础，有德才能有得，无德必然不能得。《大学》中说：“有德此有人，有人此有土，有土此有财，有财此有用。”人心、土地、金钱、权力……外部的种种一切，都必须以自身的德行为基础，自身德行淳厚，才能得。无论你是帝王将相，还是平民百姓，无论你拥有什么身份，从事什么职业，都必须将一个“德”字放在首位，将仁义道德作为立身的根基。一切生活事业，没了德，便没有了根，必然会凋零败落。所以，对“德”的修养，就是对“得”的修炼，小德小得，大德大得，小德小成就，大德大成功，无德必然不能成功。

春秋的时候，楚国有个叫孙叔敖的少年，他的父亲本来是楚国高官，因为与权臣不和而遭到杀害，母亲带着他避难逃到荒凉的乡下。母子二人生活十分穷苦，但母亲还是用心教育儿子，教他做人的道理，让他向远近博学的贤者学习。孙叔敖也不负母亲期待，不仅聪明上进，而且心肠慈善，品性温良。

一天，孙叔敖出去玩，回家的路上看到一条两头的蛇。他心中十分害怕，因为在楚国的风俗中两头蛇是极为不祥的，看到它的人都要遭遇不幸。孙叔敖连忙跑开，可是跑了没多久，他想：我自己看到这条蛇就很不幸了，若再让它留在路上，岂不会有更多的人看到。于是返回去，将蛇打死埋掉了。

回家以后，他心中忐忑不安，母亲看到后，便询问他有什么心事。孙叔敖将遇到蛇的过程，以及自己打死蛇埋掉的事情一五一十地告诉了母亲。母亲听后，笑着对他说：“不用担心了，你在那样的情况下还能想到别人，这种美德上天会了解的，你一定不会有事的。”果然，孙叔敖好好的，没有一点儿厄运。

后来，他在生活中一直保持着善良之心，体恤周围劳动人民的苦难，为他们解决疑难问题，获得了远近之人的尊重。楚庄王听到了他的好名声，便将他召进宫中，交谈之后甚为满意，任命他做了朝中高官。孙叔敖为官清廉尽职，不断提出有利于民众的主张，给人民、国家都带来很多好处。楚庄王认识到他的卓越才能、美好品质以后，便任命他为令尹，也就是楚国的丞相。孙叔敖担任令尹，把楚国治理得井井有条，还使楚庄王击败了强敌晋国，成

为当时的霸主。他的后代，得到楚国的封地，也相传了数百年。

孙叔敖能够从一个贫贱破落之人，成为楚国令尹，并辅佐楚庄王建立一番名垂青史的伟业，归根结底就是因为他的德行高尚，心存善念，能够时时为别人着想。所以自身享有美名，子孙后代享有富贵，宗庙祭祀数百年不断绝。相反，那些无德的人，即便出身高贵、家族强盛，也必将会因为德行不够而失去一切。譬如，鲁国那个专门和孔子做对的阳虎，他眼中只有利益，曾说出“为富不仁，为仁不富”这样的话，为了得到利益谁都出卖，为了获得权力什么悖逆犯上的事都敢做。结果，在鲁国造反失败，被迫跑到齐国；齐国的大夫们都厌恶他，劝说齐景公抓捕他，他便逃到晋国。虽然有才能，却像丧家犬一样无处立足，被人到处喊打。

《中庸》中也说：“大德者，必得其位，必得其禄，必得其名，必得其寿。”一个人拥有大德，他必然能够得到应有的高位，必然能够得到应有的厚禄，必然能得到应有的美名，必然能得到应有的长寿。高位、厚禄、美名、长寿，人人都期盼，但只有大德之人才配享有它们。崇德修身，是一个人走向成功最稳固的基石、最可靠的凭借。小才智可以成一时之功，但长远之业还是需要大德来保守。

有的人认为“德”只是“得”的前提，没有获得功名富贵的时候就谨慎修德，有了功名富贵就将德行丢之脑后，认为它不重要了。却不知道，任何时候德都是必不可缺的，富贵发达之后丢掉德行，就如百尺高楼自损根基一样，必将倒塌。《墨子》中说：“天子为善，天能赏之；天子为暴，天能罚之。”一个人最贵不过身为帝王，最富不过富有天下。然而，身为帝王、富有天下却因为没有德行而丢掉一切的人多得不可胜数。商纣王骄奢淫逸，滥杀无辜，残害忠臣，建造酒池肉林，施行炮烙的刑罚，最后被周武王所讨伐，被迫自焚而死，脑袋被挂在旗杆上。秦二世宠信奸臣赵高，沉湎于酒色，滥杀手足、忠臣，大兴土木，严酷地剥削人民，最后天下百姓揭竿而起，秦朝被推翻，秦国宗室全被杀光。他们拥有天下最多的富贵、最大的权力，没有德行还要落得如此悲凉的下场，更何况不如他们的人呢？

所以说，无论任何人都必须重视自己的德行，加强在仁义道德上的修养。有德行，才能进一步获得外在的功名富贵，内外双得；没有德行，功名富贵也无法保全，失去一切，内外双失。

福薄行辟，不宜得子

原文

因问："孔公算汝终身若何？"

余以实告。

云谷曰："汝自揣[1]应得科第否？应生子否？"

余追省良久，曰："不应也。科第中人，有福相，余福薄，又不能积功累行，以基厚福；兼不耐烦剧[2]，不能容人；时或以才智盖人，直心直行，轻言妄谈。凡此皆薄福之相也，岂宜科第哉。地之秽者多生物，水之清者常无鱼，余好洁，宜无子者一；和气能育万物，余善怒，宜无子者二；爱为生生之本，忍为不育之根，余矜惜名节，常不能舍己救人，宜无子者三；多言耗气，宜无子者四；喜饮铄精，宜无子者五；好彻夜长坐，而不知葆元毓神[3]，宜无子者六。其余过恶尚多，不能悉数。"

注释

①揣：思量、揣测。

②烦剧：繁重的事务。

③葆元毓神：保养精神，涵养元气。

译文

云谷禅师继续问："孔先生推算你终身命数如何？"

我俱以实情相告。

云谷禅师问："你自己思忖应该中科举吗？应该有子嗣吗？"

我反省往事，想了很久，说："我不应中科举，也不应有子嗣。能中科举的人，多有福相，而我福相浅薄，又不能积德行善，来积累福根；加之我不能忍耐麻烦之事，不能包容别人；有时还会以才智压过别人，心直口快，轻言妄谈。这些都是福泽浅薄之相，怎么会利于中科举呢？俗话说：‘积满秽物的土地容易多生植物，清澈透底的水中往往没鱼’，而我好洁成癖，这是应该没有子嗣的第一个原因；和气能养育万物，而我易于发怒，这是应该没有子嗣的第二个原因。仁爱为化育的根本，刻薄是不育的根源，而我吝惜名节，遇事常不能舍己为人，这是应该没有子嗣的第三个原因。我话多空耗气血，这是应该没有子嗣的第四个原因；我爱好饮酒，损伤精血，这是应该没有子嗣的第五个原因。我喜欢彻夜长坐，而不懂得蓄养元气，这是应该没有子嗣的第六个原因。其余的过错还有很多，不能尽举。”

经典解读

云谷禅师得知孔先生为了凡所推算的命数，然后询问了凡自己对这个推算结果的看法。于是，了凡便反省了自己之所以不能中科第、不能有子嗣的原因：福相薄，不能容人，直心直行，轻言妄谈。又列举了六个主要的表现：好洁、善怒、不能舍己救人、多言、喜饮、不知葆元毓神。可见了凡对自己身上的缺点是十分了解的，也知道这些都是造成自己命运的原因。然而，可惜的是，他明明知道这些都是自己不中科第、没有子嗣的原因，却从来没想过改变。可见，凡夫俗子之所以被命数所拘缚，并非他不了解自己，而是没有勇气去改变自己。

其实，世人大多都和了凡一样，不是不想变得更好，也不是不知道该如何变得更好，只不过没有勇气、没有毅力去改变自己。同样是学生，自己的成绩不如别人，让他总结原因时，他能知道：我没有人家用功，人家能在书桌前坐住，我就坐不住；别人上课认真，我却老走神；别人有疑问就去请教，我就拉不下面子……从事一样的工作，别人能不断升职，自己却总在原地踏步，自己反省时能够知道：别人每天力求将工作做得完美，我却只求完成任务；别人能够在下班后主动充电，我却贪图安逸……每个人都能知道自己的不足，但却习惯了它们，不去改变。自己选择了平庸，最后却将一切都归结于命运之上，那命运是什么造成的呢？就是自己的懦弱和懒惰。

俗话说，天上有够不到的星星，身上没有改不掉的毛病。人只要下决心改变自己，就一定可以改变。知道自己心胸不够开阔，就应该在遇到事情时尽量克制自己不去与人争斗，不去计较什么；知道自己定力不足，就要找事情多磨砺，做事时努力克制杂思杂念；知道饮酒伤身，就应该强制自己戒酒；知道晚睡伤神，就要努力改掉晚睡的毛病，到了时间就躺在床上，不让自己想别的事情……只要有勇气、毅力，缺点一定可以消除，习惯一定可以改变。

哲理引申

没有不能被雕琢的石头

一群学生，拜一位哲人为老师，他们经常向老师请教如何才能成为一个杰出的人物，又经常抱怨自己和杰出人物的差距太大了，根本无法达到目标。

一天哲人将学生们带到河滩上，交给他们每人一块石头，然后告诉他们：“你们回去都将自己手中不规则的石块，雕琢成光滑的圆球。”学生们疑惑地拿着石头回去了，哲人却再也没有提起过这件事。

直到一个月以后，哲人忽然问：“还记得一个月前我交给你们的那个任务吗？明天都将当初你们拿到的那块石头带来？”

第二天，学生们每个人都带来了一块石头，有的已经雕琢好了，有的雕琢了一部分，有一个学生的石头却一动未动。哲人走到那个学生面前，问道：“别人的石头都有所改动，为什么你的却还是棱角分明的呢？”学生抱怨道：“老师，您给别人的都是柔软的砂岩，而给我的却是坚硬的花岗岩，根本没有办法雕琢。”

哲人转身拿出了另一块石头，它的一面棱角分明，恰好和这个学生的花岗岩相互吻合，然而另一面却已经雕琢出了圆形的轮廓。哲人说道：“我们所拿的都来自同一块石头，你觉得它完全不能雕刻，所以一动未动。而我却在这一个月中将它改变了很多。虽然它很坚硬，好像根本无法雕琢一样，但只要你有耐心、有毅力，就一定能够让它变成你想要的样子。”

哲人又举起两块石头，对所有的同学说：“同学们，你们常问如何能够成为杰出的人物，所谓杰出的人物就是比我们经历了更多的雕琢。我们每个人的资质不同，有的人身上的缺点少，雕琢起来就像柔软的砂岩一样容易，有的人身上的缺点很多、很大，雕琢起来就像坚硬的花岗岩一样困难。当我们和别人对比的时候，有时会觉得自己无法达成同样的成就，于是放弃了，那么你就会永远保持原来的样子，永远也无法进步。但如果你们真的下定了决心改变，即便是坚硬的花岗岩又算得了什么呢？一下不行就两下，两下不行就三下，哪怕需要千千万万下，只要你们有毅力坚持，总有一天它会变成你们想要的样子。”

世上那些精美的佛像、雕刻，没有天生就是那样子的，它们无不经过工匠们日复一日的精心雕琢。历史上那些伟大的人物，也从来没有生来就完美无缺、高高在上的，他们都是通过自己一点一滴的努力，不断改正自己身上的缺点，使自己逐渐超过众人的。平庸之人，之所以平庸无能，并非天生资质比别人差多少，而是他们没有付出像别人那样的努力，没有别人那样坚定地改变自己的勇气。

西晋之时的周处，从小顽劣放荡、纵情肆欲，为祸乡里，被乡人视为祸害。长大以后，他意识到了自己的缺点，有了改过自新的念头，便下水杀死害人的蛟龙，入山杀死吃人的猛虎，但还是不自信，觉得自己的过错太多，怎么也无法改正了。于是，他便前往请教名士陆云，说：“我想改过自新，但年岁已经很大了，只怕最终不能成功。”陆云告诉他：“古人说：‘朝闻道夕死可矣。’即便晚上就要死去，若是能在早上听到好的道理，也是可贵的。更何况你的前途还可以改变呢！且一个人最值得担心的是不能树立志向，而不是名声能不能彰显！”周处听了陆云的话很受感动，于是便立志为学，修养道德，经过多年学习他逐渐改掉了身上的毛病，成了一个受人尊重的贤者。朝廷听闻他的名声，任他为太守，他宽政爱民，明察是非，远近都称赞他。后来，他前往镇压氐人的叛乱，英勇杀敌，以身殉国而死，成为当时忠臣的典范。

古希腊有个叫德摩斯梯尼的小男孩，他七岁的时候父亲去世了，监护人侵吞了他父亲留下的财产。在索回财产的过程中，他体悟到了演讲、辩论的重要性，于是发誓成为一个演说家。可是他天生就口吃，说话又含混不清，参加演讲时往往一开口就在众人的哄笑中被轰下台。但他并没有放弃，为了锻炼自己的演讲能力，他刻苦读书学习，一有机会就去演讲。为了拥有优美的演讲姿势，他专门向当时那些最负盛名的演讲家请教，从不在乎冷落和嘲笑；为了改变自己的发音，他将小石头放在自己的口中朗读；为了改变自己气短的毛病，他每天早晨跑到海边，迎着大风和波涛讲话；为了消除自己的羞怯、恐惧心理，他起早贪黑地对着镜子演讲，跑到最繁华的广场中对着路人演讲……就这样，经过了几十年的努力，他的演讲水平一点点进步，最终成为全雅典最雄辩的演说家。

只要有决心改变，再坚硬的顽石也能雕刻成精美的塑像，再多缺点的人也能成为忠臣义士，再平庸的人也能成为杰出、伟大的人物。我们每个人静心反省，都能知道自己身上的毛病，都能看到自己和那些伟大人物的差距，这个时候，是像了凡最初那样，被命运所束缚呢，还是勇于改过自新，创造自己新的命运呢？其实，我们并不是没有能力、没有机会改变自己、改变命运，我们所缺少的只是一点勇气罢了。若你真的对美好的未来充满渴望，为何不能现在就给自己一点勇气呢？

心胸有多宽，福就有多大

“地之秽者多生物，水之清者常无鱼”，一块土地，上面堆积的枯枝腐叶越多，土壤就越肥沃，生出的东西也就越多；相反，干巴巴的一块硬土地，上面一定很难长出东西来。一汪池塘，其中的石头、水草越多，泥沙越多，里面生活的鱼鳖之类就越多；反之，若水中什么东西也没有，清澈见底，那生物也一定很少。人的心胸也是如此，越是宽广，能够容纳不同的感情、事情，就会越有生气，这样的人才有福分；反之若心胸狭隘，装不得任何横逆之事，容不下任何不顺之物，那必然会带着生冷的气息，这样的人也不会有什么福分。

每个人生活中都会遇到各种各样的烦心事，但有的人能从容应对，坦然接受；有的人就斤斤计较，满怀忧愤。心胸不同，面对生活的态度就不同，对生活的感受也自然不一样。所以，同样的生活，有人活得很幸福，有人却成天唉声叹气，觉得自己不幸到了极点。由此看来，不幸往往并非来自烦恼太多，而是因为自己的心胸不够宽广；幸福往往并非来自好运太多，而是因为有个宽广的心胸。

此外，心胸如何也的的确确能够影响一个人的运气。一个人心胸宽广，就不会与身边的人过度计较；包容别人的缺点，就不会轻易与人结怨；能够原谅别人的过失，别人才会愿意同你合作；你宽容对待他人，他人才会宽容地对待你。所以古人说："胸中天地宽，常有渡人船。"提倡人们宽容处世、宽厚待人，遇方便时行方便，得饶人处且饶人。

明代的大臣杨翥就是一个心胸宽广、能容忍别人过失的人。

杨翥居住在京城里，他的邻居们都是一些市井之徒，经常做出损人利己的事情，但杨翥从来不和他们计较，更不会因为自己是官员就去威胁、恐吓他们。

有一次，他的一个邻居家丢了一只鸡，邻居没有证据就怀疑是杨家人偷去了，便在路上指桑骂槐，大骂姓杨的人家。家人十分气愤，将事情告诉了杨翥，让他去和邻居理论。但杨翥却笑着说："此处又不是我们一家姓杨的，怎么知道他骂的是我们。我们没有偷鸡自己明白就可以了，他爱骂就骂吧。更何况随意骂人，过错的是他，我们又有什么损失呢？"

还有一个街坊，每到下雨的时候就以邻为壑，将自家院子里的雨水全部挡到杨翥家中，使杨家往往如同发大水一般。家人向杨翥诉苦，杨翥却毫不在意，反而劝家人说："地势本来就是有高有低，我们在低的地方，雨水流到这里不是很正常吗？再说，总是下雨的时候少，而天晴的时候多。忍那一时又能怎样呢？"

杨翥外出喜欢以驴代步，所以对驴子十分偏爱。一次，他得到一头驴子，很是称心如意，每天上朝回家，常常不顾家人劝阻，亲自为驴子擦洗、梳理，给驴子喂上等的饲料。甚至把关驴子的驴厩设在自己的住房旁边，半夜里总要起床看上一两次，生怕那宝贝驴子受什么委屈。杨翥的一个邻居是个老头，老头年过六十才得到一个儿子，自然对儿子十分疼爱。可这孩子一听到杨翥的驴子叫就哭个不停，饮食也明显减少，搞得全家人都不得安宁。可杨翥是朝中显贵的大官，这家人又不敢向杨翥提起这事。只能看着孩子一天天消瘦下去，心中十分苦闷。后来，杨翥在家人那里听到了这件事，他二话没说，忍痛就将自己的驴子给卖掉了，以后也不再养驴，外出或上朝都靠步行。

久而久之，邻居们都被杨翥的宽容、忍让而感动了，反思了自己的过错，纷纷到杨家谢罪。杨翥则大度地原谅了他们，又向大家讲述了宽容待人、邻里友善的重要性，人们无不点头赞许。有一年，出现了一伙盗贼，他们密谋抢夺杨家的财物，这事被邻居们知道了。邻居们立刻通知了杨翥，还主动组织起来帮助杨家守夜防贼，盗贼们见无机可乘，只得放弃计划。杨家从而也免除了这场祸患。杨翥宽厚笃善，所有和他接触过的人无不对其称赞有加，后来他身居尚书的高位，活到八十五岁，家中兴旺，儿孙也都很有出息。

杨翥能够身居高位，享受高寿，子孙兴旺，就是因为他有一颗宽厚的心。心胸有多宽广，福气就有多旺盛。孔子说：“水至清则无鱼，人至察则无徒。”生活中遇到的很多事，有时根本无须太过计较，太计较的人自己活得心累，与人也多纠纷。对那些无关轻重的触怒、挑衅，大度一点儿，一笑而过是最好的处理方式，太较真只能给自己带来更多的麻烦，让本该拥有的好运，远离自己而去。

法国大作家雨果曾经说：“世界上最宽阔的是海洋，比海洋更宽阔的是天空，比天空更宽阔的是人的胸怀。”海洋是宽容的，所以它能够容纳百川河流；天空是宽容的，所以它能够囊括日月星辰；伟大的心灵是宽容的，所以它能容纳世上所有的欢乐和幸福，让人时时享受到生命的快乐。只有宽容的人才能感受到世上的美好，只有宽容的人才能承受好运。

命在德，不在天

原文

云谷曰："岂惟科第哉。世间享千金之产者，定是千金人物；享百金之产者，定是百金人物；应饿死者，定是饿死人物；天不过因材而笃[1]，几曾加纤毫意思。

即如生子，有百世之德者，定有百世子孙保之；有十世之德者，定有十世子孙保之；有三世二世之德者，定有三世二世子孙保之；其斩[2]焉无后者，德至薄也。"

注释

①因材而笃：根据其特性加以不同处置。

②斩：断绝。

译文

云谷禅师说："岂止只有科第之事如此！世上的人，享有千金家财的，一定是个千金的人物；享有百金家财的，一定是个百金的人物；应该饿死的，一定是个饿死的人物；上天只不过根据每个人的特性，做出不同处置罢了，又何曾另加上自己的丝毫用意呢？

就比如传宗接代，有百世功德的人，一定有百世的子孙相传续；有十世功德的人，一定有十世子孙相传续；有三世二世功德的人，一定有三世二世子孙相传续；那些子孙断绝没有后代的人，一定是自己德行至为浅薄。"

经典解读

俗话说："种瓜得瓜，种豆得豆。"一个人得到什么样的命运，一定是和他的德行，以及平日的行为相关的。德行至厚的人，子孙一定兴旺发达，譬如孔子、孟子，家族延绵传续了几千年，不仅不断绝，而且代代都受人尊重。

再比如，那些煊赫数代的世家大族，一定有他们能够煊赫的原因，或是先祖建立了大的功德，或是家风美好，子孙不失美德。而那些祭祀断绝的人家，一定是因为祖先德行不够，或是子孙行为放荡，将功德败坏没了。

人没有不希望家族富贵绵长的，但怎样才能这样呢？不是靠争名夺利，不是靠阴谋诡计，而是靠积德。没有足够的德行，即便通过一些不正当的手段得到了地位权力，也不可能保全，甚至这些东西还会成为为后代招来灾祸的根源。所以古人说："不义而处富财，必招劫夺之患；无德而居高位，必践倾危之灾。"财富多不如恩义多，地位高不如品行高，运气好不如德行好；给子孙积攒富贵，不如给他们多积累些功德。

哲理引申

德行是家族兴旺的根基

云谷禅师告诉了凡：有百世之德，定有百世子孙相传续；有十世之德，定有十世子孙相传续；有三世二世之德者，定有三世二世子孙相传续；断绝无后的，一定是因为德行至为浅薄。这段话看起来好像都在宣传因果报应，是封建迷信，其实不然。只要放眼于历史长河之中，随时可见这样的例子，德行厚的人，子孙必定容易兴旺，德行薄的人，家族一定会衰落凋零。那些能够积累功德、教育子孙修身养德的人，后代很少有不发达的；而那些为所欲为、败坏德行的人，很多都会落得子孙断绝的下场。

商汤就是个有厚德的人。一次他外出的时候，看到猎人捕鸟，张了四面的网，无论哪个方向飞来的都会落入网中。商汤见到后很痛心，说上天都有好生之德，人又怎么能将鸟兽赶尽杀绝呢！于是，跪地向上天祈祷，命令猎人除去三面网只留下一面，说："想向左飞的就向左，想向右飞的就向右，想向后飞的就向后，只有迎面而来的才落入网中。"他这种爱及鸟兽的善行传播开以后，天下的人都称赞他仁德，很多诸侯都归附他。后来，他推翻夏桀建立了商朝，子孙享有国家数百年。

周文王也是个有厚德的人。一次人们挖池塘，发现了一架骷髅，因为只剩残骨无法辨认了，便准备将其随便丢掉。恰好周文王看到了这一幕，便下令让人准备棺木将它好好埋葬了。人们不理解，问："这是无主的骷髅，埋葬它干什么?"周文王说："我就是国家的主人，怎么能说它是无主的呢？况且让人死后暴露于旷野，又岂是仁者应该做的事情。还是将它好好安葬了吧!"这件事传开以后，人们都被文王的仁德而感动了，很多诸侯都前来亲附，那些隐居不出的贤者也都纷纷投靠。后来，他的儿子武王击败纣王得到天下，子孙后代享有天下八百多年。

商汤、周文王为何子孙能兴旺发达，享有天下数百年？就是因为他们拥有厚德，以德行征服了天下万民，所以他们活着的时候人们爱戴他们，他们去世以后人们还怀念他们的恩德，因此支持、拥护他们的子孙后代，使他们的宗庙永远得到祭祀。其他那些有德的君主，如唐太宗、宋太祖，有德的大臣如范仲淹等无不如此。

反之，如取得富贵地位不靠德行而专门依靠权谋诈术，通过杀戮异己而巩固势力，这样的家族即便能够得到一时的富贵，也很难长久兴盛繁荣。比如，三国之时的曹氏，以及后来的司马氏，祖先创立基业的时候过多杀戮，没有积累下多少功德，所以子孙后代很快就失去了天下，下场都十分凄惨，天下百姓也不怀念他们。

司马懿曾经是曹丕、曹叡两代托孤大臣，备受信任。但他却为了争夺权力，发动政变，不仅出尔反尔将曹爽等人赶尽杀绝，还使曹魏君主变成了傀儡，将大权揽入自家手中。后来，他的儿子司马师、司马昭为了夺取权力杀人无数。司马师甚至因为自己的妻子和曹魏宗室有亲，便将其毒死；司马昭更是主使手下，弑杀了魏帝曹髦。当时很多正直的大臣、名士，因为不愿阿附司马氏，都被无辜杀死。如大臣王经，因为没有告发曹髦准备讨伐司马昭一事，便连同老母亲一起被司马昭杀死；名士嵇康因为不愿阿附司马氏，便被司马昭等人强加罪名杀死。

司马懿父子虽然通过种种手段得到了大权，使司马家建立了晋朝。但司马氏子孙的下场却不好，在八王之乱中相互残杀，很多都死得十分悲惨，晋朝也很快偏居江南。一次，大臣王导、温峤去拜见晋明帝司马绍。晋明帝询问温峤司马氏为何能够统一天下。温峤没有回答，王导便说：“温峤年轻，还不熟悉这一段的事，请允许臣为陛下说明。”于是，便讲述了司马懿父子为了得到政权，诛灭有名望的家族，宠信并栽培亲附自己的人，以及司马昭晚年弑杀曹髦的事。司马绍听后也不禁掩面伏在床上，说：“如果像您说的那样，晋朝的天下又怎能长久呢！”

果然，东晋的皇帝大多没有实权，被权臣所掌控，个个活得压抑、屈辱。最后在刘裕篡夺晋朝天下的时候，更是将境内的司马氏皇族宗亲杀个干干净净。

俗话说：“前人种树，后人乘凉。”为子孙种树，就是要为子孙积德。司马懿父子的确为后代留下了巨大的家业，但却没有功德，这就像栽下了巨大的荆棘一样，不能荫庇子孙，只会给他们带去殃祸。一个家族，能否兴旺繁荣，要靠的是德行的积累、传承。

现在的人，没有不对自己子女好的，没有不希望自己家族兴盛的，但能真正明白如何让子女幸福、家族兴盛的却很少。所以，有很多人给儿女赚下花不完的钱财，却不好好教导他们怎么做人；让子女参加很多培养能力、学习艺术的课程，却不好好关注他们的德育。还有的人，甚至自己平时就不修德行，做了很多有违道德的事情，出门以后被千夫所指、万夫唾骂。这样的人，能给子女留下什么呢？德行都败坏光了，家族想要繁荣可能吗？古人曾经说过：“道德传家，十代以上，耕读传家次之，诗书传家又次之，富贵传家，不过三代。”家族兴衰，德行为根本。建设家庭，教育儿女，一定要将德行放在首位；为子女积攒家产，莫如为他们多积攒功德。

永言配命，自求多福

原文

"汝今既知非。将向来不发科第，及不生子之相，尽情改刷[①]；务要积德，务要包荒[②]，务要和爱，务要惜精神。从前种种，譬如昨日死；从后种种，譬如今日生；此义理再生之身。

夫血肉之身，尚然有数；义理之身，岂不能格天[③]。太甲曰：'天作孽，犹可违；自作孽，不可活。'诗云[④]：'永言配命，自求多福。'孔先生算汝不登科第，不生子者，此天作之孽，犹可得而违；汝今扩充德性，力行善事，多积阴德，此自己所作之福也，安得而不受享乎？

《易》为君子谋，趋吉避凶；若言天命有常，吉何可趋，凶何可避？开章第一义，便说：'积善之家，必有余庆。'汝信得及否？"

注释

①改刷：除去、改正。

②包荒：宽宏大量，包含荒秽之意。《周易·泰卦》："包荒，用冯河。"王弼注："能包含荒秽，受纳冯河者也。"

③格天：感通上天。《尚书·益稷》："格于皇天。"

④诗云：诗句出自《诗经·大雅·文王》，译为：常思虑自己所行是否合乎天理，以追求美好幸福的生活。

译文

云谷禅师说："你如今既然已经知道了自己的种种过错、不足。就该将以前那些不能中科举，以及不能生子嗣的原因尽量去除、改正；务必要积累德行，务必要宽宏大量，务必要和气仁爱，务必要珍惜精神血气。从前的一切一切，都如昨日已经死去；此后的一切一切，就如今日刚刚生出；这就是你重新又生出一个义理的身体了。

血肉的身体，尚且有命数限定，而义理的身体，哪有不能感通上天的。《尚书·太甲》中说：‘上天降下的灾祸，还可以避开；自己酿成的罪孽，就要承受报应。’诗中说：‘常思虑自己所行是否合乎天理，以追求美好幸福的生活。’孔先生推算你不能得科第，不能有子嗣，这些都是上天降下的灾患，还是能够改变的。你如今只需扩充德行，力行善事，多积累阴德，这都是自己所做的福，怎能不会享得呢？

《周易》专门为人谋划趋吉避凶的道理，若说天命是恒常不变的，那还怎么趋吉，还怎么避凶呢？《周易》开篇便说：‘积善之家，必有余庆。’你相信这些道理吗？”

经典解读

既然已经知道了自己的过错，就应该下定决心改正。云谷禅师劝告了凡，务必要将身上的一切过错尽量改正，从今日开始放下从前一切执念、妄念，做一个新人。世上任何好的学说，都是告诉人要不断自新的。上天不会放弃任何一个人，只要他肯改悔。佛家说：“放下屠刀，立地成佛。”从前的过错再多、再大，只要能决意改悔，就是一个新的人，是一个有德之人，必能得到善报。儒家也讲：“苟日新，日日新，又日新。”你每天改好一点儿，除去一点儿毛病，总有一天你能成为一个君子、圣人，获得世人的尊重认可。

可一个人若执着于过错，不肯改悔，那就是“自作孽”了，这样的人自己都不愿意拯救自己，谁还能拯救他呢？《诗经》中说：“永言配命，自求多福。”你一定要自己力行做个善人，做个值得上天赐福给你的人，这样福泽才会降临到你的身上。上天好生，你非得要杀生；上天宽容，你非得要尖刻；上天珍惜精神，你非得要沉湎酒色、浪费精气……这就是俗话所说的“作死”。这样的人谁都拯救不了。

凶吉没有定数，完全看个人。我们无法看到未来将会降临在自己身上的祸福，但我们今天所做的一切，都决定着我们的未来如何。扩充德行，力行善事，多积阴德，这就是求取幸运之方，除此之外，更无他法。

哲理引申

积善成德，积恶致祸

了凡身上的过错很多：不能容人、不好行善、多言、好饮酒、不珍惜精神……但他却能通过一点点的改正，逐渐行善积德，最终改变了自己的命数，不仅有了儿子，而且延长了寿命。普通人往往不能做到这样，并非他们不知道这个道理，而是因为没有长期改过、行善的毅力。改变自己、改变命数，从来就不是一件可以一蹴而就的事情，这需要长年累月的积累，需要从一点一滴的小事上着手。《荀子·劝学》中说："积土成山，风雨兴焉；积水成渊，蛟龙生焉；积善成德，而神明自得，圣心备焉。故不积跬步，无以至千里；不积小流，无以成江海。"为善积德，就是要积少成多，积薄成厚，然后命数才会逐渐改变，善报才会显示出来。没有说偶尔心情好了，做了一件善事，福报就来了；平时经常作恶，偶尔没有作恶，就不受惩罚了——没有这样的事情。你做的每一件小善，都是在换来福报；你做的每一件小恶，都会将福气推远。

《周易》中说："善不积不足以成名，恶不积不足以灭身。"那些拥有美名的善者，他们的善心不是一下子就形成的；那些败家亡身的恶人，他们的罪孽也不是一下子就造就的。一个人每天做点儿小善，善念在心中不断积累，到了关键的时刻，他们才不会让利益蒙蔽自己心中的善良，才会做出正确的选择，而不误入歧途。一个人每天做一点儿小恶，可能看不出有什么影响，但恶念在他心中也不断地积累，积累到一定程度，就会战胜他本来的良知，此时当他受到什么利益的诱惑，面对重大选择的时候，往往利欲会战胜良心，从而做出大奸大恶之事。行大善的得到美名，做大恶的毁掉自身，但归根结底这些都是从平常那些小事上而来的，其实那时候人在未来的选择和他将得到的命运就已经注定了。

古人在修身之中十分看重细节，因为他们知道优秀的品质都是善念一点点积累而来的，邪恶的品性同样是恶念一点点积累而来的。善事虽小，却能在潜移默化中陶冶人的美德；恶事虽小，却能在不知不觉中腐蚀人的灵魂。日积月累，便善恶分明，有人成为君子、圣人，有人成为奸佞、寇贼。刘备在临终的时候，留下《诫子书》说：“勿以恶小而为之，勿以善小而不为。”这真不愧是千古良言啊！

宋徽宗宣和年间，芒山中有个凶残无比的强盗，杀人放火，无恶不作。官府发动大军，才将其捉住。由于罪大恶极，强盗被判处了死刑。在行刑之前，官吏问这强盗还有什么要求没有。强盗回答，我罪过当死，不应该有什么要求，不过只想再见一见母亲。官吏觉得这人虽然凶恶，但毕竟还有点儿孝心，临死前不忘与母亲告别。于是，答应了他的请求。

官府将强盗的母亲召到狱中，母亲见到儿子被抓，即将处死十分悲痛，便问他：“儿啊，你还有什么未了的愿望，娘一定答应你。”强盗说：“我没什么大的愿望，只是想再像孩童时那样吮一下母乳，这样死也没有遗憾了。”强盗的母亲便上前让他吮吸。没想到强盗一下子咬断了他母亲的乳头，血流满地，母亲痛苦地死去。周围人大惊，纷纷怒斥强盗：“你怎么如此没有人性，到了最后的时候还要害死自己的母亲陪葬！”强盗痛哭着说：“我幼年的时候，到邻居家偷了一点儿青菜、柴火，母亲看到了不仅不教导我，反而夸奖我；长大些，我到街市上去偷盗钱财、货物，母亲每次都称赞我。我有了过错，母亲总是为我找借口，别人找上门来，母亲也为我百般掩饰。于是我身上的过错越来越多，行的恶事越来越大，直到最后做了强盗，开始杀人放火。都是因为母亲纵容我，任由我的过错积累，才使我落到今日被杀头的下场。所以我恨我的母亲，要杀死她！”

古人说：“不矜细行，终累大德。为山九仞，功亏一篑。”身上有点儿小过错，不放在心上，拖下去就可能变成大恶。生活中很多事情，我们都知道这样做不对，可还是不及时改正，总认为是小事没有什么关系，却不知道每做一次这样的小事，都是对自己德行的败坏，都会为以后更大的过错埋下伏笔。今日小偷小摸，明日大偷大抢；今日随口说个谎话，往后就会坑蒙拐骗……恶不积不足以灭身，刚有小过小恶的时候不及时反省、悔改，等到恶行积累大了，再要悔改就晚了。

同样，善也是这样。大的德行都需要慢慢地积累，平时心怀恻隐，多做善事，久而久之，本性才能回归于淳朴，厚德才能彰显。积德虽无人见，行善自有天知。你今天做点好事，可能看不到什么成果，但在德业上就是一分进步；你今天帮了人家一个小忙，别人可能没回报什么，但在心中就记住了你的美德。当你的德行积累到一定程度，你的善行充斥于人生的角角落落时，所有的人都会感激你，你有了好处，他们会帮你扩大，你有了难处，他们会帮你解决。你无论到了什么地方，都会得到各种佑护，就像上天在帮你一样，生命中的福泽就如此显现出来了。

恶不在小，善不在微；小恶可以酿成大祸，小善可以积成大德。无论除恶，还是行善，都要从小事上做起。

誓行善事，记功过格

原文

余信其言，拜而受教。因将往日之罪，佛前尽情发露①，为疏②一通，先求登科③；誓行善事三千条，以报天地祖宗之德。

云谷出功过格示余，令所行之事，逐日登记；善则记数，恶则退除，且教持准提咒，以期必验。语余曰："符箓家有云：'不会书符，被鬼神笑。'此有秘传，只是不动念也。执笔书符，先把万缘放下，一尘不起。从此念头不动处，下一点，谓之混沌开基。由此而一笔挥成，更无思虑，此符便灵。凡祈天立命，都要从无思无虑处感格④。"

注释

①发露：揭露表白所犯之过失而无所隐覆。

②疏：祈祷文书。

③登科：中科举，科举考中进士。

④感格：求感应，指以诚心求取上天鬼神的感动。

译文

我信服云谷禅师的话，拜领受教。于是将往日一切过失，都在佛前忏悔表白。并作了一篇文字，祈求能考中科举，还发誓做三千件善事，以回报天地祖先的恩德。

云谷禅师拿出功过格给我看，让我将所行之事逐日地记录在上面；善事要记录下来，恶事也要记录下来，以便功过相抵，并教我持念准提咒，加上佛菩萨的力量，以期善恶必有应验。

他对我说："符箓家说过：'一个人若不懂画符箓的方法，就会被鬼神所嘲笑。'画符箓有一种秘传的方法，必须心中不动任何念头。拿起笔画符，先将心中的念头全都放下，没有一丝杂念。到了念头不动时，用笔在纸上点一点，这就叫作'混沌初开'。从这点开始，一笔挥成，不夹杂任何思虑，这符便灵验。但凡祷告上天、祈求改变命运，都要从无思无虑上去下功夫。"

经典解读

云谷禅师为了凡讲述了善恶祸福的道理之后，又教了他一种具体可行的修善之法，即记录功过格。功过格，即记录自己功德、恶行的格子。人们都有"忘性"，普通人又不爱反省，所以往往无论做了善事、恶事都会丢到脑后，获得福报的时候，不会去想：这些都是我这么多天行善积德而换来的，我应该继续为善；获得恶报的时候，也不会去想：这些都是我做的错事，应该得到的惩罚，再这样下去可不行了，我必须改过自新。因为看不到，所以不能激励、警诫自己。而记在功过格上，每天自己所做的善事、恶事都清清楚楚地呈现在眼前，翻开一看，就知道自己最近为什么会经受这样的运气了：我做了善事，所以运气不错，还要再接再厉；我做了错事，所以遭受惩罚，下次一定不敢……有了这种外在的激励、警诫，修为就多了一重保障。

画符箓之法，则主要是为了说明修身一定要扫清杂念，使自心澄净，达到无思无虑的境界。人的心中有杂念，做事就会被这种念头所支配：有好名之心，若不将其克除，行事就难免会沦为沽名钓誉；有好财之心，若不将其克除，行事就会沦为贪图利益；其他如好色之心、好权之心等，都会妨碍自己行事，使为善不发于本心，耽误自己的修行。所以，在修养身心时不得不着力扫除。

哲理引申

懂得自省，才能前进

云谷禅师教了凡记录功过格，其实就是对自省的一种补充，让人能够经常回头看看自己的所做所为。有的人懂得自省，他们不用将自己的行为记录在纸张上也能常于心中思忖，譬如曾子就说："吾日三省吾身，为人谋而不忠乎？与朋友交而不信乎？传不习乎？"每天晚上，夜深人静之时，将自己一天所做的事情反省一遍：哪里做得好，值得继续？哪里做得不好，应该改正？以后的日子改正错误的，继续正确的，如此修为便越来越高。普通人没有这种意志力，缺少自知之明，不能清晰地反省、认识自己，所以必须将善恶都一一记录在纸张之上，借助手眼来帮助自己反省。这种做法，归根到底还是要人在心中反省——不懂反省，即便记录在纸上也没有任何用处。

高尔基曾说："反省是一面莹澈的镜子，它可以照见心灵上的污点。"一个人能够经常反省，才能发现身上的恶，从而及时改正；才能发现自己身上的善，再接再厉。反省是提高个人修养的最基本方法，也是修身行善的巨大动力。每个人最初都如一块未经琢磨的石头，有的人任它丢在那里，所以一生都是一块毫无价值的石头；而不断进取的君子，则时时反省自己的不足，不断地切磋琢磨，最终让这块顽石变成拥有非凡价值的美玉。

是非明于学习，境界升于自省。南宋大儒朱熹就要求人们："日省其身，有则改之，无则加勉。"修养之路永无止境，反省也不应停止，即便是你感觉良好，荣誉满身，也一定有值得提高的地方。此时，若不反省，就永远会生活在自我满足之中，永远也发现不了自己的错误，缺点就会越积越多，越来越大，终将酿成祸患。那些先圣贤哲们，在学问道德上远远超出常人，并不是他们天资有多高，而是他们能够不断地反省，择善去恶，日益追逐着更好的自己。所以古人说："君子检身，常若有过。"

俄罗斯有个男孩，出身于富贵之家，但一岁时母亲就去世了，十岁的时候父亲也生病离去。他和哥哥在亲戚的抚养下长大，因为缺少父母的教育，所以年轻时染上了很多不良的习惯，贪玩、赌博、整日游手好闲，不务正业。认识他的人都不喜欢他，认为这是个没有任何前途的小伙子。

上了大学以后，他也不专心学业，痴迷于社会生活，到处拈花惹草，以至期中考试都不及格。但在一次阅读中，他忽然对哲学产生了浓厚的兴趣，尤其是有关道德哲学的领域。从此以后，他大量阅读那些前贤著作，特别喜欢卢梭的学说及其为人，还广泛阅读了很多文学作品。在读到卢梭说的这样一句话时："美德是一种战争状态，我们生活于其中，就要常常与自己作斗争。"这个青年深有感触。他觉得自己放纵自己太久了，自己所做出的行为有愧于"美德"这两个字。于是，他下定决心，一定要和自己进行一场艰苦卓绝的斗争，战胜自己身上的那些缺点。

他反省自己昔日的行为，将这些一条一条地列在纸上，其中最严重的共有八条：一、缺乏毅力；二、喜欢自欺欺人；三、有少年轻浮之风；四、不谦逊；五、脾气暴躁；六、生活放纵；七、随波逐流；八、缺乏自省精神。看到写满纸上的各种缺点，他仿佛一个霹雳击打在了身上，汗流满面，深深为自己昔日的过错而感到羞愧。为了改掉这些行为，他每天都要对比着这些缺点，反省自己的行为。他结束了放荡的生活，参加了炮兵部队。在部队里，他一边锻炼自己的意志，一边开始文学创作。几年以后，他不仅逐渐改掉了那些毛病，而且在文学创作上也取得了很大的进步。几十年以后，他创作出了很多可以流芳千古的作品，而且自己也成为一个深受尊重的人。这个人就是俄罗斯甚至世界上最伟大的作家之一列夫·托尔斯泰。

修行不是一时一刻之事，需要长期坚持下去，践行于自己的一生之中，所以人们才需要不断地反省自己。做一次自我检查不难，难的就是每天都反省自己。托尔斯泰之所以能够从一个行为轻浮放荡的青年，成长为世界上最伟大的作家之一，就在于他懂得反省，能够长期自省。

自省，是对自己心灵的沐浴，是对自己灵魂的洗礼。懂得时刻自省的人，才能及时"洗"去内心中的灰尘、污垢；只有懂得自省的人，才能做到坦坦荡荡，从容立于天地之间。唐代高僧神秀大师曾经做过一首偈子："身是菩提树，心如明镜台。时时勤拂拭，莫使惹尘埃。"我们每个人都要常常看看自己心中的明灯，及时将上面的尘埃擦净。如此，人生才能越来越完美，生命的道路上才会多一些顺畅，少一些失败，最终走向真正的成功。

把行善当作一件任务

对于记功过格，每日勉力行善，计划每天要行多少件善事的行为，很多人心存疑虑。行善不是要完全发自内心的吗？记功过格，勉强自己行善岂不是目的性太强，有助长的弊端？其实，《了凡四训》面世以后，很多大思想家都对他进行批评，如王夫之批评袁了凡是"皆画地成牢以陷人者"；张尔岐也说袁黄"与天地鬼神为市"。之所以遭到很多批评，就是因为他讲因果，劝人勉力行善，这不符合圣人教导人修身追求"诚意""勿忘勿助"的原则。

这些思想家批评的不能说不对，但为何人们还这么推崇《了凡四训》、功过格呢？因为这的确好用，有利于人们行善修德。人们的资质、修养水平都是各不相同的，要求每个人都达到心正意诚的境界，发自内心地去为善，是无法做到的。对于那些资质较差，悟不透道理的人，难道放弃他们？或是让他们空坐在那儿"修心"？不可以。必须先用一点儿功利的东西吸引他们，让他们有目的地行善，在行善过程中慢慢萌生善心，最后心行合一，成为真正的善者。功过格就起着这样一个作用，它告诉人们为善有好报，人们才有为善的动力，从而改变人们的心境。

《中庸》中，孔子说过这样一段话："或安而行之，或利而行之，或勉强而行之，及其成功，一也。"有的人自愿地去践行善道，有的人为了利益而去践行，有的人受困以后勉勉强强地去践行，只要最终能够归于善道，无论开始出于什么目的，结果都是一样的。功过格就是让人能利而行之，勉强而行之，虽然它还未能让人达到安而行之的境界，但只要坚持做下去，总有一天会取得相同的效果。当即便不再记功过格，人们也能习惯成自然地去为善时，也就达到"心诚"的目的了。

佛经中有这样一个故事：

有个富人，十分有钱，家中有良田千亩，房屋百间，但为人却十分吝啬，对待仆人很是刻薄，周围的人都厌恶他。富人到了四十岁还没有儿子，因此心中十分愁苦。一天，一位菩萨来到城中传道，说可以解脱世人一切烦恼。富人便前往菩萨面前诉说没有子嗣的苦恼。菩萨告诉他，没有子嗣是因为他天生性孤，与孩子无缘。要想改变，就必须接近孩子，对孩子好。并称，只要富人将城中所有孤苦无依的孩子都养起来，七年以后便能改变自己的命运，或许可以获得自己的儿女。

富人虽然非常不情愿，但还是照着做了。他将城中孤苦无依的孩子都接到自己的庄园中，给他们吃的住的。开始的时候，富人每听到孩子们的声音就感到一阵心痛，想：他们都在白吃、白用我的家财啊！为了监视孩子们，以防他们搞破坏，富人每天都爬到房顶上监视他们。孩子们并不知道他的心理，无端得到他的奉养，又见他每天都看着自己，都认为富人是个大善人，对他十分感激。因此，每当碰到一个孩子，富人就能听到感谢之言，感受到他们对自己的尊敬、爱戴。久而久之，富人的心便开始了变化，不再监视孩子们，给他们更好的衣服、食物，还给他们请了老师来教育他们。

三年以后，富人接受了这些孩子，即便他们犯了错误，也不会责怪一句话。五年以后，富人觉得这些孩子就像自己的亲戚一样，他每天开始关心起他们的身体健康、学习情况了。又过了两年，到第七年的时候，富人觉得这些孩子就是自己亲生的儿女，对他们充满了关爱。而且他的整个人都已经发生了变化，从内到外都透着善意，善待仆人，经常给穷人施舍，收留来往的过客。人们对他的看法也完全改变，城中人都称赞他的美德，大户人家有了盛事都主动请他去做贵宾。

可是，这些年他的妻子依旧没有生一儿半女，年底的时候，菩萨拜访了他，对他说："很遗憾，我告诉你改变命运的方法似乎并未起作用，以后你可以不用继续做善事了。"富人笑着摇摇头说："开始的时候，我做善事还是为了求儿女，现在早就没有那些想法了。每天看到这些孩子，我都觉得他们就是上天赐予我的子女；每次帮助那些需要帮助的人时，我都感到快乐。做这些事已是我生活的一部分，我怎么能放弃呢？"菩萨听完笑着点点头离开了。

下一年，富人的妻子就怀孕了，一连为他生下了七个儿子，城中人都认为这是他七年间一心向善而得到的善报。

一个生性刻薄的人，本没有为善之心，但用一点儿利益诱惑他，就能让他开始行善。并且能够逐渐从被动地为善变为主动地为善，最终改变了自己的命运。意识支配行动，行动其实也会反作用于意识。一个人开始心中可能不太在乎为仁行善，但如果能勉强自己去做善事，时间久了，就会发现行善的好处，内心就会开始慢慢变得善良起来，行为上勉强的意思越来越少，行善之意就越来越主动。这样，他的本质就发生了改变，也就是成了一个真正的善人。

所以，很多时候，勉强自己为善，并不是虚伪、做作，而是一种主动修行。我们每个人都应该好好反省一下，自己能否发自内心地去为善？若是不能，不妨将为善当作一种事业，一种任务去完成。这种任务做多了，总有一天你会发现自己已经产生了质的变化，自己的命运也不知不觉改变了。

夭寿不二，立生死之命

原文

"孟子论立命之学，而曰：'夭寿不贰[①]。'夫夭寿，至贰者也，当其不动念时，孰为夭，孰为寿？细分之，丰歉不贰，然后可立贫富之命；穷通不贰，然后可立贵贱之命；夭寿不贰，然后可立生死之命。人生世间，惟死生为重，曰夭寿，则一切顺逆皆该[②]之矣。"

"至修身以俟之，乃积德祈天之事。曰修，则身有过恶，皆当治而去之；曰俟，则一毫觊觎，一毫将迎[③]，皆当斩绝之矣。到此地位，直造先天之境，即此便是实学。"

"汝未能无心，但能持准提咒，无记无数，不令间断，持得纯熟，于持中不持，于不持中持。到得念头不动，则灵验矣。"

注 释

①夭寿不贰：夭折、长寿如一；即长寿、短寿没有区别。

②该：包括、具备。

③将迎：迎合，故意做作，行事不出于真心诚意。

译 文

云谷禅师说："孟子谈论立命的学问，说：'长寿、短寿并无区别。'那长寿、短寿是截然相反的，可到了不动任何妄念之时，什么又是长寿，什么又是短寿呢？进一步而言，若知道丰与歉没有区别，便可参透贫富的命数；若懂得穷与通没有区别，便可以参透贵贱的命数；若懂得短寿、长寿没有区别，便可以参透死生的命数。人生在世，生死是最重大的事情，孟子只谈长寿、短寿，其实已经将一切穷达顺逆之事都包括在内了。"

"至于'修身以俟之'，就是告诉人们要不断积累德行，祈求上天的赐福。说'修'，是指自身有过错缺点，都应当改正、除去；说'俟'，则告诉人们诚心修身行善，将任何觊觎、迎合之心都要清除干净。若能做到如此，就已经到了先天不动念头的境界了，这便是世间真正的学问。"

云谷禅师接着说："你如今还达不到不动心的境界，但只需能坚持持念准提咒，不必用心记，不要计算念诵的遍数，只要不间断地诵念，等念到极熟之时，口里念，自己不察觉在念，口里不念，心中仍会自觉地念，这就是'于持中不持，于不持中持'。念到这样，自然再没有妄念、杂念，那么念的咒，也没有不灵验的了。"

经典解读

王阳明的弟子钱德洪曾经请教他有关"夭寿不二"的问题，阳明先生这样回答："做学问的功夫，对于一切声色名利和嗜好，都能摆脱殆尽，若心中尚存有一丝贪生怕死的念头，便是未能与本体完全融会贯通。人对于生死的念头，原本是从生命本源上带来的，所以不易除去，若能在此处识得破、看得透，心的全体才是流行畅通的，这才是尽性至命的学问。"在他看来，夭寿不二是种看破生死的境界，心与"本体完全融会贯通"——也就是心中没有任何私心杂念，只有一个天理。心中只有一个天理，便是一心仁慈，一心为善，这样才算是了解了生命的学问。人达到了这种境界，便不会再将死生放在心上，即便遭遇了不好的命运，他们也不会抱怨，依然会去做善事，会仁爱身边的所有人；即便自己就要死了，他们也一心追求善道，能够用余下的生命继续行善。

同样，参透贫富的命、参透贵贱的命都是一个道理。只是一心仁慈、一心为善，即便他自己十分贫穷，也愿意拿出仅有的财物去救济别人，即便自己身份卑贱，也愿意尽力奔波去帮助别人。贫富贵贱都不会使他们的行为有所改变，不会让他们生出一分私心杂念。贫贱时，他们恪守正道，不会为了得到富贵而去做违背原则的事情；富贵时，他们保全道德，不会因为自己富贵了而为非作歹。他们一心修德行善，无论得到什么样的命运，他们都坦然接受。这就是“修身以俟”。能够修身以俟，不被各种欲望所干扰，就是“不动心”。普通人达不到不动心的境界，就要努力去克除各种杂念私欲，云谷禅师给出的方法就是持念准提咒。

所以说，“夭寿不二”“修身以俟”“不动心”，谈论的都是一个东西。既可以说是修身的方法，又可以指修身所要达到的一种境界。

哲理引申

真正的善良，贫富不移

懂得立命之学，就是懂得如何面对命运，如何对待自己的生命。能够心存仁善，不因私欲而贪生，这就是懂得立命；心存邪欲，不知行善而恣意为恶，这就是不懂得立命。很多时候，影响我们能否行善的并非是我们所处的环境，以及我们手中的资源，而是我们内心对生命的态度。云谷禅师对了凡的开导，讲了很多，其实不过是让他有一颗善心，积极地去面对生活罢了。

“丰歉不贰，然后可立贫富之命”，就是告诉人们，从贫富的角度出发应怎么看待自己的生命：不要在乎年成丰收，还是歉收。丰收时，要有救济穷人的善心；贫穷时，同样也要有救济他人的慈悲。越是在颠沛流离之中，越能展现一个人的节操；越是在贫穷困苦之中，越能体现一个人的行善之心。贫寒之时为善的功德，要比富贵之时的施舍大得多，这也是圣贤所最为提倡的。

云隐寺中曾经住着一位法明禅师，其修为十分高深，人们都相互传言说，能够让法明禅师为自己做场祈祷，便可消除灾祸，万事顺利。但只有功德极高的人，禅师才会亲自为其祈祷。

城中有个大富商，家财万贯，很想让禅师为自己做祈祷，但几次请求都被拒绝。富商知道，禅师拒绝自己是觉得自己德行不足。于是便广行善事，施舍给穷人吃的，施舍给病人药钱，为乡里铺桥修路……这样一直做了三年，全城百姓都称赞他，富商也觉得自己的善事做得够多了，便再次前往请求法明禅师为自己祈祷。可禅师听完他叙述这三年来的所作所为后，还是沉默不语，拒绝了他。

富商虽然很是失望，但依旧继续施舍为善。没过多久，他的商船在出海途中遭遇了飓风，一船珍贵货物都沉到了海底，还死了好几个伙计。赔偿完后，富商一下子变成了穷光蛋，不仅多年积攒的钱财都做了赔偿，连房宅都抵押给了别人。从此之后，为了生活，他不得不做起了小买卖，推着车子在集市上卖零货。在卖东西的过程中，他遇到了个看起来十分凄凉的乞丐，心中忽然生出不忍，便将所卖的铜钱都施舍给了他。这一幕被周围的小贩们看到，大家都嘲笑说："你还以为自己是从前的大富商吗？现在欠了一屁股债，怎么还有闲心施舍？还是想想怎么填饱自己的肚子吧！"

受到冷嘲热讽，曾经的富商失落地回到住处，看着如今破旧的木板房，想到欠下的一身债务，他感到万念俱灰。正想不开时，忽然门外传来佛号。原来，他在街上的那一幕正巧被寺中下山的僧人看到，传到了法明禅师的耳中。禅师听后，立刻下山，决定亲自为他举行一场祈祷仪式。商人很奇怪，问："我曾经富贵之时，多次拿着礼物前去请求您为我祈祷，您都没有答应。如今我破产了，一贫如洗，想要施舍些财物给寺中都做不到了，您却主动前来为我祈祷，这是为什么呢？"禅师说："施主从前富贵，为善只不过举手之劳，即便做很多善事也未必是出自真心。如今，你贫穷了，却依然没丢弃这颗为善之心，这才是真正的大功德啊！”

法明禅师为商人举行祈祷仪式，消息传开后，城中之人都相互议论说：“法明大师为他举行了祈祷，他将来的运气一定会改变，家业肯定都能挣回来……”别的商人听到这消息，也都对他的前途信任起来，不仅不再催他还债，反而纷纷借他重新经商的本钱，主动提出和他合作。这样，不久以后，商人就再次发达起来。

富商富贵的时候，行善并不为禅师所认可，而他贫穷时的行善却受到禅师的赞赏，因为禅师明白：一个人富贵之时为善不难，贫穷困苦之中依然有颗为善之心才最为可贵。

有的人常常认为人心都是随着环境而变化的。比如韩非子就认为，人之常情是：在饥荒之年，弟弟来了后不会管饭；而在丰收之年，疏远的过客也会拿食物招待。对于世上大多数人来说，的确是如此的，富贵发达之时便慷慨好施，贫穷紧迫之时便先考虑自己的利益。但真正具有大德的慈悲之人，他们的善心是永远不会损减的，无论富贵还是贫穷、无论发达还是困窘，他们都能与人方便，甚至舍己为人。就如《水浒传》中的鲁达一样，看到了受困的金氏父女，立刻就产生了救助的念头，即便自己身上没有钱，也要借钱援救他们。这种不随自身穷达富贵而改变的善心，才是一个人最为珍贵的财富；这种融入本性中的好善品性，才是这个世上最美好的东西。

有了这种美好的品性，行善便会成为人的天性，一种自然而然的事情。这样的人不会因为贫富贵贱的不同，而改变自己的行为；不会因为夭寿的不同，而改变人生的准则。富贵的时候，他同情穷苦之人；即便贫贱了，他还会慷慨地对待那些比自己还贫穷的人。生命很长，他会努力行善为自己积累功德；生命很短，他还是会努力行善。这样的人，就是仁人，他们的善良才是真正的善良。也就是说，真正的善良，一定是融入天性，贫富不移的。

善心无分轻重

穷通不二，除了告诉人们无论在贫穷还是富贵之时，都要永远保有一颗为善之心外，也可以有另外一种理解方式。那就是，无论是贫穷时的为善，还是富贵时的为善，并没有什么本质的区别。即一个人在富贵发达之时，可以行善事，做善举，在贫穷困顿之时，也依然能够做到这些；善心并无轻重的区别，只要有善念，穷苦之人亦可为善。

很多人常常说自己有为善之心，却没有行善的条件，所以不能为善。他们总是认为，为善是需要一定资金作为保障的，是富贵人的事情，譬如，有的人能够向各种慈善机构捐赠大量金钱，有的人能够出资建立希望小学、爱心养老院，有的人能够买很多被杀的动物放生……其实，这些都是借口，有一定的资金、财物，当然可以帮助更多的人，做大善事。但没有这些未必就不能行善。真正的行善是为了表达发自内心的善意，与贫富无关。穷人不仅可以为善，而且往往因为行善的困难，所积累的福德比富人更大。

曾经有一位禅宗高僧，在当世享有圣名，很多人都期盼得到他的指点，从而脱离迷津。有一个节度使，上山拜见，捐赠了千两黄金，高僧只是端坐寺中，没有出门一步相迎接。会见中也只是告诉节度使，要爱惜百姓，不要收取苛捐杂税等事项。过些时候，有一个贫穷的乞丐上山，捐赠了百文钱，高僧听到后，亲自到山门邀请乞丐入寺，并为他讲解佛经。事后弟子们百思不得其解，问："那位节度使捐了千两黄金，师父不去迎接，不与他说法；这个乞丐只捐了百文铜钱，师父却亲自邀请，同他讲佛法。这是为了什么呢？"

高僧说："节度使虽然捐赠了千两黄金，但这不过是他钱财中的九牛一毛；而乞丐虽然捐赠只有百钱，却是他的全部。节度使钱财虽多，善心却不能说重；乞丐钱财虽少，善心也不能说是轻。"

为善之心，不分轻重。只要是心中存有善念，努力去帮助别人、造福社会了，这种行为就是值得赞扬、推崇的。哪怕只是施舍给路人一碗清水，哪怕只是在路上给迷路的人一句指点，哪怕只是对犯错沉迷之人的一声劝告，只要是发自内心的，这些都是大有功德之事。

有个人曾经跑到菩萨面前哭诉："我无论做什么事情都不能成功，这是为了什么呢？"

菩萨告诉他："因为你没有学会给予别人啊！"

"可我是一个一无所有的穷人，我能够给予别人什么呢？"

菩萨笑着说："给予并不在于物质的多少，而在于是否具有善念。一个人即便没有钱财，依然能够给予他人七种东西：

第一，和颜施，用和悦的容貌与人相处。

第二，良言施，多对别人说些鼓励的话、安慰的话、称赞的话、谦让的话。

第三，诚心施，用诚恳的心去对待别人，敞开心扉地与人相处。

第四，眼光施，用善意的眼光去看别人，不鄙视穷苦之人，不仇视犯错之人，不轻视贫贱之人。

第五，身行施，用自己的行动去帮助别人，做力所能及的事为他人排忧解难。

第六，座位施，乘车坐船之时，懂得谦让，将座位让给那些需要帮助的老弱妇孺。

第七，房屋施，将自己空下来的房子提供出来，让需要的人休息使用。

这七种给予是人人都可以做到的，只要你有了给予的习惯，好运就一定能够到来。"

每个人都懂得为善可以积累功德，都希望以此获得好运，但大多数时候，我们都对自己的善行太过吝啬了，不愿将它们给予别人。因为我们觉得这些小事太普通了，当作善行太轻了，根本不值一提、不值一做。殊不知，正是在这些小事之上，体现着人们不同的道德水准；正是这些小事，在每一天中陶冶着人们的品行。只要你坚持去做了，总有一天，这些看似分量很轻的行为，会积累出厚重的功德；这些看似可有可无的小事，会让你的人生变得与众不同。

为善最看重的就是心中的善念，其意义并不在于所行事情的大小。遇到了大事，能够见义勇为、扶危救难固然值得称赞，但平日之间那些助人的点滴小事也是考验一个人道德水平的标准。我们树立修德行善的志向，一定不可好高骛远，从小事上开始培养自己的品德，一切善行都是值得赞扬的，事情有大小之别，但善念并无轻重之分。

改号了凡，起愿求子

原文

余初号学海，是日改号了凡；盖悟立命之说，而不欲落凡夫窠臼也。从此而后，终日兢兢[①]，便觉与前不同。前日只是悠悠放任，到此自有战兢惕厉[②]景象，在暗室屋漏[③]中，常恐得罪天地鬼神；遇人憎我毁我，自能恬然容受。

到明年（1570 年）礼部考科举，孔先生算该第三，忽考第一，其言不验，而秋闱中式[④]矣。然行义未纯，检身多误；或见善而行之不勇，或救人而心常自疑；或身勉为善，而口有过言；或醒时操持，而醉后放逸；以过折功，日常虚度。自己巳岁（1569 年）发愿，直至己卯岁（1579 年），历十馀年，而三千善行始完。

时方从李渐庵入关，未及回向[⑤]。庚辰（1580 年）南还。始请性空、慧空诸上人，就东塔禅堂回向。遂起求子愿，亦许行三千善事。辛巳（1581 年），生男天启。

注释

①兢兢：精勤、谨慎貌。

②战兢惕厉：谨慎小心，戒慎恐惧。

③暗室屋漏：指无人，独处的场所。

④中式：指科举考试被录取。

⑤回向：指将自己所修的功德，不愿自己独享，而将之“回”转归“向”与法界众生同享，以拓开自己的心胸，且使功德有明确的方向而不致散失。

译文

我起初号学海，从那一天起改号了凡。因为我参透了立命的道理，而不愿与凡夫俗子同样浑噩度日。从此以后，终日谨慎修行，便顿觉与前时不同。

从前只是糊涂随便，至此才有了战兢惕厉的气象，在暗室无人之处，也常怕得罪于天地鬼神；遇到别人厌恶、诋毁我，也都能安然容受。

第二年（1570年）礼部科举考试，孔先生算我应该得第三名，哪知忽然考了第一名，他的话没有应验。秋季的举人考试中，我居然考中了，这也出乎孔先生的推算。然而行义之心尚未纯诚，私下反省多有过错；有时见到善行不能大胆去做，有时救人却心存疑虑，有时能行善事而口不择言，有时醒着操持守节而醉后放逸，功过相抵，常形如虚度。自从己巳年（1569年）发愿，直到己卯年（1579年），三千善事才做完，经历了十余年时间。

当时我跟随李渐庵的军队进入关中，未来得及到佛堂回向。庚辰年（1580年）南返，才请性空、慧空等大师，在东塔禅堂内举行回向活动。随即又发了求子之愿，许下再行三千件善事。辛巳年（1581年）便生下了你，起名天启。

经典解读

经过云谷禅师的开导，了凡了解了立命的道理，决心成为一个有作为的人，而非浑噩度日的凡夫俗子，为此他还改了自己的表字。“了凡”，也就是了悟凡尘之事。人们每天生活，却不一定能明白生活的意义。其实，真正能够了悟凡尘的人很少，大部分人日日虚度，每天如同土石木偶般生活，追随着命运给自己安排好的人生，从来没想过改变，也从来没有认真地对待过生命——这样的人总有一天会为自己的碌碌无为而羞耻，为自己的虚度年华而悔恨。而立命的道理，就是让人们改变这一状况，认识到生命的意义，去珍惜、重视每天平凡的生活，努力将平凡的生活变得不平凡，从而改变自己的人生，创造自己的命运。

经过这些改变，了凡果然跳出了孔先生算定的命运线，考试的名次前进了，能够考中举人了，最终还有了孩子。至此为止，其原本被算定的命运，已经完全改变了。可见，人的命运不是固定不变的，它决定于每个人的平日行为、人生态度，只要以积极、乐观的心态，努力去做善事，生命就一定会越来越好。

哲理引申

人生一定要有目标

了凡懂得了立命的道理，从而改变浑噩度日的生活，立志为善，最终跳出了命运的束缚，成为了一代名臣、贤士。所谓“懂得立命的道理”，用通俗的话说，就是懂得自己应该怎样活，明白自己将要成为什么样的人，自己在生活中应该坚持哪些原则，等等。其中，最重要的就是要明白自己想成为什么样的人，也就是明确的人生目标。

人生目标，是我们前进的动力，是我们能战胜生活中各种挫折、苦难的依托。有了它，人生的大海上便有了一座明亮的灯塔；有了它，人生的星空中，便有了耀眼的北斗；正是它，赋予生命以价值，让每个人变得与众不同。若人生没有目标，每日只知道吃饭、睡觉，浑浑噩噩，那样即便能够活百年又有什么意义？

唐僧接受王命前往西天取经，出发前皇帝准许他在自己的马厩中选取一匹良马用来骑行、驮物。马厩中群马知悉这个消息相互议论道：“西行的路不知几千万里，又遍布坎坷荆棘，充满陷阱陡崖，而且跟着唐僧还要驮着沉重的行李，冬天冒严寒，夏天顶酷日，一定十分辛苦。”于是，看到唐僧前来选马，都纷纷后退。只有一匹刚刚成年的白马，心中寻思：在皇宫中生活虽然自在，每天吃着上好的草料，但一辈子都这样生活，很难有机会出去见见世面，老了就和周围这些马没有任何区别，我为何不去追求更多彩的人生呢？于是便主动跑上前来。唐僧认为此马和自己有缘，便选中了它。

一去就是十几年。这匹马驮着唐僧经历过高山、深林、大漠、原野，经历了风俗不同的国家，遇到了各种各样的人，听到过数不清的奇闻异事。再次回到大唐的时候，唐僧成了名满天下的高僧，这匹马也成了名满天下的奇马，受到举国上下的推崇。当它回到马厩之中时，那些昔日的老朋友都羡慕地围上来，听它讲述这一路来的所见所闻以及今日的荣耀。所有的马都嗟叹不已，称赞它与众不同。

白马听了群马的赞扬、奉承后，平静地对它们说："各位，我并没有什么超出大家的地方，只不过当年多了一个追求不平凡的理想罢了。其实，我所做的，你们每一个都能做到，当我一步步地驮着行李西行的时候，你们也都没有闲着，只不过你们每天重复着昨日的事情，从来没有希望自己改变过，从来没有梦想着自己哪一天能变得与众不同。所以，虽然过了十几年，你们还是老样子。"

所有的人都忙忙碌碌，但有的人越走越高，而有的人却始终在原地踏步，这是为什么呢？就是因为他们的人生目的不同，有人将成为圣贤、建立功业当作自己的人生目的，每天都在为这些理想磨炼自己，让自己变得更加完美。而有的人脑袋里只知道想着明天吃什么，该怎么玩，如何过得更舒服……所以，他们的生活从来没有改变过，几十年形同虚过。千里马一生中所行的路程并不多，但是它的每一步都有价值，都在追求更远的方向；而绑在磨盘上的驴子一生中所行的路程并不少，但它们每天都在原地绕圈，其意义与千里马自然不可同日而语。

立命，是人生中最为重要的事情。人生真正有价值，就开始于懂得为何而生，将要成为什么样的人。孔子"三十而立"，就是说他在三十的时候，找到了人生奋斗的方向。从此，他确立了"克己复礼"的理想，梦想着改变乱世，立志成为周公、伊尹那样的圣贤。孔子说："不知命，无以为君子也!"一个人生活在世上若不知自己为何而活，不知道自己将会成为什么样的人，那他就不足以称为君子，他的生命就是没有意义的。

年幼的时候，不懂人生目标尚可理解，若一个人已经活了二三十岁，或者更久，却还没有好好反思一下自己有没有目标，自己将要成为一个什么样的人，那就太蠢了。成功者和平庸之辈的最大区别就是他们时刻清晰了解自己追求的目标，他们会把生命中的每一天都利用起来，追求这个目标，绝不会让生命毫无意义地白白流逝。

有人说，有目标的人生才叫作航程，没有目标的人生就是流浪。然而很多人一生都在流浪中度过了，今天所做的一切不知道为了什么，对未来也没有明确的期待，回首往事的时候，往往充满遗憾和叹息，这样的生命岂不是可悲至极？

所以，我们每个人都要静下心来好好问自己几个问题：我的人生有什么目标？我每天所做的事情是否正在为这个目标而努力？我是否在浪费自己的生命，让时光白白浪费？照这样下去我将成为一个什么样的人？几年以后，我会不会为今日的虚度岁月而感到羞愧？将这些问题都想明白，也就知道自己该怎样生活了。

诽谤由他，我自坦然

了凡懂得立命的道理后，心境发生了巨大改变，为人处世的方式、态度也都同前日迥异了。从前他直心直行、不能容人，如今“遇人憎我诽我，自能恬然容受”。这种不惧诽谤，不与人计较的态度，尤其是人们应该好好学习的。

生活之中很多时候，人们往往会遭到各种流言蜚语的骚扰，受到毫无理由的诽谤。有的人对这些很在乎，听到了流言、诽谤，心中便如结了疙瘩，怎么也不能解脱，甚至为此寝食不安。于是，有人为自己极力辩解，结果却越辩越乱；有的人与诽谤者争吵、结仇，事情闹得很大，两败俱伤，却终究难以消除流言的影响。那么，到底该如何应对流言、诽谤呢？

要应对流言、诽谤，首先应该知道它们的来源。流言，大多出自于无聊之人的拨弄是非，他们为了引人注意，随意散布一些不着边际的话，来打发空虚的日子。诽谤，一是因为别人对自己的误解，而提出不利于自己的言论，给自己造成不好的影响；二是因为他人与自己存在利益争端而故意伤害自己。懂得它们的来源，也就能正确地处理流言、诽谤了。

对于那些无聊之人散布的流言，最好的方法就是藐视它们。鲁迅先生在受到各种流言侵扰时，就说过这样一番话：“我现在得了妙法，是谣言不辩，污蔑不洗，只管自己做事。”那些散布流言蜚语的人，并非真的痛恨自己，只不过是他们人生过于空虚罢了，其实与被流言伤害的人相比，他们才是最为可怜的。这样的人，何必和他们置气呢？

对那些因为误会自己，而贬低、诽谤自己的话，最好的方法就是宽容。

把误会交给时间，是消除它最好的手段。误会消除了，那些说出诽谤之言的人，自己就会感到羞愧。你越是不与他们计较，他们越会为自己卑微的行径感到惭愧，也会感激你的宽容，甚至还能化敌为友。相反，如果听到了别人误会自己的言论，就前去争吵，不仅难以挽回自己的声誉，甚至还会从此结下仇恨，无端为自己树敌。

唐朝的宰相娄师德就是一个善于应对他人诽谤的人。娄师德虽然贵为宰相，行事却十分低调，很少与人相争，因此被误会为懦弱无能。当时，朝中的狄仁杰很有才干，但也因为年轻有为而显得恃才傲物。他就认为娄师德才能不足以担当高位，之所以身居宰相都是因为做好好先生得来的，所以对娄师德很是不服，经常在背后议论、嘲讽他，还想将他排挤到朝外。

娄师德知道狄仁杰对自己的看法，也听到一些他在背后评价自己的话，但都没有放在心上。不仅不去报复狄仁杰，反而因为他有才能而大力向皇帝武则天推荐。时间久了，连武则天都被他的宽厚感动了。于是，便将狄仁杰召来，问他："你觉得娄师德这个人怎么样？"狄仁杰说："能够当个将军，至于才德是否配得上宰相，我就不知道了。"武则天听了，便将娄师德推举他的事情告诉了他，并将相关奏疏拿给他看。狄仁杰看后，感到十分羞愧，叹息说："娄公盛德，我被他宽容还不知道，我真是差得太远了！"从此对娄师德十分尊重。

对于那些故意诽谤自己的人，能够做到宽容他们是最好的，即便做不到也要尽力选择轻视、忽略他们，而不要去与他们争论、辩解。很多时候，流言、诽谤就像白纸上的一个墨点，放着不动，很快也就干了，你若去抹，反而污损更大。

唐朝名将郭子仪在平定安史之乱时建立了盖世功勋，但这也让他受到了很多人的忌妒，其中就包括大太监鱼朝恩。鱼朝恩不仅利用手中权力打击郭子仪，还在皇帝面前污蔑他心怀不轨，图谋造反。多亏皇帝是个明事理的人，没有听信诽谤。鱼朝恩十分害怕，唯恐郭子仪会打击报复自己。可郭子仪不仅没有报复他，反而宽容了他的过错。后来鱼朝恩被彻底感动，终其一生都对郭子仪十分尊重。

生活中，每个人看事情的视角都有所不同，因此产生误会、冲突是极为正常的事情，遭受到流言、诽谤也是世间常事。我们若过分计较，只会陷入扯不清的纠纷之中，不如宽容地对待这些人、这些事。我们要常这样想：他人忌妒我是他自己修养的不足，我若和他计较，岂不与他同过？他人诽谤我是他人品有问题，我若和这样的人讲道理、辨是非，岂不是对牛弹琴？有了这样的想法，自然能放下争执之念。

不仅如此，还要将流言、诽谤当作自己进步的阶梯。藏传佛教的朗日塘巴尊者做过这样一首诗："他人出于忌妒心，非理辱骂谤我等。亏损失败我取受，愿将胜利奉献他。"越是在遭到流言、诽谤的时候，越能检验、锻炼一个人的心胸、修为。我们一定要从容应对，以宽容之心消除他人的误解，以大度之心包容他人的浅薄。正如《格言联璧》中所说的：何以息谤？曰"无辩"。何以止怨？曰"不争"。

得授知县，行善治心

原文

余行一事，随以笔记；汝母不能书，每行一事，辄用鹅毛管，印一朱圈于历日之上。或施食贫人，或放生命，一日有多至十余者。至癸未（1583年）八月，三千之数已满。复请性空辈，就家庭回向。九月十三日，复起求中进士愿，许行善事一万条，丙戌（1586年）登第，授宝坻知县。

余置空格一册，名曰治心篇。晨起坐堂[①]，家人携付门役，置案上，所行善恶，纤悉必记。夜则设桌于庭，效赵阅道[②]焚香告帝。

注释

①坐堂：为官坐堂理政、坐堂审案。

②赵阅道：赵抃，字阅道，号知非子，浙江衢州人，北宋文学家，崇尚佛法。

译文

我每做一件善事，就用笔记录下来；你的母亲不会写字，每做善事，就用鹅毛管，在日历上印一个红圈。这样或是施舍穷人，或是放生动物，我们最多每日能做十余件善事。到了癸未年（1583年）八月，三千善事已经做完。便又请性空等大师，在家里做回向。九月十三日，又起了中进士的愿望，发愿行善事一万件，丙戌年（1586年）果然中了进士，被授予宝坻县知县之职。

我准备了一本全是空格的小册子，将其命名为“治心篇”。每天早晨起来坐堂理政开始，家人就将这本治心篇交给看门的人，放在桌案之上，所做的善恶之事，无论大小必定记录下来。到了晚上就在庭院中摆上桌子，效仿赵阅道焚香向上苍祈祷、忏悔。

经典解读

了凡为了督促自己力行善事，便开始记录功过格，将每日所做的善事一一记录，不仅他自己如此，妻子也是如此。能够偕同别人一起做善事，这就是与人为善。所有的人在立志为善的时候都当如此，自己为善是不够的，还要带动周围人一起做善事，将善道发扬光大。

赵抃是北宋名臣，有名的清官，号称“铁面御史”，他在任之时，每办一件事都力图做到问心无愧，在当时就享有美名。他笃信佛教，经常去各地寺中向高僧们请教佛法，以此来修养自身。他还有个习惯，日里所处之事，到了晚上还要焚香告诉上苍，以明心迹。了凡效仿赵抃焚香祈祷，既是要通过庄重的仪式来加深省察诚意，也是在树立成为像赵抃那样清廉名臣的志向。

哲理引申

种善因，必得善果

了凡起中进士的愿望，发愿行一万件善事，果然中了进士，被授予宝坻县知县。《尚书》中说：“作善降之百祥，作不善降之百殃。”一个人做了善事，定有百种吉祥在后面等着他；一个人做了恶事，也一定会有百种殃祸在后面等着他。就如佛家所说：种下善因，一定会生出善果。

一个人的行为会在内外两方面影响、改变他的命运。从外在联系来说：做善事帮助了别人，一定会让别人感恩于你。知恩图报是每个人都具有的心理，他人受了你的恩德，定然在你困难的时候愿意为你赴汤蹈火、排忧解难。做了恶事伤害别人，一定会让别人怨恨于你。有仇必报也是很多人的行事原则，他人受了你的伤害、羞辱，即便不去落井下石，也很可能在你陷入危难的时候，袖手旁观。这不就是善恶有报的因果关系吗？你需要救济的时候，便有了来救济，往往并非是上天安排好的，而是你昔日不经意间种下的善因；你陷入困难，却有人火上浇油，在怨天尤人之前也应该反省一下，自己为何会遭到这样的命运，是否是因为昔日不经意间种下了什么恶因。

有一个青年，高考落榜了，因为家中贫穷，便放弃了复读的想法，买了一辆三轮车在街上拉客。蹬三轮车十分辛苦，每天累得筋疲力尽也很难赚到多少钱。这一天，他送完了客人，准备回家的时候，忽然发现车上落了个手提包。看样子这包价格不菲，里面一定有什么珍贵的东西。青年脑中第一个想法就是：失主很着急，一定要把它交还回去。于是，他不顾劳累，蹬着三轮车前往最后一个客人下车的地方。

天很晚了，青年远远地就看到一个人在路灯下着急地来回走动，看到他这辆三轮车便奔跑过来。当那失主接过包的时候，激动得说不出话来，当即拿出一笔钱要作为对青年的谢意。那笔钱对每天蹬三轮车的青年来说真的是一笔不小的数目。但青年当即拒绝了，他说："自己只不过做了应该做的事情。"随即骑着车子离开了。

一年以后，青年不再蹬三轮拉客，而是改行为城中酒店送货。收入虽然稳定了，但工作依然非常辛苦。一天，在去取货的时候，厂家一位主管模样的人忽然请青年留下，并邀他进办公室坐坐。青年很奇怪，疑惑地走进了办公室中。没想到刚进门，他的手就被紧紧地握住了。

"小伙子，我终于找到你了！"握着他的手的人言语中带着激动——这位厂主就是当初将手提包落在青年三轮车上的人。

原来，当初这位厂主急着去与人签合同，自己的车子出了问题，慌忙中便乘坐了青年的三轮车。没想到忙中出错，竟然将装着所有重要资料以及大量现金的手提包落在了三轮车上。假如这包丢了，那他的合同就签不成了，他多年的努力就可能化为流水。可当时在那种情况下，根本没法去寻找刚才乘坐的三轮车；即便是将来找到了，一定也错过了与人签合同的机会。厂主心急如焚，只能抱着万分之一的希望，在下车的地方徘徊，希望车主能发现手提包，并将其送回来。没想到这样的好事果然发生了，当他接过包的时候，内心太过激动，又忙着去签合同，以至于忘了询问青年的联系方式。这一年多来，他一直在寻找那位诚实的小伙子，直到现在才找到。

厂主将青年留了下来，让他在自己的工厂中打工，当青年熟悉了厂中流程之后，又提携他做组长、主任。青年为人诚恳，做事认真，又深得厂主信任，几年以后就成为厂主最有利的助手。后来，工厂业务扩展，不断发展，竟成为一家大集团公司，那位青年也成了公司中最年轻的副总。

生活中存在很多惊喜，然而它们绝非无缘无故地出现的，而是我们平时种下的善因造就了它们。一些细微的行为，可能我们自己都没有注意过，觉得普通得不能再普通，但就是它们有可能在未来改变我们的生命轨迹，使我们的人生发生巨大转变。所有的幸运，都是由平时一个个善行的足迹、一个个善意的念头积累起来的。同样，那些不幸也正是由平时一个个不善的行为、一个个不善的念头堆积而成的。这就是人生之中的因果，它不是迷信，而是人生的真理，行事的准则。

种下善因，得到善果；种下恶因，得到恶果。每个人都是自己的园丁，人生要活得幸福、快乐、美满，就要善于培养自己的善因，打造自己的福基。人要敬畏天命，敬畏因果。无数的因果故事却都清清楚楚地记录在各代史籍当中，记录在圣人的著述里面。历史不会欺骗世人，圣人也不会无端说谎。他们之所以这样记录，就是要人们爱惜自己的福报，广结自己的善缘。

我们生活在世间，一定要有远见，不可为了眼前的蝇头小利而损害自己的福报。多行善事，多做有利于他人、有利于社会的好事，这样才能拥有美好的未来。

一行可当万善

原文

汝母见所行不多，辄颦蹙[①]曰："我前在家，相助为善，故三千之数得完；今许一万，衙中无事可行，何时得圆满乎?"

夜间偶梦见一神人，余言善事难完之故。神曰："只减粮[②]一节，万行俱完矣。"盖宝坻之田，每亩二分三厘七毫。余为区处[③]，减至一分四厘六毫，委有此事，心颇惊疑。适幻余禅师自五台来，余以梦告之，且问此事宜信否。

师曰："善心真切，即一行可当万善，况合县减粮，万民受福乎?"

吾即捐俸银，请其就五台山斋僧[④]一万而回向之。

注释

①颦蹙：皱眉皱额，担忧不乐状。

②减粮：指降低田赋。

③区处：筹划安排。

④斋僧：设斋食奉养僧众。

译文

你母亲见所行善事不多，就担忧地说："以前在家乡，互相帮助来行善，所以三千件善事能很快完成；如今发愿做一万件善事，衙门中无事可为，什么时候能得到圆满呢?"

我夜里偶然梦到一位神人，我便将善事难以做完的缘故告诉了他。神人说："你做知县，做了减轻钱粮税赋这件事，就足够抵上一万件善事了。"原来宝坻县的田赋，每亩要二分三厘七毫，我重新进行安排，将其降低至一分四厘六毫，的确有这件事，心中很是吃惊，但还怀疑这是否能抵得上一万件善事。恰好幻余禅师从五台山前来，我便将自己的梦告诉了他，问此事可否相信。

幻余禅师说："只要善心真切，那么一善也就足以抵上万善了，更何况全县降低田赋，境内万民都承受了福泽呢？"

于是我便将所得的薪俸捐献出来，请禅师在五台山斋僧一万人，并将斋僧功德回向。

经典解读

了凡被授宝坻知县以后，发愿所行的一万件善事却成了妻子的忧虑。在家的时候，左邻右舍之间相互帮助，为人缝缝补补、帮人摘果补墙都算是行善，如此一天十多件善事也做得来。可到了衙门之中，与外人接触很少，想要再像从前那样做善事可就难了。然而，就在此时，了凡先生竟做了一个奇怪的梦，梦中得到神人的指点，为县中民众减轻钱粮税赋，就此一件便可抵得万件善事。俗话说："日有所思，夜有所梦。"了凡夫妇那种迫切为善的情态跃然纸上，不由得人们不敬佩、感动。人的为善之心，若能达到这种地步，又怎么会不感通天地，不得到善报呢？

很多人之所以不能坚持为善，并非因为没有善事可做，而是为善之心不够虔诚。天下到处都有可以作为的地方，到处都有需要帮助的人，只要有"为善若渴"之心，处处都能得到为善的机会。无论你身为平民，与街坊邻居交往，还是身为官员，居住在衙门之内；无论你贫贱穷困、身无分文，还是家财万贯、富甲一方，都能一样地为善，一样地利人。世上从不缺少为善的机会，只是缺少为善的心愿。

哲理引申

积善三要：信、愿、行

了凡夫妇通过行善积德，从而改变了自己的命数，在官运、子嗣、寿命之上都获得了福报。很多其他人行善的时候，往往很难得到这样的效果，以至于自己对为善之事产生怀疑，这又是为什么呢？其实，为善也是需要有一定原则的。譬如，一定要诚心，一定要坚持，不可半途而废，不可表里不一，等等。那么，到底该怎样去积善呢？

佛家净土宗总结了修佛为善的三个要点：信、愿、行。

所谓“信”，就是有坚定的信念，相信为善一定会获得好报，为善一定能改变自己的命运，为善一定是人生世间最有意义、最正确的事情。有了这种信念，人们才能坚持为善，善心才不会动摇，恶念、邪念才不会在心中生出；有了这种信念，在遇到挫折的时候，人们才不会违背善道，才不会做出邪僻的行为，以至将从前的善果损毁掉；有了这种信念，人们才能战胜人性中的那些缺点、惰性，才能坚定地改变自己不正确的行为。

此外，“信”，也代表诚。信到极处便不会有一丝的怀疑、动摇，心中只有行善积德这一种行事方式，绝不会因为诱惑而改变自己的行为，也不会在行善的时候怀着功利目的。有的人在追求目标的时候为善，目标达到了便丢掉了为善之心，这就是不诚、不信，这样的善也是不完整的，是否能获得福报就难以确定了。

“信”可以说是人能一心为善的前提，了凡得到云谷禅师的指点，从相信命数变为坚信命可以改变，从而立志为善，这就是确立了“信”。没有“信”，为善之心不固，善行也可能会功亏一篑。

佛经上曾记载过这样一个故事。

有个人，十分羡慕那些修佛得道的人，便去乞求菩萨点化自己。菩萨见他愿望真切，便答应了他，但前提是通过做一万件善事来改变自己。那人立刻便答应了，回去以后努力行善。

足足过了十年，终于将一万件善事做完了，想到自己即将被菩萨点化，那人欣喜不以，连忙赶去求见菩萨。在路上，他一心想着早些见到菩萨，看到有母鹿陷入罗网之中，哀鸣不已，他没有去救；看到有病人，倒在路边，无力行走，他没有去救；遇饥饿的乞丐向自己乞讨，他没有搭理……终于见到了菩萨，他连忙说自己已经做好了一万件善事，请求菩萨点化。没想到菩萨摇摇头，对他说，我无法点化你。这人十分失落，便询问缘由。菩萨对他说：“凡人做善事而得到点化，都是因为在行善的过程中使自己具有至善之心。如今你做了一万件善事，心中却总是想着自己，善事做得虽多，但善心却不诚。别人又怎么能够点化你呢?”这人只好失望地离去了。

所以说，行善一定要“信”。不能坚信善恶因果，善行便如无根之木，不可长久坚持；心中没有诚恳专一的念头，行善之事便会成为花架子，所为皆虚。

“愿”，就是能够发愿，仅仅懂得行善有好报的道理是不够的，还要发愿自己去做善事。我知道如何成为善人、圣人，我也知道做善人、圣人的好处，但我自己不想成为那样的人，知道这又有什么用处呢？人一定要有见贤思齐之心，看到那些比自己优秀的人，不要一味羡慕，要有自己也成为那样的人的愿望、志向。颜渊是孔子最出众的弟子，他就是一个有志向的人。在听老师讲述尧、舜、禹等前代圣贤的事迹之时，他就感慨地说：“舜是什么样的人，我又是什么样的人呢？为何他能够拥有崇高的德行，受到天下人的尊崇而我不能呢？”于是便刻苦学习，努力践行仁道，最终也成为一个受到后人推崇敬仰的人物。孔子生活在乱世之中，通过著述《春秋》来匡正世风，对后世影响极大。几百年后，司马迁也感受到了世风日下，便立志要著一部伟大的著作来继续孔子的事业，于是经过一生的努力，创作出了《史记》。李时珍年幼的时候，看到很多人生病了因为得不到正确的医治而丢失了性命，很多医生不能明辨各种草药的药性而耽误了医治，于是便发愿创作一本详细讲述药性的医书。后来，他经过三十余年的努力，终于完成了本草纲目这部伟大的医学著作。这些人之所以能做出伟大的贡献，造福社会，就是因为他们懂得发愿，能够发大愿。

“行”，是信与愿的结果，也是为善之中最重要的步骤。古人修身最看重的就是知行合一，脑袋中知道得再多，若不去做，或是“说一套，做一套”，那和不知道也没有区别了，甚至还不如不知。行善，行善，一定要行出来。看到有人身陷困境，心中感到同情，留下几滴眼泪，这虽然也是善心的体现，但对要帮助的人却没有任何用处。你只有真正去帮他解决困难，这样才真正有功德。很多执政的人最容易在为政上犯知而不行的过错。知道民众生活得很困苦，心中也难受，口中也说同情的话，但他就是不知道民众之所以生活艰难，都是自己治理不善的缘故。若能改掉奢侈享乐的毛病，若能改革不利于民众的政策，若能采取轻徭薄赋等有利于民众的措施，民众又怎么会困苦呢？这些都不做，却只是空叹“民生多艰”，这不仅没有功德，还是大大的为恶。

总之，为善一定要做到“信、愿、行”三条——有信心诚意，能够发下大愿，并身体力行地去做。只有这样善德才是圆满的，自己的福报才会越来越厚。

天难谌，命靡常

原文

孔公算予五十三岁有厄①，余未尝祈寿，是岁竟无恙，今六十九矣。《书》曰："天难谌，命靡常②。"又云："惟命不于常③"，皆非诳语。吾于是而知，凡称祸福自己求之者，乃圣贤之言；若谓祸福惟天所命，则世俗之论矣。

注释

①厄：灾难，文中指遇灾而死。

②出自《尚书·咸有一德》。谌：琢磨。

③出自《尚书·康诰》。译为：人的命运是不一定的。

译文

孔先生推算我五十三岁当有灾难，我不曾祈求增寿，那年竟然没有一点儿病痛，如今已经六十九岁了。《尚书》中说："天意难以琢磨，人命并非注定。"又说："人的命运是不一定的。"这些都不是假话。我从此深知，但凡说人生祸福都是自己求来的，这样的话都是圣贤言语；若称祸福都是上天注定的，那就是世俗的言论。

经典解读

孔先生本来算定了凡只有五十三岁的寿命，然而通过后天行善积德，了凡到了六十九岁还身体健康（实际上了凡活到七十四岁，这在古代已经算是长寿了）。通过这个，他更加坚信命数并非注定，可以通过后天的行为而改善。人的凶吉祸福，都是由自己求来，为善者享福，为恶者受殃，圣人知道这些道理，所以无不劝人为善。这就告诉人们：一定不要被命运所拘缚，不要因为身处幸运之中，便忘乎所以，肆意妄为；也不要因为遭遇一时的不幸就心灰意懒，放弃对幸运的追求。

哲理引申

天命难知，人道易守

“天难谌，命靡常。”即天意难知，命运无常，人的凶吉祸福是难以预料的，没有什么固定的命运，人必须自己通过自己的行为来求福避祸。这句话出自《尚书·咸有一德》，相传这是伊尹用来教训太甲的文章。

伊尹是商代的名相，辅佐商汤推翻夏桀，建立了商朝，在商汤去世以后，伊尹又相继辅佐汤的儿子们，直到汤的孙子太甲。太甲开始即位的时候，行为还比较规矩，但很快便堕落了，他任意发号施令，沉迷于酒色享乐之中，暴虐百姓，荒废朝政，破坏法令，导致朝政混乱，诸侯失望。伊尹进行了百般规劝，太甲都听不进去。于是，在商朝宗室大臣的支持下，伊尹将太甲流放到桐宫。桐宫位于汤的墓地附近，伊尹此举就是为了让太甲怀念祖父的功业，反省自己的不足。太甲在桐宫住了三年，悔过自责，伊尹了解他改过的情况后，又将他迎回亳都，还政于他。太甲重新执政以后，果然努力修德，诸侯归心，百姓安乐。几年以后，伊尹年老，告老回封邑。在出发之前，做了这篇文章来劝诫太甲。

伊尹说：“唉！天意难以知晓，命运没有定数。经常修德，便可以保住君位；不修德行，天下就会丧失。夏王桀不修德行，怠慢神明，虐待百姓。皇天不安，广察天下，佑护遵守天命的人，寻求有纯德的君主，使他作为社稷的主人。只有我们先君成汤有纯一之德，能够切合天心，接受上天的明教，所以他能拥有天下百姓的爱戴，革除夏桀的暴政。这不是上天偏爱我们商朝，而是上天佑护有德的人；这不是我们商朝向民众请求，而是民众主动归附有德行的人。德行纯一，行动便没有不吉利的；德行不纯一，行动便没有不凶险的。吉凶没有差错，虽然降之于天，但归根结底却在于人们的德行啊！”

“如今你接受天命，一定要不断更新自己的品德；始终如一地恪守善道，这样才能永保天下。任用官吏一定要用贤才，任用大臣一定要用忠良。大臣们在上要协助君王施行德政，在下要协助下属治理百姓；对人民一定要重视，要慎重，要和谐，要专一。德行没有不变的榜样，以善为准则便是榜样；善没有不变的准则，能够德行纯一便是准则。要让天下百姓都称赞君王的美德，赞成君王的善心。这样，才能安享先王的福禄，长久安定民众的生活。”

“宗庙传续多代，先祖一定有功德；官员治理万人，其人一定有才能。君主没有人民就无人可用，人民没有君主就无处尽力。不可自大而轻视他人，轻视人就不能尽人之力。百姓如果不肯为君王尽力，君王就没人帮助来建立功勋。”

太甲虚心接受了伊尹的教导，努力修养自己的德行，按照商汤传下来的章法循规蹈矩地做事，选拔贤臣，听取大臣们的良言良策，将整个天下都治理得井井有条，四方诸侯没有不心悦诚服的。商朝也从此进入稳定的发展时期，为此后几百年的江山奠定了坚实的基础。

天命的确很难以琢磨，尤其在古代的时候，人们无法预知水旱、地震等自然灾害，也无力控制各种突发事件。但这并不意味着人们就只能任上天摆布，随天命逐流。正如古人所说：“天命难知，人道易守。”人们虽然无法掌控天命，但却能够调整自己的行为，主动应对它，以积极的态度面对人生。就如太甲，在开始的时候，他不知道勤于修德，好好为政，天下便陷入了混乱，后来得到伊尹的教导，他改过自新，天下便归丁安宁。天命未尝变化，而天下大势却因修德、善政而发生变化。面对同样的环境，有的人能够将天下治理得井井有条，有的人却将天下搞乱；有的人能够使百姓归心，有的人却导致众叛亲离……可见盛衰兴旺都在人事，而不仅仅在于天命。

且即便是天灾、水患那些难以预测的自然灾害也是可以通过人事而挽救的。古人常说：“尧有九年之水，不失为帝；汤有七年之旱，不害为王。”他们遭遇了严重的自然灾害，却能保有天下，使天下百姓不叛离，就是因为他们能够努力采取善政，爱惜百姓。相反，后世有些君主，继承了强大的国家，也没有遭遇什么严重的自然灾害，却因为为政无道、荒淫残暴而失去了天下。比如隋炀帝，他的父亲隋文帝励精图治，创下了著名的“开皇盛世”，而他却穷兵黩武、滥用民力、游乐无度，最终国家灭亡。再比如宋徽宗，北宋繁荣富裕，在他上台以后，却亲信奸佞、不理朝政、到处搜刮民财，最后被敌国俘虏，屈辱地死在了异乡。

个人的命运也是如此，相同时代、相同出身的人有无数个。然而，有的人恪守正道、努力修德，便能够保全自身，能够建功立业，能够名扬后世；而另外一些人，却背弃善道，作奸犯科，触犯法令，最后既无美名，又不能保全自身。所以，人们常说，看一个人的行为，便能知道他未来的前途、命运。

天命难知，人道易守。我们无法猜测上天的想法，但任何人都能决定自己的行为，只要自己坚守善道，永不违背良知，即便上天给我们再多的苦难、挫折又有什么可怕的呢？

修德不辍，切勿因循

原文

汝之命，未知若何？即命当荣显，常作落寞[①]想；即时当顺利，常作拂逆[②]想；即眼前足食，常作贫窭想；即人相爱敬，常作恐惧想；即家世望重，常作卑下想；即学问颇优，常作浅陋想。

远思扬德，近思盖父母之愆[③]；上思报国之恩，下思造家之福；外思济人之急，内思闲己之邪。

务要日日知非，日日改过；一日不知非，即一日安于自是；一日无过可改，即一日无步可进；天下聪明俊秀不少，所以德不加修，业不加广者，只为因循[④]二字，耽阁一生。

云谷禅师所授立命之说，乃至精至邃，至真至正之理，其熟玩而勉行之，毋自旷也。

注释

①落寞：失落、不得意。

②拂逆：时运不济。

③愆：过错。

④因循：因循守旧，不知进取，拖拉延迟。

译 文

你的命运，不知将来会怎样。就算命中该荣华显贵，也要常作不得意的想法；就算时运顺利，也要常作时运不济的想法；就算眼前丰衣足食，也要常作贫穷困迫的想法；就算人人亲爱敬重，也要常作谨慎戒惧的想法；就算家世好、名望高，也要常作卑微低下的想法；就算学问高深，也要常作自觉浅陋的想法。

向远处，多想想怎样弘扬先祖的美德；在近处，多想想怎样弥补父母的过失。向上，多想想怎样报效国家的大恩，在下，多想想怎样打造一家的幸福。在外，多想想如何救济他人的危急困难；在内，多想想怎样防止自己的杂念邪思。

务必要每天都知晓自己所犯的过失，每日改正自己的过错；一日不知道自己的过失，就会一日安逸懈怠；一日不改正自己的过错，就会一日毫无长进。天下的聪敏俊秀之人不少，之所以德行不能修缮，事业不能进步，就是因为“因循”这两个字，结果拖拉延迟、不知上进而耽误了一生。

云谷禅师教授的立命之道，的确是至为精深，是至真至正的道理，你一定要仔细研思，勉力去做，不要将大好光阴白白浪费。

经典解读

了凡先生的命数曾经被孔先生算定，在经过云谷禅师开导以后，他改变了对命数的信任，并通过修德积善使自己的命运发生了转变。此时，他已经完全相信个人行为决定命运，幸福来源于修德行善。之所以说儿子的命运还未可知，其实是在表达对儿子的期待及告诫——期待他勤于修德，努力为善；告诫他不可背离正道，行邪僻之事。并指出一些行事的原则：人在任何时候都应该保持谦虚、谨慎、节俭、勤奋的美德。荣显之时，不可肆意妄为；富贵之中，不可骄傲自大；丰衣足食，不可奢侈浪费；与人相交，不可轻浮失礼；学问优良，不可懒惰自满……

总之，了凡先生对儿子的这些教育可谓是金玉良言，是我们每个人都应该好好深思、努力践行的。能够做到这些，德行必定会与日俱增，人生的福报也必定会越积越厚。

哲理引申

一念善即是天堂，一念恶即是地狱

人的命运不知如何，很多时候就在自己的一次选择中，乃至一念之间决定。正如佛家所说："一念善即是天堂，一念恶即是地狱。"人生在世，会遇到各种各样的选择，若一念之间做出了正确的选择，福泽便会随之而来；一念之间做出了错误的选择，灾祸也将随之而来。了凡之所以说不知儿子的命运，也正是因为不知道儿子未来会如何选择。他所能做的只是将好的道理教给儿子，而真正选择的还是要靠自己。

生活中到处都是考验，对每一件小事的选择都有可能改变我们的命运。心怀善念的人必然有做不尽的善事，心怀恶念的人也必然有无数的为恶机会。面对同样的事情，是去结下善缘，还是去造下恶业，都在于自己。人在做事的时候，切不可逞一时快意，一定要想想这件事的影响，会给别人带来什么，又会给自己带来什么。

战国之时，魏国有个贤士，叫作范雎。他很有才能，曾经周游列国，希望国君接受自己的主张而有所作为，但因为出身贫寒不被权贵们重视，又没法筹集活动资金，故而处处碰壁。最后，只好回到魏国，在魏国中大夫须贾门下做事。

一次，魏昭王派遣须贾出使齐国，须贾觉得范雎很有才能，或许可以帮到自己，便带着他一同去了。在齐国的朝廷之上，齐王询问须贾问题，须贾一时不知如何回答，范雎站在他身后，便出来替他回答了。齐襄王听了范雎的回答，觉得他很有才能，出于对贤士的尊敬，便送给了范雎十斤黄金，以及牛肉美酒之类的礼物。范雎一再推辞，未敢接受。但这却让须贾十分恼怒：

自己才是使臣，却被范雎抢了风头，而且齐国送给范雎礼物，不给自己，分明是轻视自己，这种羞辱怎么能忍受！

于是，在回国以后，须贾便添油加醋地将齐王赏赐范雎的事汇报给了魏国丞相魏齐，说："范雎身份低微，却独独受到齐国的赏赐，我不知道他对齐王说了些什么。想必一定是出卖了我们魏国的利益，可惜我却没有证据指证他。"魏齐是魏国的公子，素来尊贵，怎么会将范雎这种人放在眼中，听了须贾的汇报以后，勃然大怒，决定要拿范雎开刀，来警诫那些私通他国，胆敢泄露国家机密的人。于是，他召开宴会，广邀宾客，范雎也在其中。

宴会上，大家饮酒正酣之时，魏齐忽然派人将范雎拿下，并宣称他勾结齐国，危害魏国。范雎自然不服，进行辩解，这反而更加激怒了魏齐。魏齐命令左右用板子、荆条抽打范雎，直打得范雎胁折齿断，昏死过去。魏齐还不解气，派人将范雎用破席子卷着，扔到厕所里面去。又让宴饮的宾客喝醉酒的，轮番向范雎身上撒尿，故意侮辱他。

范雎醒来后，乞求看守："您若能放我出去，我日后必定重重谢您。"看守看他可怜，有意放走他，便向魏齐请求，将席子中的死人丢掉。恰好魏齐喝得酩酊大醉，便顺口答应了。范雎于是得以逃脱。但魏齐酒醒以后，就后悔将范雎丢掉了，于是派人搜捕他。范雎走投无路，这时碰到了一个叫郑安平的人。郑安平知道这人是范雎，也知道丞相魏齐正在悬赏缉捕他，但他同情范雎的遭遇，决心帮助范雎。在他的协助下，范雎躲过了搜捕，并逃到了秦国。

范雎在秦国时刻想着昔日的大仇。他改名张禄，前往游说秦昭王。秦昭王听了范雎讲述的天下大势，以及治国道理以后，欣喜异常，立刻采用了范雎的主张，不久以后便任命他为秦国丞相。

范雎成为秦相以后，便建议秦王攻打魏国。魏国十分恐慌，便派遣须贾前往秦国求和。范雎乔装会见了须贾，须贾看到他后大吃一惊，看他穿得很贫寒，便将自己的袍子赠给了他，又款待他吃饭。范雎因为这一饭一袍的恩情，饶恕了须贾，将他羞辱一番赶回魏国，并让他转告魏王，一定要获得魏齐的人头秦国才肯退兵。

魏齐听说以后惊恐不已，他知道魏王一定会答应秦国，用自己的人头换退兵，便弃位逃亡。魏齐逃到赵国，躲在平原君的家中。秦国知道了这件事，便邀请平原君访问秦国，然后将其扣留，对赵王说："若不杀死魏齐，平原君就不能再出函谷关。"魏齐无奈，只能逃回魏国，准备投靠信陵君，好让信陵君帮助自己逃往楚国。但信陵君害怕国家利益受损，没有立刻接见他。魏齐走投无路，既羞愧，又愤恨，只好自杀而死。赵王派人砍下他的头颅送给秦国，秦国才放回平原君。

范雎得势以后，也没忘记那些帮助自己的人。助他逃跑的郑安平就因为范雎的推荐而做了将军；另一个帮助他入秦的王稽，也被任命为河东太守。

魏齐身为魏国丞相，却滥用私权，不辨是非，丝毫不把别人的性命放在心上，恶念一生便将范雎打得半死，最终自己也因此而丢掉了性命。相反，郑安平遇到范雎以后，却心生善念，帮助他逃离追捕，最终也因为这一善念而得到了富贵。而须贾，忌妒心生出便陷害范雎，险些因此落得和魏齐一样的下场；幸好他再次遇到范雎之时，心中怀有同情之心，所以才能免除杀身之祸。从这三人的经历来看，祸福凶吉的确是由人一念而生出的。

范雎睚眦必报，有恩必还，上天何尝不是这样。我们在行事之时，切不可肆意妄为，一定要想想天理如何，后报如何，须知一念善即是天堂，一念恶即是地狱。

荣华显贵时，常作落寞想

了凡先生告诫自己的儿子："即命当荣显，常作落寞想；即时当顺利，常作拂逆想；即眼前足食，常作贫窭想；即人相爱敬，常作恐惧想；即家世望重，常作卑下想；即学问颇优，常作浅陋想。"也就是说，人一定要谦虚谨慎，切莫骄傲自大。荣显的时候，不要自以为是，应该多想想失去权位时的光景；行事顺利的时候，不要忘乎所以，多想想遇到挫折时该怎么办；丰衣足食的时候，不可铺张浪费，想想贫贱时又该如何生活；别人亲你爱你，不要盛气凌人，要有失去他人的恐惧心；家世望重，不要骄矜傲慢，应该懂得礼贤下士，在学问道德上察看不足；学问优秀，也应该知道人外有人，学无止境的道理。

《菜根谭》中有句类似的话："仕途虽赫奕，常思林下的风味，则权势之念自轻；世途虽纷华，常思泉下的光景，则利欲之心自淡。"人的祸患往往就是太看重权位，太执迷于欲望，富贵得势了便忘记了初心，丢掉了原则，以至于迷失在权位富贵之中，做出违背天理良心的事情，从而给自己引来大祸。

西晋有个大臣叫作石崇，他是西晋开国元勋石苞的儿子，年少之时便聪明敏捷，有勇有谋。石苞在临终的时候，家中积累了一大笔钱财，他将钱财分给几个儿子，唯独没有给石崇。石崇的母亲向石苞请求，石苞说："这个孩子才华出众，尽管年纪小，以后却一定能自己得到财物。"

石崇二十多岁就担任了县令，并将县域治理得很好，以才能而著名。后来，进入朝廷担任了散骑侍郎，又出任太守。西晋灭吴之时，石崇颇有功绩，被封为安阳乡侯，不久又拜为黄门郎。晋武帝因为他是功臣的儿子，又有才干，非常器重他，让他去担任荆州刺史，镇守一方。

石崇在外，手握大权，掌管一州大事，便骄傲放纵起来。他搜刮民财，毫不体恤百姓，后来竟然为了钱财而带兵劫掠远行客商，因此取得了巨额财物。朝中对他的行为多有非议，但晋武帝并未追究，仅仅以擅离职守的罪名将他免职。

石崇带着搜刮的财物回到洛阳，生活十分奢侈。他在洛阳城外建造了一座金谷园，每日在园里挥霍无度，过着纸醉金迷的生活。相传金谷园建造得十分奢华，楼阁亭榭相连，到处贴金镶玉，里面美女如云，个个打扮得花枝招展。就连厕所都异常豪华，里面撒满沉香粉等极为珍贵的香料，凡上厕所的，都能得到十多个身着华丽的奴仆恭立侍候。当时，有个官员叫刘实，有事前去拜访石崇，上厕所时看到厕所中的绛色蚊帐、垫子等陈设，并有婢女捧着香袋侍候，吓得急忙跑出去，还以为是误入了石崇家的内室。

石崇不仅自己生活奢靡，还到处与人斗富。大臣王恺是晋武帝的舅舅，也十分富有，他家用麦糖刷锅。石崇知道以后，就让家人用石蜡烧火做饭。王恺为了显示自己的富贵，在路的两旁用丝布围成四十里布障。石崇知道后就命令人用锦缎做成五十里的布障。王恺用赤石脂泥墙，石崇得知后就用香料泥墙。王恺斗不过石崇，心中很是不甘心，便向自己的外甥晋武帝求援。

晋武帝将宫中收藏的一株两尺多高的珊瑚树赏给了他。王恺得到珊瑚树后，十分欣喜，广邀大臣、名士，在家举办宴席。宴席中，王恺得意地命人抬出珊瑚树，在场的宾客们看了纷纷称奇，都说是稀世珍宝。只有石崇，冷笑一声，走向前去，竟然拿着桌上的铁如意一下将珊瑚树击碎了。宾客们无不大惊失色，王恺气急败坏地责问石崇。石崇却笑着说：“这棵珊瑚有什么可贵的，我还您一棵便是了。”于是，令人回家去取。没过多时，石崇家的仆人便抬来十几株珊瑚树，三四尺高的就有好几株，而且株株条干挺秀，光彩夺目。宾客们都惊住了，王恺更是目瞪口呆，不得不承认石崇更富贵。

石崇财富无数，为人却十分残忍冷酷。他常常邀请大臣、名士到家中饮酒，令美人相劝，称客人若是不喝，美人就要死。一次，王敦、王导兄弟两人前去拜见，石崇令人敬酒，王导知道石崇的性情，怕敬酒的美人获罪，便勉强喝了。而王敦就是不肯举杯，敬酒的美人吓得花容失色，颤抖不已，他也不喝。石崇竟真的下令将美人拉出去处死，当日就这样一连杀了三个美人。

晋武帝死后，晋惠帝的皇后贾氏掌握了大权，石崇巴结奉承权臣贾谧，做了大官，因此更加奢靡招摇。然而，不久以后，赵王司马伦发动政变，杀死了贾后、贾谧等人，石崇也因此失势。司马伦的谋士孙秀早就对石崇的财富羡慕不已，听说石崇有个十分钟爱的宠妾叫绿珠，便派人到石崇府中索要。石崇不给，孙秀便怂恿司马伦，将石崇等人逮捕。石崇正在金谷园中饮酒，被甲士抓起来，装入囚车之中，直接押往东市处斩。在囚车之中，石崇才知道孙秀等人要置自己于死地，愤恨地说：“这些奴才是想图谋我的家财啊！”押送囚车的士兵讥讽他说：“知道是家财害了你，为何不将它们早点散掉！”石崇无言以对。他的母亲、兄长、妻妾、儿女，不论老少都被杀死，家财也都被朝廷没收。

老子说：“金玉满堂，莫之能守。富贵而骄，自遗其咎。”石崇就是如此，财富有余而毫无德行，身处富贵之中便骄奢恣肆、忘乎所以，最终遭受了杀身灭门的大祸。

富贵之时，常作贫穷想；得意之时，常作落寞想。多想想失势后的光景，就知道一切富贵、权位都如浮云一般，总会消失，只有人的美德才是永恒的。以彼失此，定会得不偿失。

改过之法

本篇名为“改过之法”，很显然是教人如何改正过错的。世上没有完美无缺的人，每个人身上都存在着这样那样的不足，只不过多少、轻重不同罢了。有不足，就要努力改正，让身上的错越来越少，使自己越来越完美。有过错不可怕，可怕的是不敢面对过错、不敢改悔。人的过错很少有一下子就形成的，无不是从小到大，从微至著，人一定要懂得反省，时时省察自己的不足，努力将自身的过错消除于萌芽状态。

观德行，知凶吉

原文

春秋诸大夫，见人言动，亿①而谈其祸福，靡不验者，左国诸记可观也。大都吉凶之兆，萌乎心而动乎四体，其过于厚②者常获福，过于薄者常近祸，俗眼多翳③，谓有未定而不可测者。至诚合天④，福之将至，观其善而必先知之矣；祸之将至，观其不善而必先知之矣。今欲获福而远祸，未论行善，先须改过。

注释

①亿：预测。

②厚：宽厚、厚道。

③翳：遮蔽、掩蔽。

④至诚合天：指内心至诚，便能如同上天一样明智，无所不知。

译 文

春秋时代的各国大夫，看到一个人的言语行为，便能预料他的命运，谈论他的祸福，没有不灵验的，《左传》《国语》等史籍中都可以看到这样的事。一般来说，凶吉的征兆，都是先从人心中萌生继而体现在四肢之上。一个人若十分厚道，那么他就常能获得福泽；一个人若十分刻薄，那么他就常会遭到灾祸。世俗之人目光短浅，眼睛就像蒙了一层膜一样，看不到这些，所以妄称祸福不确定，不能进行预测。内心至诚，便与天地一样明智，福泽将要到来的，只要看这个人平时做的善事就知道了；灾祸将要到来的，只要看这个人平时做的恶事也就知道了。如今若想得福远祸，可以先不论怎么去行善，必须力行改过自己的错误。

经典解读

有过不改，必然越积越大，最终为自己招致祸患，这样的事情在《左传》《国语》等史籍之中经常可见。譬如周厉王贪财、专断，任命荣夷公搜刮钱财，又用暴力手段禁止民众非议，召公、芮良夫等贤臣屡屡劝谏他，他都不采纳，最后国人暴动，周厉王被流放。齐桓公亲信易牙、竖刁等小人，管仲劝他疏远他们，桓公最终没有听从，以至身死国乱，尸体生虫都没人收殓。吴王夫差亲信伯嚭等小人，沉迷于西施等越国美女的美色之中，又穷兵黩武，伍子胥劝谏他，他不但不听，反而将伍子胥逼死，最终吴国被越国所灭。这些都是有过不改而招致大祸的例子。君主有过不改则亡国，小人有过不改则亡身，可见改过是保全自身的前提，这比行善事，积功德更为迫切。人要想行善积德，一定要从改掉自身过错开始。

哲理引申

以德行推知一个人的凶吉祸福

凶吉的征兆都是先从心中萌生继而体现在四肢之上，一个人的凶吉能进行预测，只要内心至诚，就可以通过他人的行为而预知其凶吉。这个道理其实很简单——就是为善获福，为恶遭殃。预测一个人的未来，只要看他现在的行为就可以了：这个人若心怀善念，行事合乎正道，遵守礼节，他一定有好运，得到福报；反之，这个人若心存邪念，行事不合正道，违背道德礼义，他即便地位再高、身份再尊贵，也一定会遭受灾殃。智者懂得这个道理，所以在预测他人凶吉祸福的时候，不看他现在的身份地位、权势高低，而看他的德行；愚者不懂得这个道理，看到一个人现在富贵发达，就认为他将来不错，看到一个人现在落魄贫穷，就认为他将来也这样，这就是了凡所说的“俗眼多翳”。

春秋的时候，邾隐公朝觐鲁国，鲁定公接待了他。孔子的弟子子贡观看了迎宾礼仪，回来之后对同学们说：“这两位君主或许要遭受灾祸了吧？”同学们都认为他在乱说，没有人当回事。没想到当年夏天鲁定公就忽然去世了，不久邾国也发生动乱，邾隐公被国人赶走，出奔他国。同学们都很吃惊，连忙询问子贡是如何预知这些的。子贡说：“我是从礼仪之上看出来的。礼仪是人生死存亡的根本。左右周旋，进退俯仰都合乎节度，才可称为有礼；朝见、祭祀、丧葬、军事上都能看出一个人是否有礼。如今二位君主在正月朝见这么重要的礼仪上，行为都不合制度，可见他们的心已经亡失了。心都亡失了如何能够长久？邾公献玉时仰着头，姿态高傲；鲁公受玉时低着头，姿态卑微。高傲仰头，是骄傲；卑微俯头，是衰弱。骄傲将有动乱，衰弱将有疾病。所以我说他们将会有祸患了！”同学们听后，无不佩服子贡的智慧。

子贡因为邾隐公、鲁定公行为不符合礼仪，便知道他们即将遭受祸患。历史上，这样的事情还有很多。

公元前575年，晋楚两国爆发了鄢陵之战，晋国大获全胜。于是，派遣大夫郤至前去周王室献俘。献俘之中，郤至盛气凌人，经常夸耀自己的功劳和自家的势力。周国大夫都争着讨好他，说他有了这么大的功劳，家族又如此强大，回去以后一定能更受重用，在晋国得势。唯独大夫单襄公不这样认为，他对同僚邵桓公感慨说：“郤至这人要有大灾了，俗话说‘刀架在脖子上’，说的就是他。”邵桓公很不理解。单襄公便解释道：“他在晋国卿士中只位列第七，战胜的功劳也不是最突出的，可在献俘过程中只知道夸耀自己一个人的功劳，又认为自己比谁都有能力。位列人下，却想凌驾于别人之上，怨恨就会聚集到他的身上；才智虽多，若一味骄矜自大，就不能察知灾祸的到来。《夏书》中说：‘怨岂在明？不见是图。’就是让人们谨慎防备。如今他做着招致怨恨的事，却不明白提防，想要不遭受殃祸，怎么可能呢！”

果然，郤至回国以后，倚仗自家的强大势力，轻视执政栾书，深为栾书所怨恨。栾书便指使在鄢陵之战中被俘虏的楚国公子茷，授意他在晋厉公面前诬陷郤至通敌。公子茷于是对晋厉公说：“战役之前，郤至曾派人给楚王送信，劝说楚王在晋国的盟友未到前突然进攻，这样一定可以打败晋军。然后郤氏便废掉您，迎立在周国流亡的公子周即位。”晋厉公听后怒不可遏。

此时，郤至却丝毫没有察知别人对自己的怨恨，他与周王室争夺田地，大大损害了晋国的名声，引起了国中卿大夫们的不满。更为严重的是，他傲慢得连国君都不放在眼里了。一次，晋厉公带着群卿射猎，郤至也参加了。他射中了一头野猪，还没有去拿，恰好被厉公的幸臣孟张看到了，孟张为了讨好晋厉公，便将野猪带到了厉公面前。一向骄横的郤至，哪能忍受这种羞辱，想也没想，立刻拉起弓射向孟张，竟当晋厉公的面将其射死了。这下晋厉公也恼怒了，当众愤怒地喊道：“季子（指郤至）欺负我！”说罢不欢而去。

从此，晋厉公便坚定了除掉郤氏的决心。公元前 574 年，晋厉公突然任命胥童、长鱼矫等亲信带领甲兵 800 人，进攻郤氏。郤至等人都被杀死，郤氏就此灭亡。

单襄公为何能够预知郤氏的灭亡呢？就是因为他发现了郤至德行上的不足——德行不足却不知道反省、改正，没有不遭受殃祸的。所以，我们在看人的时候，一定要看他的行为是否合乎道德，看他有没有德行之上的缺陷。在反省自己的时候，也要好好想想自己是否也存在德行上的缺失，若有，就要及时改正，这样才能避免灾祸。

《中庸》中说：“至诚之道，可以前知。国家将兴，必有祯祥；国家将亡，必有妖孽；见乎蓍龟，动乎四体。祸福将至：善，必先知之；不善，必先知之。”什么是至诚呢？就是德行至为淳厚，心中至为纯一，只将仁德作为评判事情的根本标准。能够把握这个原则，那么国家兴衰、个人凶吉也就都能推测而出了。

改过，先发耻心

原文

但改过者，第一，要发耻心[①]。思古之圣贤，与我同为丈夫，彼何以百世可师？我何以一身瓦裂[②]？耽染尘情，私行不义，谓人不知，傲然无愧，将日沦于禽兽而不自知矣；世之可羞可耻者，莫大乎此。孟子曰："耻之于人大矣。"以其得之则圣贤，失之则禽兽耳。此改过之要机也。

注释

①耻心：即知耻之心，羞耻之心。

②瓦裂：指像破裂的瓦器那样轻贱、没有价值。

译文

但凡改过的方法，第一就是要发"羞耻心"。试想想，古代的圣贤，和我同样是大丈夫，为何他们能够流芳千古，被后人当作榜样？为何我要默默无闻，如同破裂的瓦器一样不被重视呢？贪恋沉浸于世俗享乐中，私下做着不义的勾当，以为别人不知道，毫无羞愧之心，这就将日渐沦为禽兽之流而不自知；世上可羞可耻的事情，没有比这更大的了。孟子曾说：羞耻心对于一个人是十分重要的。就是因为有了羞耻心，人便能成为圣贤；失去了知耻之心，人就会沦为禽兽。这就是改过自新的关键。

经典解读

古人说："辱，莫大于不知耻。"人一定要有知耻之心，要多反思自己的不足：同样是人，别人能够有渊博的学识，我却不知诗书，这难道不值得羞耻吗？同样是人，别人道德崇高，受人尊重，我却行为庸俗，受人轻视，这难道不值得羞耻吗？同样是人，别人可以建立一番功业，留名青史，我却一生碌碌无为，荒度岁月，这难道不值得羞耻吗？同样是人，别人能够使父母妻儿丰衣足食，我却一贫如洗，让亲人与我一同受苦，这难道不值得羞耻吗……有这种羞耻之心，才有改过自新、脱离庸俗的愿望，才能成为一个有为之士。

反之，一个人越是不知羞耻，就越会做出令人不耻之事，蒙受耻辱。总是偷盗的人，就是因为不知道被抓住示众时的羞辱；总是说谎的人，就是不知道谎言被揭穿后的羞辱；不求上进的人，就是不知道贫贱落魄之时的羞耻；淫辟好色的人，就是不知道丑事暴露于众的羞耻。所以，要想消除羞耻，就必须从懂得羞耻开始。因此，孟子说："无耻之耻，无耻矣。"

哲理引申

人一定要有知耻之心

古代圣贤十分看重知耻之心，将其看为人之所以区别于禽兽的重要因素。《管子·牧民》中就指出：礼、义、廉、耻，是国之四维。没有这四个东西，国家就会混乱，人民就不能正常生活。孟子也说："无羞恶之心，非人也！"羞恶之心，就是知耻之心，一个人活在世间一定要能够分辨是非对错，知道什么是可以做的什么是不可以做的，什么是光荣的什么是可耻的，做了错事要有羞耻感。这样，他才能自觉地改过向善，自觉地追求更高的修养。

在西方的传说中，亚当、夏娃吃了伊甸园中的果实，于是他们具有了智慧。有了智慧以后，第一件事就是为自己的赤身裸体而感到羞耻。可见在那些西方先贤的思想中，懂得羞耻也是人是否具有智慧的最根本标准。若一个人一点儿羞耻之心都没有，则荒淫堕落被世人耻笑而不觉羞，作恶多端被人厌恶而不知耻，这样的人和禽兽也就毫无差别。他不知道人类社会应该遵守的各种秩序，不知道人生应有的追求和原则，也就永远不能改正过错，永远被人厌恶排斥，永远蒙受羞辱而不自觉。

夏桀、商纣都身为天子，却不修明德，不知羞耻，他们建造酒池肉林，和妇女赤身裸体嬉乐其中，宛如禽兽一般，结果百姓离心，商汤、武王起兵便将他们诛杀。刘子业、完颜亮等都贵为一国君主，却不守礼义，不知廉耻，荒淫无度，违背人伦，做出连禽兽都不如的事情，所以被国人杀死，遗臭万年。这些人之所以身份高贵，却身败名裂，被后世唾弃，就是因为他们没有知耻之心。

康有为曾说："人知有所不为，皆赖有知耻心，如无知耻心，则无事不可为矣，风俗之美，在养民之耻，耻者，治教三大端。"有知耻之心，才能有所作为；有知耻之心，才能养护民众，美化风俗；有知耻之心，才能弘扬先贤学说，教化天下民众。知耻，可以说是一切人类社会行为的基础。一个人若没有知耻之心，那么他必然会被社会所唾弃，被世人所厌恶。所以，历史上那些放荡无耻的君主，无不被臣子抛弃，被百姓推翻；那些阿谀谄媚的无耻小人，无不被明君所罢黜，被君子排斥。

唐朝诗人宋之问颇有文采，在吟诗作赋上很有建树，但为人却毫无廉耻，行事卑劣无德。他年轻的时候，恰好武则天掌握大权之时，为了巴结武则天，宋之问经常写一些歌功颂德的诗歌，逗得武则天眉开眼笑。武则天有很多男宠，他们仗着武氏的宠幸飞扬跋扈，权倾一时，宋之问看到这些，于是尽力讨好武则天宠幸的张易之、张昌宗兄弟，据说为了让张氏兄弟看到自己的诚意，宋之问不仅极尽阿谀谄媚之能，还不惜去为他们提尿壶。终于在张氏兄弟的提携下，宋之问得到了想要的官职。

然而，好景不长，神龙元年宰相张柬之等人发动政变，诛杀张氏兄弟，武则天被迫退位。宋之问等阿附张氏兄弟的官员都被贬黜到南方。南方环境恶劣，宋之问待了一年，便私下逃归。为了免除朝廷追责，他又巴结讨好驸马王同皎等权贵。因为宋之问的文采，王同皎很看重他，将其留在家中，没有宾客前来就让他作陪。

当时，唐中宗十分信任武三思父子，掌权的韦后、安乐公主等又与武三思父子沆瀣一气、狼狈为奸，武三思于是权倾朝野。正直的大臣无不对武三思痛恨入骨，想要除去他。王同皎便与张仲之、祖延庆等大臣在家中商量，如何除掉武三思。他们的计划都被宋之问知道了，宋之问此时正处于人生低谷、寄人篱下，早在不断寻求翻身的机会。知道这件事，他欣喜若狂，立刻将王同皎对自己的恩情丢掉了脑后。宋之问一面对王同皎等人敷衍塞责，装出一副同仇敌忾的样子，为他们出谋划策，另一方面将所有的计划都原原本本记录下来，派他的侄子去向武三思告发。可怜王同皎等人，事情还没有发动就被武三思派人抓了起来，全部斩首弃市。因为这件卖友求荣的大功，宋之问受到武三思的提拔，做了鸿胪寺主簿。

一年以后，武三思被李重俊兵变所杀。宋之问一看大树又倒了，连忙去谄媚新得势的太平公主，再次受到重用。没过多久，中宗的女儿安乐公主掌握了大权，宋之问又连忙离开太平公主，去投奔安乐公主，因此遭到太平公主的嫉恨。又过了不久，安乐公主弑杀中宗妄图篡权，事败被杀，睿宗即位，两年后又禅位于玄宗李隆基。李隆基早就对宋之问这种小人厌恶不已了，于是将他流放、赐死。宋之问就这样结束了自己阿谀奉承的一生。

宋之问不是不聪明，不是没有才能，他本可以做一个像白居易、杜甫那样受人尊敬的大诗人，但他却贪图富贵，不知廉耻，成为一个无德的小人。后人在感慨他的才华之时，无不嗟叹他无德的可悲，都以他来作为有才无德的反面教材。

所以说，人如果没有知耻之心，什么卑劣、无耻、恶心的事情都能做出来，即便有聪明才智，也会沦为宋之问这样的卑劣小人，让后人唾弃。修身为善一定要从知耻开始。

知耻是前进的动力

能够为自己不如人而感到羞耻，便是一个人前进的最大动力。颜渊为自己的德行不如舜帝而感到羞耻，于是努力修德，最终成为孔子最得意的弟子；韩信因为在市场上被泼皮无赖刁难而感到羞耻，于是勤学兵法，终于拜将封侯；周处因为自己被乡人厌恶而感到羞耻，于是改过自新，终于成为一代名臣……这些先贤，之所以能取得超人的成就，就是因为他们以自己的不足、不如别人而感到羞耻，并将其转化成前进的动力。现实生活中，我们都要有这种知耻之心，并将其转化为前进的动力，鼓励自己不断在德行、学问、工作、事业等方面取得更高、更快的进步。

孔子说："知耻近乎勇。"知耻，才能具有前进的动力，才能精神饱满地去克服所遇到的困难，去追求更大的功绩；知耻，才能具有应对挫折的勇气，才能在困境之中毫不气馁、绝不退后、保持迎难而上的意志；知耻，才能具有不断反省的毅力，才能勇于去发现自己的不足，和自身的缺点、惰性、欲望相抗争，达到更高的人生境界。

春秋时期，吴国、越国相互交兵，越王勾践运用奇谋，重创了吴王阖闾。阖闾回到国都时已经奄奄一息了，他将自己的儿子夫差叫到床头，对他说："你将来一定不要忘记越国对自己的杀父之仇。"说完就咽气了。

夫差继承王位以后，在伍子胥等大臣的辅佐下，励精图治，时刻想着报复越国，以雪杀父之耻。为了提醒自己，他吩咐仆人，每天正午之时，都要从自己门前走过，一边走一边呼喊："夫差！你难道忘了杀父的耻辱了吗?"然后夫差从门里高声回答："不敢忘!"这样，过了几年，吴国实力大增，便发兵攻打越国，一举将越军击败，越王勾践只剩三千士兵，退守在会稽山。

胜利之后，伍子胥劝夫差杀死勾践，灭掉越国，但夫差却拒绝了这个建议，听从佞臣伯嚭的意见，同意越国求和。但是，为了报昔日的大仇，以及羞辱越王，吴国提出要让越王勾践亲自到吴国服役，为吴王做奴仆。

越王勾践答应了吴国的要求，和夫人一起来到吴国，住在吴王宫中，做着扫地养马的卑贱之事。得胜之后的夫差骄傲自大，整日和越国进献的美女郑旦、西施等饮酒作乐，为了她们大兴土木，建造无数宫室楼阁，惹得百姓生怨。然后，他又穷兵黩武，为了争夺霸主的虚名，执意北上与齐国、晋国等大国相争。相反，越王勾践却时刻励精图治，企图东山再起。他卑微地对待吴王，以及吴国的大臣，为了获得吴王的信任，在夫差生病的时候，他不惜亲自品尝夫差的粪便。终于，在伯嚭等佞臣的怂恿下，勾践被放回了越国。

回到越国以后，勾践表面上顺从吴国，私下却时刻想着报复。为了牢记从前夫差加在自己身上的羞辱，勾践每天住在陋室之中，睡觉只铺着柴草，房中还吊了一只苦胆，每天都要尝一下。卧薪尝胆期间，勾践访贫问苦，任用贤才，发展生产，蓄养壮士。经过十年生聚，十年教训，终于国家富足，军队精壮。趁着吴国北上争霸之际，勾践率军偷袭吴都，一举灭掉了吴国，成为春秋霸主。夫差则被越军俘虏，在羞愧之中自杀而亡。

夫差最初能够击败越国，报了父仇，是因为他知耻，以父亲被击败而死为耻；后来，他忘记了从前的耻辱，沉浸在胜利之中，骄傲自大，滥杀贤臣，贪恋美色，最终遭到失败。越王勾践能够反败为胜，最终成为霸主，也是因为知耻，以被击败、做奴仆为耻辱，正是这种知耻之心，让他可以卧薪尝胆二十年，最终实现了自己的志向。

历史上这样的事情还有很多：战国之时，燕国发生了子之之乱，南边的邻国齐国趁火打劫，杀死了子之、燕王，将燕国国库掠夺一空，把所有财宝都搬到了齐国。后来，燕昭王即位，他时刻想着国家被侵占、掠夺的耻辱。于是求访贤人，富国强兵，在乐毅、邹衍、剧辛等人的辅佐之下，最终报复了齐国。一举攻战齐国数十座城池，险些将其亡国，迫使齐滑王外逃被杀。

晋朝大文学家左思，年幼的时候显得很愚笨，被周围人嘲笑。当他决心做赋的时候，文人们都将其当作笑料，当时的大才子陆机就写信给弟弟陆云说："这里有个愚笨的人，准备做一篇京都赋，等他做好了，可以用来盖酒坛子。"左思对这些羞辱、轻视，深以为耻，于是奋发作文，努力构思，甚至连上厕所的时候也不忘了作赋这件事。终于，经过了十年的努力，他做出了震惊世人的《三都赋》。这篇赋写得极为华美，当时的人都争着买纸抄读，以至有了"洛阳纸贵"的成语，连骄傲的大才子陆机也不得不叹息他做得好。

自古以来，那些有为之士，都是在用羞耻之心来激励自己，使自己有动力去追求远大的理想。孔子、孟子这些古代圣贤，以天下不得治理，圣人之道衰微为耻，所以能弘扬大道，教化世人；李斯、韩信等豪杰之士，以自己的贫穷、无功而羞耻，所以能大展才华，建功立业，取得封侯拜相之位；曹操、刘备这些一时枭雄，以不能结束乱世，扫平天下为耻辱，所以能在乱世之中奋起创业，称雄一方；近代的那些革命英雄，也无不为国家落后，人民生活困苦而感到羞辱，所以能舍生忘死，甘愿牺牲……

知耻，是前进的动力，是克服困难的保障，是积极上进者必不可少的基本素质。

敬畏之心，不可不有

原文

第二，要发畏心[①]。天地在上，鬼神难欺，吾虽过在隐微，而天地鬼神，实鉴临之，重则降之百殃，轻则损其现福，吾何可以不惧？不惟此也。闲居之地，指视昭然[②]；吾虽掩之甚密，文[③]之甚巧，而肺肝[④]早露，终难自欺；被人觑破，不值一文矣，乌得不懔懔？不惟是也。一息尚存，弥天之恶，犹可悔改；古人有一生作恶，临死悔悟，发一善念，遂得善终者。谓一念猛厉，足以涤百年之恶也。譬如千年幽谷，一灯才照，则千年之暗俱除；故过不论久近，惟以改为贵。但尘世无常，肉身易殒，一息不属，欲改无由矣。明则千百年担负恶名，虽孝子慈孙，不能洗涤；幽则千百劫沉沦狱报[⑤]，虽圣贤佛菩萨，不能援引[⑥]。乌得不畏？

注释

①畏心：即敬畏之心、戒惧之心。

②指视昭然：昭然可见。

③文：文饰、掩饰。

④肺肝：真情、实情。

⑤明，指在阳间；幽，指在阴间。

⑥援引：援救，渡脱。

译文

第二，就是要发“敬畏心”。天地在上，鬼神难欺，我的过错即便在隐秘之处，天地鬼神也都察知得一清二楚，罪过重的就降下各种殃祸，罪过轻的就减损现在的福泽，我怎么敢不戒惧谨慎呢？不仅如此。即便自认为隐秘无人的地方，他人也是看得清清楚楚的；自己虽然认为掩盖得十分完善、巧妙，真实情况却早已暴露，终究难以自欺欺人；巧饰过错被人看破，人品便不值一文了，怎敢不常怀戒惧之心？不仅如此。只要一息尚存，弥天罪恶都可以悔改；古代有一生作恶，临死悔悟，发出一个善意的念头，从而得到善终的。这就是说，人只要在关键时刻发出一个痛切、猛烈的善念，就足以洗净百年之内所做的罪恶。就如千年不见光亮的幽谷，一盏明灯刚刚点起，那千年的昏暗就一下除净了；所以过错不论远近，只以改正为贵。怕就怕世事无常，肉身宜损，一口气喘不过来，想要改正从前的过错也没有机会了。因此，阳间的报应，让人千百年担负恶名，即便有孝子贤孙也不能洗涤；阴间的恶报则沉沦地狱中历经千百劫难，即便圣贤佛菩萨也不能救援。惨报如此，怎么能不害怕呢？

经典解读

改过除了要发羞耻心，还要发敬畏心。敬畏心，包括两个方面：一个是敬，尊敬天道，尊敬圣人，尊敬良知，依循天地正道、圣人的教导来做事；一个是畏，畏惧天威，畏惧恶报，畏惧恶事暴露。有了敬，就知道应该如何行事；有了畏，就知道什么是不能做的。有所为有所不为，然后才能改过自新，修德为善。

敬畏心对于整个人类社会都是极为重要的，古代那些圣人为什么要创立宗教，宣传鬼神呢？并非是因为他们真的见到过神灵，而是他们要用这些来教导人们懂得敬畏。人们懂得敬畏，才不会为所欲为，才会遵守道德制度，整个社会才会秩序井然。对天地的敬畏，对鬼神的敬畏，对君主的敬畏，对尊长的敬畏，对道德法律的敬畏，这些都是人类社会得以正常运行的基础。个人也是一样，有敬畏之心行事才不会出现差错，没有敬畏之心什么事情做不出来呢？爱慕地位，又不敬畏世人的评价，就会阿谀谄媚；爱慕钱财，又不敬畏法律，就会坑蒙拐骗；爱慕名声，又不敬畏良知，那么就会成为说一套、做一套的伪君子……可以说，正是因为有了敬畏之心，人们才能主动地遵守道德、法令，才不敢作奸犯科。所以，敬畏心无论对社会还是个人来说都是十分重要的，是我们每个人必不可少的。

哲理引申

人不可无敬畏心

孔子说："君子有三畏：畏天命，畏大人，畏圣人之言。小人不知天命而不畏也，狎大人，侮圣人之言。"明智而有道德的君子一定是懂得敬畏的，他们有三个最敬畏的东西：天命，大人，圣人之言。

敬畏天命，就是要敬畏天地鬼神，遵守正道而不敢违背。天地鬼神，无处不在，不可欺瞒。你做了任何事情，天地一定知道，鬼神一定知道，自己的良知一定知道，这是无法欺瞒的。你做了好事，不用到处宣传，一定可以得到福报；你做了恶事，隐瞒也没有任何用处，定然会遭到恶报。福祸及身，就像声音、影子一样迅速，怎么敢不畏惧呢？

商朝有个叫武乙的君主，他十分狂傲，藐视天命。行事十分放荡，大臣们劝说他敬畏天地鬼神，他都不屑一顾，认为自己是君主，本就是天命所在，想做什么就做什么。为了证明自己比上天更加伟大，他制作了一个人偶，将其称之为"天神"，并且亲自与人偶博弈，取胜以后，便到处宣传"天神不胜"。不仅如此，还肆意对人偶加以刑罚，称自己可以决定天神的命运。然后，他又让左右用皮革制作了个囊袋，里面盛满了血，悬挂到旗杆上，拉满弓射它。皮囊被射破，洒下漫天血雨，武乙便高兴地说自己将天射伤了。做了这些事以后，武乙更加自大，认为上天鬼神都被自己战胜了，还有什么能伤害自己的呢？于是，整日到处射猎、游玩，专门从事那些危险的活动。终于，有一次冒着闪电雷鸣在黄河、渭水之间游猎，被大雷劈死了。

武乙之死虽然不能说是真的有鬼神降罪他，但这样不知敬畏、为所欲为的人，是必然会受到上天的惩罚的。上天有好生之德，而有的人却滥杀无辜，这样的人必定会自取灭亡；上天寒暑有序，阴阳调和，而有的人生活糜烂，夜以继日地饮酒作乐，这样的人必然疾病缠身；上天损有余而补不足，而有的人却贪婪无度，不知适可而止，这样的人必然以盛满取败……这些都是不敬畏天命的表现，最终也都将自食恶果。

敬畏大人，就是尊重那些有身份、地位的人。尊卑有序，整个社会才能安稳；况且那些人之所以坐在尊贵的位置之上，一定有其原因——或是他们自己有超人的能力、德行，或是他们的先祖积有厚德。尊重他们也是对才能、德行，或是他们祖上贤人的尊崇。有的人却不懂这点，凭恃自己有点儿小才便恃才傲物、放纵恣肆，好像不这样就显示不出自己的才能来，结果只会给自己招致殃祸。孔子德行、才能都无人可及，但他还依然恭敬地对待那些掌权者，以“温良恭俭让”等原则处世，这就是孔子道德上的伟大之处，也是那些狂狷之人所不及的地方。

不懂敬畏大人，就会犯下骄矜的过错。三国之时，名士祢衡就是因此而招致的杀身之祸。祢衡十分有才，但为人傲慢。开始的时候，他前往许都游学，但长期不得任用，有人便推荐他说：“为何不去投奔陈长文（陈群）、司马伯达（司马朗）?”祢衡回答：“我怎么能和杀猪卖肉的人结交呢!”别人又问他：“荀文若（荀彧）、赵稚长（赵融）怎么样?”祢衡说：“荀文若可以借他的哭丧脸去吊丧，赵稚长可以让他管理厨房膳食。”所以，当时的名士大多都厌恶他，觉得他名不副实。只有孔融很看重他，屡屡向曹操推荐他。曹操一向能够任贤使能，但祢衡却高傲自大，反而看不起曹操。曹操十分气愤，想要杀死他，又怕有损名声，便将其送到了刘表那里。

本来刘表和荆州的士大夫都很佩服祢衡的才气、名声，祢衡到来后十分尊重他，写文章、言谈议论，常常咨询祢衡的意见。但祢衡却不改傲慢之气，一次刘表和几个文人共同草拟奏章，大家都极尽才力。当时祢衡外出，回来时看到了他们拟就的奏章，很是不以为然，当即拿起来撕掉扔在地上。刘表既尴尬又震惊。还好祢衡自己写了一篇，尚且言辞、语义可观，刘表这才转怒为喜。然而祢衡不断侮辱、轻慢别人，刘表和荆州士大夫都不能容忍，于是便将其送到了江夏太守黄祖那里。

黄祖虽然性情急躁，但开始也十分敬重祢衡，常常称赞他的文采，祢衡因此更加骄傲。一次，黄祖在大船上宴请宾客，祢衡当席出言不逊，令黄祖十分难堪，便斥责祢衡。没想到祢衡竟轻蔑地盯着黄祖，说：“死老头!”黄祖非常气愤，想要打他。祢衡索性破口大骂起来，黄祖气愤到极点，立刻下令杀死祢衡。黄祖手下的人早就对祢衡的傲慢恨之入骨了，立刻就杀了他。黄祖气头过去，想要制止的时候，已经晚了。

敬畏圣人之言，就是敬畏历代圣人贤士的教诲，遵守他们总结出来的正道。圣人的话能够流传下来，一定是被历史所验证的，他们告诉我们要仁慈，要守义，要忠信，要爱人，要勤学……这些都是人生之中不可违背的原则，敬畏这些话，遵守这些话，就是遵循做人的道理。不听从圣人的教训，不遵循做人的原则，则为人处世没有规矩，必然会走上邪僻之路，遭受灾祸。

一个人必须时刻都怀有敬畏之心，敬畏天命，敬畏大人，敬畏圣人的教训，这样才能不断改过进取，成为一个有作为的人。没有敬畏之心，就会违背天命、正道，自取灭亡。

敬畏天命，敬畏人心

“闲居之地，指视昭然；吾虽掩之甚密，文之甚巧，而肺肝早露，终难自欺；被人觑破，不值一文矣，乌得不懔懔?”了凡先生这句话说得甚好。不管在哪里，无论你做什么，都要想着这件事一定会被他人所知。即便是闲居之地，也像千手所指一样；即便是在密室，也像万目所视一样。想要隐瞒恶行，终将是自欺欺人，正如《大学》中所说的：“人之视己，如见其肺肝然!”真正的君子绝不去做那些不能被人所知的事情，他们不会欺骗世人，不会欺骗天地鬼神，更不会欺骗自己的良心。他们懂得“人可欺，天不可欺”的道理，所以，能够“君子独处，守正不挠”，也因此而得到世人的尊重。

东汉名臣杨震，被任命为东莱太守，前往赴职的时候，路过昌邑县。昌邑县的守令王密是他的学生。杨震曾经举荐王密为荆州茂才，所以王密一直对杨震很感激。如今，知道杨震路过自己的辖区，便在夜里前往拜访。谒见之后，在临走的时候，王密从怀中掏出十斤金子赠送给杨震。杨震当即拒绝了，说：“我了解您，您却不了解我的为人，这是为什么呢?”王密说：“夜里没有人会知道这件事。”杨震听了更加生气，说：“天知地知，你知我知，怎么能说没有人知道呢!”王密听后十分羞愧，连忙将金子收回来，告辞离去了。

金子是好东西，能给人带来富贵享受，但杨震却能断然拒绝，就是因为他心存敬畏，敬畏天地、良心，敬畏做人的原则，敬畏自己的名节，这也正是他受到世人尊重的原因。生活中，那些受人尊重的人，都是心存敬畏者，他们时时刻刻怀着敬畏之心，坚守为人原则，依循圣人的教诲，所以行为才没有过失，道德越来越完备。

很多人自以为聪明，自认为做了错事无人可知，或是知道了也不能惩罚自己，所以便丢弃敬畏之心，肆意地放纵自己的行为。这样的行为就如皇帝的新装一样，自欺欺人，到最后丢人、遭受殃祸的还是自己。

北宋的蔡京，为人颇有些才能，在书法、作画、吟诗等方面均有不俗的成就，但他人品却很差。为了自己的权势，什么手段都能使得出来：阴险狡诈、欺骗蒙蔽的事他能做得，打击报复、落井下石的事他能做得，阿谀谄媚、屈膝乞求的事他也做得出来，可以说毫无原则，没有丝毫对道德、良知的敬畏之心。

他年轻的时候，王安石正组织变法，蔡京凭借自己的才能，获得了王安石的好感，因此对王安石极尽奉承之功。然而，王安石变法很快就在保守派的打击下失败了。蔡京因此被牵连贬职。在宋徽宗的时候，为了获得重用，蔡京极力巴结宋徽宗宠幸的大宦官童贯，以及经常出入宫廷的道士徐知常。在这些人的帮助下，蔡京得以重新进入朝廷，并受到宋徽宗的重用，不久被任命为宰相。

蔡京做了宰相之后，重新竖起变法的大旗，但他并非真的想变法，而是借着变法的旗号打击异己，他将曾经反对变法的司马光、文彦博、苏轼等一百二十人定为奸党，死者削官，生者贬窜。又将与自己主张不和的变法派，如章惇等全部赶出朝廷，而大力提拔与自己沆瀣一气的童贯、杨戬、梁师成等人。

当时，国家太平，府库充盈，宋徽宗是个喜欢挥霍享乐之人，但顾忌朝臣的劝谏，而不敢太奢侈。蔡京知道这点，为了讨好宋徽宗，便不顾国家利益，怂恿他纵情享乐。宋徽宗曾举办宴会，拿出玉杯、玉卮给辅臣看并说："我想用它们，又怕人们认为我太奢侈。"大臣们都沉默不语，唯独蔡京抢着说："我出使契丹的时候，看到玉杯玉盘，都是古代的东西，契丹拿来在臣面前炫耀，说南朝没有。现在用它们祝寿，并不过分。"宋徽宗又说："先帝做一个数尺的小台，谏臣就纷纷上书，我很害怕他们的话。"蔡京说："事情如果合情合理，谏臣的话再多也不值得害怕。陛下本就应该享受天下的贡奉，区区玉器，又算得了什么呢！"

像这样倒行逆施，违逆天理良知的事情，蔡京做了不知有多少，朝中那些正直的大臣、国中那些明事理的百姓都对他恨之入骨，但蔡京却毫不畏惧。他认为反正自己大权在握，又讨得天子的欢心，没有人能将自己怎么样。

靖康元年，金军南下，宋徽宗禅位给宋钦宗，蔡京失去了皇帝的信任。此时，朝中大臣纷纷上书陈述蔡京的奸恶，认为是他让国家陷入危难。钦宗于是下令追责蔡京，将他连贬为崇信、庆远军节度副使，居住衡州，不久又下令迁到韶、儋二州。蔡京只能赶赴贬所，他上路之时携带了大量钱财，还想着受贬后继续享受荣华富贵，但他多年的恶行早就被世人所熟知了，沿途的老百姓都十分厌恶他。在路上，他用钱都买不到吃的，这时他才知道人心是多么可畏，叹息道："我蔡京失去人心，竟到了这种地步！"最后，没有吃的，竟饿死在了路上。

古人说："自天子以至于庶人，未有无所畏惧而不亡者也。"人一旦没有敬畏之心，就会像蔡京一样肆无忌惮、无所不为，为了满足自己的欲望，什么违背道德、良心的事都敢做；为了获得权位、富贵，什么危害国家、人民的事都敢行。这就是历史上那些奸险小人，屡屡敢于冒天下之大不韪的原因所在。当然，他们最终都要自食恶果，受到人们的唾弃。所以，人心中一定要装着敬畏，有敬畏之心，才会恪守道德，不离正道，成为一个受尊重、有作为的人。

勇猛改过，切勿退缩

原 文

第三，须发勇心。人不改过，多是因循退缩；吾须奋然振作，不用迟疑，不烦等待。小者如芒刺在肉，速与抉剔；大者如毒蛇啮指，速与斩除。无丝毫凝滞，此风雷之所以为益[①]也。

注 释

①风雷之所以为益：《周易》中益卦卦象为巽上震下，巽代表风、震代表雷。

译 文

第三，须要发“果勇心”。人不能改正过错，大多是因循退缩；我面对过错必须奋起振作，不要迟疑，不要等待。小错在身，就应该像芒刺在肉里一样，赶快将其剔除；大过在身，就应该像毒蛇噬咬了手指一样，赶快将手指斩除。对于改过，不可有丝毫凝滞，这就是《周易》中象征果断的风雷两象相互组合而成为益卦的原因。

经典解读

在改过之上，有了知耻心、敬畏心还不够，也要有果勇心。所谓“果勇心”，就是知道过错，则勇于承认，果断改正，不迟疑、不拖延。改错的确是一件很需要勇气的事情，很多人因为面子等原因，对自己的错误往往不敢直视，发现自己有不足，首先想到的不是察明并改正，而是躲避、掩饰；甚至别人指出了自己的错误，还百般狡辩，讳疾忌医。历史上这样的人很多，尤其是做君主、掌大权的人，总是要维护自己完美无缺的形象，唯恐他人说自己存在不足，犯了错误，臣下提出来，不仅不虚心接受，还要惩罚别人。其实，这就是没有面对错误、改正错误的勇气。不能改正错误，错误就永远存在，越来越大，贻害无穷。

《周易》中说：“君子以果行育德。”在道德修养之上，君子一定要有果勇之心，发现不足就去弥补，发现过错就去改正，这样德行才会与日俱增。真正的智者，唯恐错误、不足发现不了，而不是不能发现过错。不去发现过错，而沉浸在没有过错的幻想中，和掩耳盗铃又有什么区别，智者必不如此。

哲理引申

过错，不可以逃避

了凡先生说："人不改过，多是因循退缩；吾须奋然振作，不用迟疑，不烦等待。"这就是告诉人们，面对过错一定要有勇气，知道它存在，就要立刻揪出来，就要立刻改正，不可有任何拖延、掩饰之心。妄图拖延掩饰、故意装作不见、轻描淡写、敷衍塞责，最终只会酿小过成大祸，错过改正的机会。任何过错，都是由小到大不断发展的；人身上的过错也都是由少到多不断积累的。小时、少时改正容易，大时、多时想要改正就困难了。老子说过：天下的难事，一定开始于简易；天下的大事，一定开始于细微。我们要掌控身上的过错，就要在它们刚显现出来时进行改正。所以，必须发现了过错就勇敢面对，谨慎对待小过而严防大祸的酿成。

"扁鹊见蔡桓公"的故事就是逃避过错而酿成大祸的例子：

扁鹊是秦国的医生，医术十分高明。一次，扁鹊前去蔡国，见到了蔡桓公，便拜见他，对他说："您有疾病在皮肤之下，现在不进行医治恐怕会加深。"蔡桓公听了不信，说："我身体一向健康，怎么会有病呢？"扁鹊告辞离去，蔡桓公对身边的人说："这些医生就好给没有病的人治病，宣称治好了而作为自己的功劳。"过了十天，扁鹊再次拜见，对桓公说："您的病在肌肤之中了，不治理恐怕会更加深入。"蔡桓公一脸不高兴的样子，没有回答扁鹊。扁鹊只得离去。又过了十天，扁鹊不放心，再次拜见，对桓公说："您的病已经到了肠胃，不治疗恐怕会更深！"蔡桓公又不回应，露出更加不高兴的表情。过了十天，蔡桓公乘车走在街上，扁鹊看到了他，远远地避开了。蔡桓公很好奇，派人询问扁鹊缘由，扁鹊说："疾病在皮肤之下，用药物熏敷便可以治愈；病在肌肤之中，用针灸可以治疗；病在肠胃之中，用清热汤药可以进行调理；病在骨髓之中，那就是神灵的管辖范围，医生已经无能为力了。如今，大王的病到了骨髓之中，我没有办法了。”过了五天，蔡桓公果然身体疼痛，连忙派人去寻找扁鹊，但扁鹊已经逃到秦国去了。蔡桓公于是就这样死掉了。

蔡桓公有病不医，反而猜疑指出自己有病的医生，这和那些刚愎自用、不敢直面自己过错，却怪罪指出自己过错者的人是何其相像啊！从前，夏桀无道，大臣关龙逄指出他身上的过失，夏桀不知自省，反而怨恨关龙逄，于是将他杀死。结果，夏桀的过错越来越大，却再也没有人敢于劝谏，最终他被商汤所杀死。从前，殷纣无道，王子比干，指出他身上的过错，纣王不知道反省改正，反而怨恨比干，将其剖心杀死。结果，他的过错越来越大，天下诸侯都背叛他，武王起兵前往讨伐，将其杀死，砍下头颅，悬挂在旗杆之上；从前，吴王夫差，骄奢自大，伍子胥劝谏他，夫差不知道反省改正，反而迁怒于伍子胥，赐其自尽。结果，吴国群臣没有敢再劝谏的，夫差的过错越来越大，最终被越王勾践击败，羞愧自杀。

有过不改，就是自取灭亡。人没有完美无缺、从不犯错的，但智者敢于面对过错、改正过错，所以他们德行日增、功业无失；而愚蠢的人则逃避过错，掩饰过错，最终蒙受殃害。勇于改过，是人身上必不可少的美行，是先贤们极力赞扬的。孟子说：“子路人告之以有过则喜。”子路在孔子的弟子中以勇见称，在面对过错之上他也表现出了超人的勇敢——他不仅不畏惧过错，反而会因为发现过错而欣喜。这正是他能够成为有德君子的原因。

历史上那些有为之君，无不都像子路一样，以闻过、改过为喜。

战国之时的齐威王，他刚刚即位的时候，齐国国力并不强大，反而经常受到其他诸侯的攻打。后来，齐威王采纳了邹忌的意见，广开言路，下令说：“大小官吏和百姓，能够当面指责我过错的人，给予上等赏赐；能够上书直言我过错的人，给予中等赏赐；能够在众人聚集的地方指责我的过失，并传到我的耳中的，给下等赏赐。”这样一来，人们纷纷前来进谏献言，宫中像集市一样热闹。人们将齐威王身上的过错一一指出，对他为政的不足也加以批评指责。齐威王因此了解了自己身上的不足，改正过失，废除不合理的政策，很快将国家治理得井井有条。周围那些诸侯听到以后，既惊惧又钦佩，连忙派遣使者前来朝见齐国，并主动将侵占的齐国土地交还回来。

千古一帝秦始皇也是善于纳谏改过的。他刚执政的时候，曾经听信左右大臣的话，下令将其他国家的游士、学者都逐出秦国。李斯也在被逐的行列之中，于是他便上了一份《谏逐客书》，秦始皇看后，觉得李斯所说的非常有道理，是自己犯了错误，便立刻承认错误，废除了从前的法令。后来，秦始皇在统一天下的过程中，从其他诸侯国来秦国的贤士发挥了重大的作用。相反，秦始皇的儿子秦二世就不能改过。他在奸臣赵高的怂恿下，做了很多错事，导致关东大乱。丞相李斯屡屡劝谏他，他不仅不听，反而猜疑李斯，将李斯下狱处死。后来，秦二世越来越荒淫无道，最终被赵国所弑杀。

"人非圣贤，孰能无过；过而能改，善莫大焉。"出现过错，不可怕，可怕的是不敢面对过错，任由它发展变大，最后酿成难以挽回的灾祸。良医治病，趁其还在表皮就加以治疗；人们改过，也要趁它在小的时候就加以更正。所以，对于过错一定要发果勇心，知道了就勇敢去面对，发现了就勇敢去改正。

去恶当如拔刺，不可拖延犹豫

对于改过了凡先生说："小者如芒刺在肉，速与抉剔；大者如毒蛇啮指，速与斩除。无丝毫凝滞。"人若知道自己身上有了过错，一定要有如芒在背，毒蛇啮指般的急迫心情，必要除之而后快。孔子也说："见善如不及，见不善如探汤。"看到有好的事、好的道理，就要唯恐自己不能具有；见到有恶的事、错的事，就要像把手伸到开水中一样立刻避开，不能拖延一刻。

很多人之所以犯下大过，就是因为对发现的小错不以为意，认为这点小毛病不能造成什么大灾祸。于是，有过错，拖着不改。却不知道，过错是不断成长的，而且此处的小过，往往会引起别处的大过，彼此交相助长，形成星火燎原之势，最终想要改正也不可能了。

从前，有个国王准备和敌人进行决战。开战前便派了一名马夫去备好自己的战马。马夫检查战马之时，发现有一个马掌松掉了，便吩咐铁匠将马掌钉好。铁匠连忙找来新的马掌，可开始钉钉子的时候，却发现丢失了一颗钉子，怎么也找不到第四颗钉子来固定它。铁匠告诉马夫说："缺少了一颗钉子，我必须花些时间重新制造一颗。"马夫说："国王正急着用马，哪有时间来等你制造新的钉子呢！少一颗钉子应该没有事吧?"铁匠看了看马掌，回答说："我不确定，不过看来三颗钉子固定得也很牢固，应该不会出问题。"马夫听后，便将马拉走，交给了国王。

两军开战，国王指挥着军队冲向敌军。战事十分胶着，为了鼓励士气，国王骑着战马亲自冲锋，士兵见到这一幕，都振作起来，敌军逐渐开始后退。忽然，一只马掌掉落了，战马跌翻在地，国王也被重重地摔在地上。这时，忽然有人喊道："国王摔倒受伤啦!"正在作战的士兵们听到这个消息，纷纷转头搜寻，当他们看到国王的马空着逃离时，无不惊恐，士气大落。敌人趁机进行反攻，国王的士兵纷纷撤退逃跑。敌人轻而易举地俘虏了国王，从而赢得了决战的胜利。

后来，人们察明了战争转变的真相，纷纷传说：一颗铁钉丢失，一只马掌脱落；一只马掌脱落，一匹战马受惊；一匹战马受惊，一位国王被俘；一位国王被俘，一场战役失败；一场战役失败，一个国家灭亡……

人身上的过错，可能就像战马缺失一颗铁钉一样微小。但如果不及时改正、弥补，这铁钉一样的小过就可能不断扩大，最终变成国王受伤，国家灭亡一样的大祸。一个人，身上存在过失，就会做出错误的抉择，时刻干扰着他的正确判断；这就如身边有小人一样，他时刻怂恿你做错事，助长你的毛病，不及时除去，就会带来大灾。

三国之时，蜀国后主刘禅非常宠信宦官黄皓，黄皓喜欢弄权，经常扰乱国家大事。大将军姜维便劝说后主将黄皓处死，以防他扰乱国家。后主虽然不英明，但也知道姜维说得有道理，但他和黄皓相处很久了，有些离不开他，又想一个宦官能够造成什么大危害呢？便好言安慰姜维，说："黄皓只不过是一个小人，不用太在意。"又让黄皓登门向姜维谢罪，为他们调解。姜维见自己无法劝说后主，心中畏惧，便请求到沓中屯田，不敢回成都。后来，钟会、邓艾等准备伐蜀，姜维得知消息，连忙上书刘禅，请他调兵遣将，及早做好准备。然而，黄皓却崇信鬼神巫术，告诉后主敌人最终不会到来，刘禅听信他的话，也没当回事。黄皓又隐瞒姜维的奏报，不让朝中其他大臣得知此事。后来，邓艾果然穿越阴平险道偷袭成都，蜀国没有一点儿准备，仓促迎战，被邓艾击败，后主不得已投降。

后主刘禅身上有亲信小人的毛病，听到劝谏以后却不以为意，认为小毛病没什么要紧的，不会造成大灾祸，最终却因为这小毛病而丢掉了国家。这样轻视小过，而酿成大祸的例子，历史上多得数不清。殷纣王灭国，因为生活奢侈，最初只是使用了一双象牙筷子；周幽王灭国，因为贪图美色，宠幸褒姒；智伯灭国，因为骄傲自大，自以为是；后唐庄公丢掉天下，是因为宠幸伶人……拥有整个天下，具有这点儿小毛病，的确算不上大。但这些小毛病不改，就会发展为更多的大毛病，引来无数迎合自己的奸佞小人，那时再想改正就难了。

正所谓："九层之台起于累土，千里之堤溃于蚁穴。"任何大的灾祸都是由一些微不足道的小过发展而来的，任何大的功业、德行，也都是在小处下功夫而逐渐形成的。人要有远大的理想、长远的目光，不能在小事之上有一丝的疏忽懈怠。发现了小过错，就要想到，自己的远大理想可能就会败在这小过之上，自己可能就会因为这点小过而无所作为；把这点小过当成自己前进路上重大的敌人，当作"眼中钉，肉中刺"，一定要消除它们然后才能安心。能够这样看待过错，才能及时改过，取得成功的人生。

事上改过，病根终在

原文

具是三心，则有过斯改，如春冰遇日，何患不消乎？然人之过，有从事上改者，有从理上改者，有从心上改者；工夫不同，效验[①]亦异。

如前日杀生，今戒不杀；前日怒詈[②]，今戒不怒；此就其事而改之者也。强制于外，其难百倍，且病根终在，东灭西生，非究竟廓然[③]之道也。

注释

①效验：所得到的效果。

②怒詈：发火骂人。

③廓然：指彻底清除干净。

译文

一个人如果有了上面所说的羞耻心、敬畏心、果勇心，那么有了过错便能改正，就如春天的冰雪遇到太阳一样，何患不能消除？然而，人们的过错，有从事上改的，有从理上改的，有从心上改的；工夫各不相同，所以验效也就各异。

譬如，从前滥杀生物，如今禁止，不再杀生了；从前发怒骂人，如今禁止，不再发怒了。这些都是就具体的事情而改正的。强制从外面纠正过错，这要比真心改过难上百倍，而且病根始终都在，从东面把它灭了，又会从西面生出来，不是彻底清除干净的办法。

经典解读

了凡先生认为，人如果能同时具有“羞耻心”“敬畏心”“果勇心”，那么就一定能够改正过错。羞耻心让人有自觉改过的意愿，使人能够时时自我反省；敬畏心让人不敢放纵过错，使人能敬畏天地鬼神，敬畏良知；果勇心让人有直面困难的勇气，不拖延、掩饰过错。能够具有这三心，那困难出现在人的身上，也就会像春天的冰雪遇到阳光一样，立刻消失。这里再次强调了这三种改过之心的重要性。

改过也分不同的改法，有从事上改的，有从理上改的，有从心上改的。从事上改，就是只知道具体事情该如何去做，而不明道理：就像小孩子做一件错事，大人告诉他这样不对，以后不要这样做了，小孩记住了，但他并未明白为何不对的道理。从理上改，就是明白了错误的道理，也改正了，但心志还不坚定：譬如有人贪酒、好色，人们告诉他这些都是很伤身体的，他也明白了酒色伤身的道理，能够一时节制自己的行为，但对酒色的欲望还是存在的，若意志力薄弱之时，错误还会再犯。从心上改，就是明白过错的道理，心中也能坚定地改掉，消除任何杂念，错误不会再死灰复燃，这样的改过才是最彻底的。

哲理引申

过错须从心上改

田中的野草，一旦发现就应该将其拔除。一株不拔，就会生出一片，最终将整片田地都荒芜了。拔除杂草，不能只拔掉茎叶，而是需要将其连根拔除，拔掉茎叶，只能让田地干净一时，杂草终究还是要长出来的。人身上的过错也和田中野草相同，一旦发现就应该消除，不消除就会危害自身。改错也有不同的方法，从事上改就如打落叶子，从理上改就如除去枝茎，这些都是不彻底的，错误的根源还在；只有从心上改，才算是真正地改掉过错。

很多人都能够发现自己的过错，也努力进行改正，但就是因为改正得不彻底，不能消除错误的根源——心中的欲望，所以错误往往只改得了一时，最后又在各种环境的引诱因素下，再次生出来，并造成严重伤害。这种现象其实是很可惜的。为什么呢？因为明明自己懂得道理，知道这种过错的后果，本可以避免祸患，却因心志不够坚定，意志力不强，而自取灾祸。结果就和根本不懂道理的人一样，岂不可惜？这样的例子不在少数，历史上很多有作为的人也常犯这种过错。

齐桓公是春秋之时齐国君主，他任用管仲、鲍叔牙、隰朋等贤人治理国家，会盟诸侯，成为春秋时期的第一个霸主。但他身上也存在着很多毛病，比如喜欢饮酒、好色等，但最大的缺点还是亲信奸佞小人，喜欢别人奉承。但因为管仲等贤臣尚在，这个缺点没有造成太大影响。

后来，管仲生了重病，齐桓公很着急，便前往探望他。询问了病情以后，齐桓公问：“假若您的病不好，有什么不测的话，我应该将国政托付给谁呢？”管仲回答：“知道儿子的莫如父亲，知道臣子的莫如君主。您作为君主，对朝中的大臣是最了解的，又何必要询问我呢？”齐桓公坚持询问。管仲便问：“那您觉得谁最适合管理朝政呢？”齐桓公便说：“易牙这人怎么样？他对我十分忠心。我曾经胃口不好，吃不下去东西，易牙便将他自己的儿子烹了给我做羹。”管仲摇摇头，说：“人没有不疼爱自己儿子的，这种人连自己的儿子都忍心杀死，又怎么会爱惜别人呢？他亲近您只怕是另有所图吧！”齐桓公又问：“那竖刁怎么样呢？他对我可算是忠心了，为了能够服侍我，他将自己阉割入宫。”管仲摇摇头，说：“人没有不爱惜自己身体的，这种人连自己都忍心伤害，又怎么会爱护别人呢？他亲近您只怕也是另有所图吧！”齐桓公又问：“那卫公子开方怎么样？他对我也算是忠心不二了，为了服侍我，他在父亲去世的时候都没有回国奔丧。”管仲又摇摇头，说：“人没有不敬爱自己父母的，这种人连父亲都不敬爱，又怎么会敬爱别人呢？他亲近您只怕也是另有所图啊！”

齐桓公见自己所信任的三个人都被管仲否定了，便问：“那鲍叔牙怎么样呢？”鲍叔牙是管仲的至交，且对管仲有大恩。没想到管仲听了还是摇摇头，说：“鲍叔牙是我的朋友，但他这个人我了解，为人过于刚烈，眼里容不得半点沙子，知道了别人的过错便终生不忘，这样的人不可以总管国事。”齐桓公见鲍叔牙都被否定了，只能直接提问：“那依您看，到底可以将国事托付给谁呢？”管仲说：“若不得已，隰朋可以担任大任，他为人温和谦逊，又有上进心，常常以自己的品行赶不上尧舜等圣贤为耻，还能包容别人。若没有合适的人，便可以将相位交给他。”

之后，管仲又再三嘱咐，易牙、竖刁、开方这三个人行事违背人之常情，都是善于阿谀谄媚的奸险小人，一定不可以接近。齐桓公答应了，并承诺一定将这三人疏远。不久管仲就去世了。

管仲去世以后，齐桓公记着他的劝谏，下令将易牙、开方、竖刁三人赶到外地，不再接近他们。但过了一段时间以后，他就感觉很不适应。他觉得宫中没有竖刁，管理就混乱了；吃不到易牙的食物，身体就不舒服；朝廷上没有开方，也没人总赞颂自己。这样过了三年，齐桓公实在是忍受不住了，说：“这三个人都是小人物，能给国家带来什么祸害呢？仲父当年也是太多虑了。”便下令将易牙、竖刁、开方三人召回，并授予他们大权。

不久以后，齐桓公生病了，但还没有立太子。易牙、竖刁等人便各自勾结公子，结党争权，为了掌控齐桓公便关闭宫门，不让别人进出。齐桓公一个人躺在病床上，没有人前来伺候，连吃的、喝的都没有。后来，他从宫女口中得知易牙、竖刁等人扰乱国家、封闭宫门，才后悔不已。但此时对于这些，他已经无能为力了。他用袖子蒙住自己的眼睛，感慨说："我真的无面目去见仲父了！"很快就病死了。

齐桓公病死以后，齐国更加混乱。他的几个儿子各结党羽相互攻打，竖刁、易牙趁机与他们相互勾结，牟取私利，而开方则带着齐国的大片土地投靠了卫国。

齐桓公知道自己亲信易牙等是错误的，在管仲的劝说之下也能暂时改掉这个毛病，但这种改正是就事而改，他心中喜欢阿谀奉承、喜欢美味的欲望没有改掉，所以，他一开始将小人疏远了，最终还是召了回来。只要心中的病根还在，过错改而复发是必然的事情，即便当初将易牙等人杀死，也还会有其他小人来填补。

所以说，但凡人有了过错，最终的病根一定是在自己心上。有贪污受贿的过错，一定要反省自己心中的贪念；有与人争斗的过错，一定要反省自己心中的好胜之念；有欺骗、说谎的过错，一定要反省自己内心的不诚……过错，必须从心上改正，才能一劳永逸地消除它们。

善改过者，先明其礼

原文

善改过者，未禁其事，先明其理；如过在杀生，即思曰：上帝好生，物皆恋命，杀彼养己，岂能自安？且彼之杀也，既受屠割，复入鼎镬，种种痛苦，彻入骨髓；己之养也，珍膏罗列，食过即空，疏食菜羹，尽可充腹，何必戕彼之生，损己之福哉？又思血气之属，皆含灵知，既有灵知，皆我一体；纵不能躬修至德[①]，使之尊我亲我，岂可日戕物命，使之仇我憾我于无穷也？一思及此，将有对食痛心，不能下咽者矣。

如前日好怒，必思曰：人有不及，情所宜矜[②]；悖理相干，于我何与？本无可怒者。又思天下无自是之豪杰，亦无尤人之学问；有不得[③]，皆己之德未修，感未至也。吾悉以自反[④]，则谤毁之来，皆磨炼玉成之地；我将欢然受赐，何怒之有？又闻而不怒，虽谗焰薰天，如举火焚空，终将自息；闻谤而怒，虽巧心力辩，如春蚕作茧，自取缠绵；怒不惟无益，且有害也。

其余种种过恶，皆当据理思之。此理既明，过将自止。

注释

①躬修至德：指怀着至善之心，惠爱及鸟兽鱼虫。

②矜：矜悯，怜惜。

③不得：不能。

④自反：反身求诸己。

译文

善于改过的人，在没有禁止做这件事之前，就先懂得不能做这事的道理；譬如自己的过错是杀生，便要思忖：上天有好生之德，万物都珍惜自己的生命，杀了别的生命来养我自己的身体，内心岂能踏实？且被杀之物，不仅要遭受屠宰切割的痛苦，还要被放入鼎镬之中烹煮煎炸，种种痛苦都深入骨髓；而对自己来说，即便山珍海味都罗列在眼前，但吃过之后能得到什么呢？蔬果素食也能填饱肚子，又何必去戕害那些无辜的生命，折损自己的福分呢？再想想，凡是有血气的生命，一定是有灵性的，既然有灵性，它们的生命和自己的就没有什么差别；纵然不能修养大德，使它们尊重我、亲近我，又岂能每日伤害生物的性命，使它们仇我恨我于无穷？若能想到这些，必然会对那些杀生而来的食物感到痛心，不能下咽。

若是自己从前好发怒，就一定要想想：别人有不足的地方，按情理我应该怜悯他们，原谅他们的缺点；倘若有人悖理冒犯了我，那错误在他，与我有什么关系呢？本就没有什么是值得发怒的。又想到：天下没有自以为是的豪杰，没有怨天尤人的学问；有不能做到的，都是因为自己德行还没有修好，感动人的心还不够诚。遇到什么事，我都反过来反省、检讨，在自己身上寻找不足，那么一切诽谤，都将变成对我的磨炼，促使我更加进步，我将欣然接受这些，那有什么可愤怒的呢？再者，自己不愤怒，任由他谗言、诽谤，也都如举火烧空，必将自烧自灭；若听到谗言就勃然大怒，即便尽力辩解，也是越辩越黑，最终作茧自缚，这不仅没有任何益处，反而有害。

其余的种种过错，也都当据理细思。道理若能明白，过错也就自然不会再有了。

经典解读

凡事“知其然”，更要“知其所以然”。将事情的道理都想得清楚明白了，做起事情也就会自觉遵守原则了，用不着别人来劝说。譬如杀生，有的人喜欢滥杀动物，是觉得杀生痛快，能显得自己强大。但他若是明白杀生是十分残忍的事情，不仅不能体现自己的能耐，反而会让人鄙视自己没教养，他自然就不会再做这样的事情了。譬如吸烟酗酒，做这些事也是因为感到痛快，但如果能明白吸烟酗酒都会给身体造成极大损害，都是致病的根源，他自然不会这样做了。这是我们自己改过应该遵循的方法，同时也是制止别人过错的原则。发现了别人犯错误，不要去生硬地制止他，要耐心地与其讲道理，道理讲通了，他自然就不会再犯错误了。

犯了过错，找原因时要从自己身上入手，不可迁怒于人。尤其是和别人共事时发生了错误，或是与人交往时发生了冲突，都要反省自身的不足，莫用别人的错误来作为自己有过的借口。孔子说：“君子求诸已，小人求诸人。”有道德的君子绝不会将自身的过错推脱到他人身上。

哲理引申

改过，要从明理开始

了凡先生说：“善改过者，未禁其事，先明其理。”明理是改过的前提，一个人若不明道理，又怎么知道是非对错呢？连是非对错都不知道，让他改过，又从何改起？所以，在改过之前，一定要先明道理；而明理，最重要的就是学习，向圣贤学习。

世上的很多人轻视学习、轻视圣贤之道，认为自己生活中的见闻够多了，足以应对各种事情，其实存在这种心理，恰恰证明其见识不足，不懂得真正的大道理。古人云："不登高山，不知天之高也；不临深溪，不知地之厚也；不闻先王之遗言，不知学问之大也。"天下的知识无穷无尽，学习的过程没有尽头，对圣贤们所总结出的那些大道理，我们一定要怀着敬畏之心去好好学习体会，如此行事才懂得规矩、有了准绳，才不会因自己的无知而犯下过错。

我们看小孩子的行事经常颠倒错乱，十分幼稚可笑，他们并没有什么作恶之心，却往往做出"破坏性"的举动，就是因为不明事理。人如果不学习就胡乱行事，所行的结果就会和无知的小儿一样。这也正是为何先贤们讲修身的道理，一定要将"格物明理"放在前面的原因。

孔子的弟子子路有勇力、有胆识，但最初很不重视学习。当他第一次见到孔子的时候，并不看重孔子的学问。孔子见他天性淳朴，又有才力，劝他跟随自己学习。

子路说："我不喜欢学习。"

孔子便问："那你喜欢些什么呢？"

子路说："我就喜欢长剑。"

孔子摇摇头，说："喜欢长剑没有错。但若是以你的能力，若再能勤学好问，岂不是更好？谁还赶得上你呢？"

子路问："学习能有什么用处呢？"

孔子回答："国君若没有直谏的臣子，就会偏离正道；士人若是没有能够指出自己错误的朋友，就听不到善意的批评。驾驭狂悍不驯的马不能放下鞭子，已经拉开的弓不能用檠来匡正。木料用绳墨矫正才能笔直，人常接受劝谏才可成为圣贤。接受知识，重视学问，谁能不顺利成功呢？诋毁仁者厌恶贤士，一定遭受刑罚。所以君子不可以不学习。"

子路说："南山上的竹子，不用矫正自然就是直的，砍下了便可以用作箭竿，能够穿透犀牛皮。如此说来，哪里还用得着学习？"

孔子说："做好的箭竿再给它装上羽毛，安上箭头使它更加锋利，这样射出去岂不是能够更深入吗？”

子路听了以后，觉得很有道理，对孔子拜了又拜，说：“从此以后，我愿跟随您学习，恭敬地接受您的教诲。”

跟随孔子以后，子路学习十分刻苦，从孔子那里学得了很多忠信的道理，以及治国、带兵的才能。后来，在鲁国、卫国多次担任官职，最后在叛乱中为了维护君主而英勇就义。

子路最终能成为一个受人尊重的君子，有所作为，就是因为他能够追随孔子，学习好的做人、做事的道理。俗话说：“玉不琢，不成器；人不学，不知道。”人通过学习来明理，就如将顽石雕琢成美玉一样，这是人生的升华，是成为一个君子必不可少的过程。

不仅要通过学习明理，而且要精益求精地学习。因为世上很多事情都是似是而非，十分容易混淆的，若不深入地学习道理，常人往往分辨不出其中的是非对错，这就会将错的事情当作对的，坚持做着而不知道，还以为自己在做好事；将过错当作美德来发扬，还不明白自己错了。

譬如，历史上有很多君主，经常发动战争，认为做君主最重要的就是进行战争攻占土地，却不知道为君爱惜民众才是最重要的，对百姓有仁爱之心比战争胜利、抢得土地重要得多。有的为政者，施政一味讲求宽容，以至宽容过度，纵容了恶人，而给国家带来更严重的危害；有的执法者，执法一味追求严苛，结果严苛过度，使民众不堪重负，反而伤害了国家百姓。再比如，平常生活中，有的人和朋友讲义气，却为了所谓的兄弟情义做出违背法律、有违正道的事情。有的父母教育孩子，却不懂得正确的方法，反而将好好的孩子教育坏了……以上这些事情若不去学习，不看看古代的圣贤是怎么主张、如何处理的，就很容易做错，而且错了还不自知。但如果多去学习圣人的教诲，了解一下圣人主张怎样治理国家、百姓，怎样教育子女，怎样与朋友交往的，就能明白其中的道理。自己在处理这些事情时也能恰到好处，不会犯错了。

为什么我们在阅读那些好的书籍、听好的道理时往往有幡然醒悟、相见恨晚的感觉呢？就是因为我们从这过程中明白了新的道理：发现自己曾经认为对的事情或许是不对的，认为不对的事情或许是有道理的；发现自己习以为常的行为却是错误的，自己知道而不去做的事情其实是很好的。这就是学习明理让人思想的提升，让人发现、改正过错。

所以说，修身、改过，都要从明理开始。只有好好学习道理，明白道理，才能更好地改正自己的过错，提高自身的修养。

有过，不迁怒于人

既然改过，就要知道错在己身，要由自身来改。孔子说：“君子求诸己，小人求诸人。”看一个人是君子还是小人，只需看他有了过错，着眼于何处。若是君子，犯错之后一定反躬自省，查找自己的不足，通过忏悔、改过来弥补错误；若是小人，则必会百般掩饰，推卸责任，甚至将错误的原因推到他人身上，迁怒于他人。这两种不同的处理方式，显示了人不同的道德水准，同时也会导致不同的结果——承担过错责任的人，能够及时反省，这样就不会再犯错误了；逃避过错责任的，自己放弃反省的机会，那错误还会继续出现；承担责任的，即便犯了错误，人们也会原谅他；不承担责任的人，在推卸责任的时候，也丢掉了自己的诚信、担当。

了凡先生告诉儿子，若是容易发怒，就要常怀怜悯之心，常反省自身不足；若有不得，就诚心修德，坦然接受不公之事。这些都是在期望他做一个“不迁怒，不贰过”的君子。“不迁怒，不贰过”，道理听起来很容易，但做到却很难。可以说，这是普通人都难以企及的修养境界。孔子那么多弟子，在被问及谁最好学的时候，孔子说只有颜渊一人，并且用“不迁怒，不贰过”这六个字来概括他的优点。所以，我们在修养道德时，对于改过这一件事，一定要将“不迁怒，不贰过”当作自己的准则、目标。若能真正做到这点，则在个人修养之上也就没什么问题了。

春秋之时，秦国、晋国相邻，晋国在晋文公的领导下称霸诸侯，秦国的君主秦穆公也很贤能，心怀称霸之心，但被晋国阻挡，一直无法东进中原。终于，在公元前628年，晋文公去世了，年轻的太子襄公即位。秦穆公便认为自己争霸的时机到来了，恰好此时，秦国驻扎在郑国的三个大夫传递消息说，郑国委托他们掌管城门，若秦军前去偷袭，他们做内应，一定可以攻下郑国。秦穆公得到消息后大喜，便积极筹划偷袭郑国。

秦国大夫蹇叔很有见识，他反对偷袭郑国，对秦穆公说："偷袭敌国能够成功，是因为对方没有防备，而我们到达的时候士气正盛，所以，最远不过百里。如今秦国、郑国相距数百里，中间夹着很多其他国家。路程遥远，我军到达的时候一定疲惫不堪，士气低落；夹着众多国家，消息一定不能保密，郑国肯定会早做准备。我军士气低下而敌人准备充足，怎么可能成功呢?"秦穆公不听，一意孤行，执意派遣大将孟明视、白乙丙、西乞术前往进攻。

果然不出所料，秦军踪迹很快暴露了，郑国得知消息以后充分准备，在郑国的秦国内应也被迫出逃。无奈之下，孟明视等三人只得灭掉一个小国滑国之后返回。然而，此举却激怒了晋国。晋国元帅先轸认为秦国在晋国服丧之时出兵偷袭晋国的盟国，是对晋国的背叛、蔑视，通过晋国的土地不打招呼，更是对晋国的侮辱，于是积极主张伏击秦军。晋襄公同意了他的主张。晋国便在崤地设伏，大败秦军，俘虏了三个主帅。

因为晋襄公的母亲是秦国的公主，在她的请求下，晋襄公将孟明视三人放了回去。秦国吃了败仗，数万人战死，朝中大臣义愤填膺，都认为是孟明视三人无能才导致这样的结果，纷纷要求将三人正法。秦穆公没有同意，他说："是我一意孤行，不听从蹇叔的劝谏，才导致了今日的惨败。这都是我的过错，和别人又有什么关系呢!"不仅没有惩罚孟明视等人，还让他们官复原职。

孟明视等得到了秦穆公的宽容，心中十分感激，时刻想着打一场胜仗来报答君主。于是，两年以后，又发动了对晋国的战争，但因为敌众我寡，再次遭到了失败。朝中大臣又议论纷纷，认为孟明视等人没有才能却胡乱开战，应该给予惩罚。但秦穆公说："我自己的德行不足，不足以令百姓、士兵尽力，所以才遭到了失败，这和将领们有什么关系呢!"再次宽容了他们。

孟明视等人屡屡得到宽恕，心中无比感动，于是努力训练军队，时刻想着为国效力。几年以后，秦晋再次爆发冲突，他们率军攻入晋国，晋军都不敢出战。秦国因此声威大震，秦穆公也成为春秋五霸之一。

身为君主，犯了过错，秦穆公并未像很多其他君主那样，为了保全自己的面子，将责任推到他人身上，反而主动承担过失。这便是他能得到将士之心，称霸诸侯的原因之所在。这种有过而不迁怒于人的美德，是所有统治者、管理者都应具有的基本素质，也是普通人修身必须坚持的准则。一个人只有做到了这点，才能称为君子，才能得到他人的尊重、认可。

然而，在生活之中，很多人却做不到“不迁怒”，他们遇到了挫折便肆意发怒，将身边的人当作替罪羊、出气筒。须知每个人都是独立的个体，大家内心的感受都是相似的，没人愿意无端受到指责，承受不该承受的痛苦和悲伤。“己所不欲，勿施于人”，你自己犯了错误都不愿意承担，更何况那些没有犯错误的人呢？所以，要“不迁怒”，无论任何时候都不该将自己的负面情绪转给无辜的人，让别人为你自己的过错埋单。

生活中，小到两个人之间的争吵，大到国与国之间的战争，往往就是因为人们不懂得自我反省，而习惯于迁怒他人。这既体现了自身的卑劣，也给社会造成极大的危害。所以说，“不迁怒”无论对个人还是社会，都是极为重要的，它是一个君子最基本的道德水准，也是社会正常运行所必不可少的，是所有生活在社会之中的人都应该努力去让自己具有的行事准则。

领导者最要有担当

犯了错误，不迁怒于人，这是每个人都应具有的准则，对于领导者来说，这种美德尤为重要。一个领导者，对错误要有担当，有担当才能改正错误，获得他人的尊重。有的人总认为，承认自己的错误是一种十分丢面子的事情，会让人觉得自己水平不够，尤其是作为领导者，一旦承认了错误，就会让人轻视自己，会导致下属的不服。于是，他们从来不会犯错误——因为犯了错误总有下属受过。他们认为这样就能保全自己的权威，维护自己英明伟大的形象，殊不知，越是这样的领导者越没有威信，人们越会鄙视、厌恶他们。

一个领导者不愿承担错误，就会给人一种傲慢自负的印象，让人不敢去劝谏、提醒他。到最后，连他自己也不敢直面错误，甚至大家都知道的错事，就是没人敢直说出来，于是大家都坚守着错误，直到灾祸的到来……一个领导者若有这种威信，还不如没有，它只能带来事业上的失败。譬如三国之时的曹操，率领大军进攻马超，因为战局不利，想要退兵，杨修猜测出了他的想法，他便借故杀死了杨修。杀死杨修之后，为了显示自己的正确，便执意进军，结果遭到了惨败，险些丧命，这才不得已承认了错误，将杨修厚葬。

无独有偶，明朝的崇祯皇帝也是一个不敢承认自己过错的人，而且正是因为他的这个大缺点，导致了战争的失败，国家的灭亡。

崇祯帝在位之时，朝廷有两大忧患，一个是关外的后金政权，一个是农民起义军。同时对付二者，明朝在军事、财政之上都承担着巨大的压力，时时显得力不从心。此时，暂与后金议和，全力镇压农民起义，无疑是对大明朝廷有利的。但当时舆论普遍反感议和，认为议和是软弱投降的举动，和南宋向金人称臣一样有辱国体。这种强大的舆论压力，使崇祯皇帝都不敢提及此事。

但很多务实的大臣，鉴于南北交困的现状，知道暂时议和不失为渡过难关的好办法。兵部尚书陈新甲就持有这种主张，但他也不敢明说出来，只是在背地里和御史傅宗龙说过。傅宗龙又将这一想法告诉了大学士谢升。谢升后来看到国家两头受敌，内外交困，便对崇祯讲了这一想法，进言道："那边如果肯议和，和也可以。"崇祯于是召见陈新甲，并指示他秘密进行此事，不让朝中大臣们知晓。

后来，有一次言官去拜访谢升，谢升向他们表示皇帝的意思是可以议和，希望他们不要清谈误国。言官们听后纷纷上书弹劾谢升，崇祯帝不得已将谢升罢官。此后，崇祯帝将议和一事交给陈新甲，和他手诏往返过几十次，都告诫他不要泄露出去，以免言官们多事。

然而，一日兵部职方马绍愉从边关发回议和条件的密函，陈新甲置于案上，其家仆误以为是塘报，交给各省驻京办事处传抄，议和一事大白天下，朝野哗然，言官们纷纷进言劝谏皇帝、弹劾主张议和的大臣。面对这种情况，崇祯十分恼火，他不愿自己承担恶名，便将一切过失都推给了陈新甲，将其下狱。陈新甲在狱中上书乞宥，称自己议和都是为了国家，也是不得已的举措，崇祯却恼怒他泄露秘密，使自己受到指责，坚持不宽宥他。最终，陈新甲被处死。

不久之后，李自成的起义军攻占山西，北京岌岌可危。此时，虽然北方一片战乱，但江南还算安定，且从未遭到天灾、战乱的破坏。若迁都南京，无疑是保存社稷的好办法。然而，当时舆论同反对议和一样反对南迁，认为南迁会像南宋一样，丢掉半壁江山，有辱国体。崇祯帝虽然有这样的想法，可自己不愿说出来，他希望大臣们首先劝谏自己，然后自己顺从，这样后人也不会将自己看作首倡逃跑的君主。但大臣们也没有一个提议南迁的。并非他们认不清形势，而是他们太了解崇祯皇帝了——这位皇帝总是让大臣提出想法，有了过错就将自己的责任推得一干二净，陈新甲之事就是前车之鉴。于是人人都盘算着：万一南迁之后，京城失守，将来皇帝一定要找个替罪羊，这可是诛灭九族的大罪。

就这样，直到李自成兵临城下了，大臣们也闭口不谈南迁的事，反而异口同声地说要死守京师，皇帝想提南迁也不好意思了。结果，北京城很快失陷，崇祯帝吊死在煤山，群臣都做了俘虏。

崇祯帝犯了错误，喜欢将罪责推到大臣身上，所以大臣们便不敢说话，害怕承担责任。于是，有了好的意见也不敢提出，大家只能全都受到舆论的裹挟，最终一起走向灭亡。崇祯当政十几年，诛杀的重臣不计其数，但朝臣越来越无能，国家也越来越衰弱，导致这一现象的原因就在于他本人没有担当力，好推脱错误。

人非圣贤，孰能无过，有了过错就要反省、改正。具有大胸襟、大魄力的人不仅敢于承担自己的过错，甚至还会主动承担下属的罪责，所以别人才会对他心悦诚服，愿意为他效力。那些不敢面对自己过错，喜欢推卸责任的行为，对自己的形象毫无益处，过错在谁其实大家都看得明明白白，即便碍于面子不提出来，在心中也是清楚的。将罪责推给别人只不过是掩耳盗铃罢了，只能显出自己胸襟狭隘、没有担当。可以说，改正是过错的终结，而推卸却是再次犯错，是错上加错。明事理者一定要勇敢地承担过错，而不可推卸责任，迁怒于人。

心不动，过不生

原文

何谓从心而改？过有千端[①]，惟心所造；吾心不动，过安从生？学者于好色，好名，好货，好怒，种种诸过，不必逐类寻求；但当一心为善，正念现前，邪念自然污染不上。如太阳当空，魍魉潜消，此精一[②]之真传也。过由心造，亦由心改，如斩毒树，直断其根，奚必枝枝而伐，叶叶而摘哉？

注释

①千端：千种。

②精一：精纯专一。

译文

什么是从心上改过呢？人有千千万万种过错，都是从心上造出的；我的心若能不动，过错又从何而来呢？学者对于好女色、好虚名、好财货、好愤怒种种过错，不必一类一类地去寻求改正方法；只需一心为善，做善事的正念出现在眼前，邪念自然不能将自己玷污了。这就如太阳当空，一切魑魅魍魉自然会逃避消失干净，这就是修行追求“精一”的真正窍诀啊！过错由心而造，也当由心上改正，如斩除毒树，一定要直断其根，何必要一枝一枝地剪，一叶一叶地摘呢？

经典解读

心是身主，身是心用。世间一切善恶，无不由人心中生出。心中有一善念，便行出千种善事；心中存一恶念，便行出千种恶事。所以，修身根本就是修心。自心修善，则身体安乐；自心造恶，则身体受苦。世人命运悬殊，祸福迥异，与心中善恶之念不同，存在极大关联。

过错的产生，也在于心中存在偏邪不正的念想。人能够在平时逐一将这些偏邪之念消除掉，使自心端正，充满仁和之气，那行为也就自然端正、无过失了。所以《大学》中告诉人们，修身在正其心，强调人们要消除忿懥、恐惧、好乐、忧患等使心不正的情绪。

再者，外界事物纷繁多变，人们不可能一一都接触了解，若着力于具体外物上去修身、改过，必然劳烦而不得要领。只有在“心”这个根本上下功夫，才能更好地修身，更好地明白外在的道理。古人强调的“精一”，就是这种看重内心的修身功夫。精一，即追求内心的诚一，反观内省，以内观外。孟子说：“万物皆备于我矣。反身而诚，乐莫大焉；强恕而行，求仁莫近焉。”万事万物，都备于我心，只要修养自心，追求内心的诚一，使心中只有仁义一物，那我们做什么事不是符合仁道的呢？凡事都符合仁道，怎么还会有错误呢？所以，与其忙忙碌碌地学习这件事该怎么做、那件事怎么做合适，不如好好修养自心。

哲理引申

修身就是修心

心是一个人的主宰，人的任何行动都是由心所生。心中充满和气，看待什么都是温和的，行为也自然宽厚、温和；心中充满暴戾之气，看什么都不顺眼，行为也自然偏激、邪僻。古人说：“心中有佛便是佛，心中存鬼便是鬼。”人心各不相同，所以展现出不同的性格、不同的行事方式，于是便有了圣人、庸人，君子、小人，善人、恶人等区别。

那么这些不同的心是如何产生的呢？其实人心原本都是澄明清澈的，并没有一丝杂念，只不过在成长的过程中，逐渐被各种杂思邪念所沾染，才有了各种欲望，然后在这些欲望的驱使下犯下各种错误。我们平时所说的修身、求道，只不过是要消除这些后日沾染的杂思邪念，将自心还原回它本来澄明清澈的样子。如果能懂得修身求道就是让自己的心还原为本来面目这个道理，那一个人也就懂得怎么改过、怎么修身了。

唐高宗的时候，新罗国有个和尚叫义湘。他本出身于富贵人家，是城里有名的风流人物，唱歌跳舞，弹琴下棋，无不精通，又做得一手好文章，众人都以为他会考取功名，走入仕途。但偶然有一天，他看到庙里的菩萨像个个安详端坐，洁净无比，心中不由羡慕起来，便剃了头发，立志做个圣贤。

进入寺中以后，没过多久，义湘就将寺中经书读个滚瓜烂熟，但依旧没有悟道修道的法门，心中十分惆怅。恰好，同寺的另一个和尚元晓也受到相同的困扰。二人便商量道："寺中经书有限，虽然都读完了，却未知修道法门，听说大唐的玄奘法师从印度运回了许多经文，都储存在长安城慈恩寺中，我们不如前往走一趟，也许那里面蕴含着大道呢?"于是，二人收拾好了行李，准备前往长安。

出发时，两人换了新衣裳、新鞋子，仿佛脱胎换骨一样，告别了寺中众人就上路了。一连走了几天，还没有到达边界，忽然遭逢了一场大暴雨。傍晚时天阴沉下来，四处望去看不到一点灯火，二人正在担忧时，忽然看到不远处的山上仿佛有个土窟，连忙奔了过去，躲进土窟之中。

"真是吉人自有天相啊!"二人不禁庆幸。坐在土窟之中，听着外面风雨交加，虽然无灯无床，他们也觉得很舒服，便伸拳舒腿，睡了一觉。

第二天，义湘醒来，忽然觉得手搭在了什么冰冷冷的东西上，一看，惊得险些跳起来。原来是一个白森森的骷髅！黑洞洞的眼窝就盯着他们呢。他们这才知道，这个土窟原来是座坍毁的古墓，自己昨夜竟然一直睡在白骨的边上，恶心得就要离开。

但外面的大雨还继续下着，路上的泥泞有半尺深，实在没法行走。于是只好心怀忐忑地留下来陪着骷髅共度长夜。这一夜，他们两个人再也没心思入睡了，远远地坐在远离骷髅的一角。整个墓穴中静悄悄的，二人仿佛能闻到腐烂的气味，凉意从脚底不断上升。他们眼睁睁地望着黑暗，一有什么动静便不由得心跳加快。雨点击打泥土，发出的沉闷响声，在他们耳中就如人将死时沉重的喘息；风吹过雨帘，呜呜作响，仿佛隐隐约约女人的哭声，让人心中凄惨不已；偶尔传来鸟兽模糊的鸣叫，都让他们觉得像是传说中的厉鬼……两人吓得不停在心中默念佛经，蹲着熬到了天亮。

元晓出来以后，就想转头回去。义湘奇怪地问："我们不是说好了要去长安吗？怎么，你不想成佛啦？”

元晓一脸大彻大悟，回答道：“成佛又何必去长安求法呢？前天晚上，我们躲在土窟中，睡了一场好觉。而昨天夜里，我们看到骷髅，知道在墓穴中，便一晚上疑神疑鬼，恐惧不已。这是什么原因呢？还不是我们的心发生了变化。人心一变，就有了各种子虚乌有的形象，否则，土窟和墓穴又有什么区别呢！人世间的事情不都是这样吗？心中没有杂念，便是土窟，有了杂念便是令人恐惧的墓穴。一切烦恼尘劳都是由我心中生出，一切幸福吉祥也都是由我心中生出。佛法就在我们心里，又何必远行万里，去别处寻求呢！”

后来，元晓、义湘都成了得道高僧。

是啊，世间一切都是由心所生！那些我们认为极度真实的东西，细细想想何尝不是虚幻的呢？追求富贵的人认为钱财是最为真实的，可富贵本身能为我们带来什么呢？锦衣玉食、驷马高车，有了这些就真正能够快乐吗？想想石崇、和珅，富贵也不过是过眼云烟。追求权力的人认为地位是最为真实的，可权力最终能够给我们什么呢？拜相封侯，手握重权，人生就一定快乐了吗？想想李斯、韩信，权力也不过是水中幻影。其他的那些事情也都不外乎如此，我们追求的时候，好像它们是人生之中必不可少的，为了得到它们值得付出任何代价，不惜去做任何事情，但过后都不过是泡沫幻影。觉得它们有意义，觉得它们必不可少，只不过是自己的欲望在作祟。

人之所以贪恋权力、爱慕富贵，都是因为心中存在贪念；之所以沉溺女色，都是因为心中存有色欲；之所以喜欢打斗、争强好胜，都是因为心中存在嗔念；其他各种错误，也无不是心中欲望太多。心不端正，不澄净，做事才会不合正道，才会犯下过错，才会不明是非，执迷不悟。《大学》中说：“身有所忿懥，则不得其正，有所恐惧，则不得其正，有所好乐，则不得其正，有所忧患，则不得其正。心不在焉，视而不见，听而不闻，食而不知其味。”形容的就是这种现象。

所以说，过错的根源都在人心之上，修身一定要以修心为本，改过一定要从端正自己内心开始。若能消除心中的杂思邪念，过错也就自然没有了。

一心为善，邪行自止

有这样一个笑话：

有一对父子，父亲十分痴愚，儿子也头脑呆笨。一天，父亲让儿子去麦田中锄草，儿子背着锄头来到麦田中，看了一眼又跑了回去。父亲问他，为什么回来了。儿子说："您让我去锄草，可我不知道草长什么样子啊？"父亲听后，便将他带到园子中，指着满园的野草说，这些都是杂草，都需要除掉。儿子走进园子，看到各种各样的野草，有长叶的，有圆叶的，有开花的，有长穗的，有一根挺立的，有一簇丛生的，掰着手指头看了半天，说："这草没法去锄了！这么多野草，我怎么能记得过来呢？"父亲想了想说："你把每种带着，到了田里对比一下不就可以了吗？"

儿子听从了父亲的话，每种杂草采了一棵，抱着一大捆去麦田中。路上的人看到这一幕都很奇怪，问他："你抱着这么一大捆杂草干什么？"儿子说："我去田间锄草，不抱着这些，怎么能知道哪些草该除去呢？"路人听了，无不哈哈大笑。对他说："你把麦苗长什么样记住不就可以了吗！把不是麦苗的都除去，又何必抱着这么一大堆杂草一一辨认呢！"

这对父子的行事，听起来的确愚蠢可笑，但实际上很多学者在为学、修身之上所犯的毛病和他们相同——只知在具体事情上下功夫，不知道抓住根本。根本就是人的心，人的行为都是由心支配的，有了过错也都是由心造成的。所以，在改过的时候，我们无须刻意将每件事应该怎样做弄清楚，没必要去学习那些烦冗琐碎的道理，只要把握住自己的心就足够了。心中只有一个善念，邪行自然能够止住。

了凡先生所讲的也正是这个道理。人的过错都是心上造出，我心不动，过错又从何而来？对于好女色、好虚名、好财货、好愤怒种种过错，不必一类一类地去寻求改正方法；只需一心为善，做善事的正念出现在眼前，邪念自然不能将自己沾染了。这就如太阳当空，一切魑魅魍魉自然会逃避消失干净。这就是精一的功夫。

心学大师王阳明先生教导弟子，最看重的就是精一的功夫，对于修身，他只强调要内心诚一，做到中正不倚。他的弟子陆澄，曾经问他："我对《中庸》中的'中'字，理解不了。"

先生说："'中'必须从心体上去认识，不是语言能够说得明白的。若非要说，就是让心中只存一个天理。"

陆澄问："那天理到底是什么呢?"

先生回答："天理就是将心中的人欲完全消除干净。"

陆澄问："天理为何称为中呢?"

先生回答："中就是最为恰当，不偏不倚。"

陆澄问："不偏不倚，是个什么样的气象?"

先生回答："宛如明镜，全体莹澈，没有丝毫尘埃染着。"

陆澄又问："偏倚是有所染着，如染着在好色、好利、好名等私欲上，才能体现出来。这时，人们才能逐一改过；但在喜怒哀乐等情绪尚未表达出来时，好色、好利、好名都未显现，又怎么知道心中有所偏倚呢?"

先生回答："虽然还未显现，但平素好色、好利、好名的心并非没有。既然不是没有，就称作有，有就不能说没有偏倚。这就像患了疟疾之人，虽然有时不犯病，但病根没有拔除，便不能称为无病之人。我们每个人心中都存在这种杂念，纵然它们还没有显现出来，也是心中的过错。平时就要不断反省，将好色、贪利、慕名等私欲统统清理干净，不得有一丝保留。这样此心才彻底纯明澄澈，纯是天理，遇到了事情以后，也就不会犯过错了。"

阳明先生不谈具体如何改正好色、贪利、慕名等毛病，只是让人从心上反省，在心中修得至诚的境界。胸中有了这种至诚的心，人生中便如有了明亮的太阳，一切杂思邪念，一切魑魅魍魉，自然会消失得一干二净。一个至诚的人，心中只有仁义的念头。每当行事的时候，这个念头就会决定他的行为。譬如在可能杀生的时候，他就会想到：这样的行为是不仁义的，我不能这样做。杀生的罪过也就不会犯了。譬如在看到钱财时，他会想到：贪财苟得的行为是不仁义的，我不能这样做。贪财的过错也就不会犯了。譬如在听到流言蜚语的时候，他会想到：传播流言来伤害别人是不仁义的，我不能这样做。流言诽谤的过错也就不会再犯了……

有人说："清除罪恶最好的方法，就是让善良充满自己的心。"我们改正过错，一定要从根本上下功夫。不断省察克治，消除自己心中的杂思邪念，追求至诚的境地，这就是修身、改过的根本。只要让自己一心存天理，一心只存善念，一切过错邪行自然云开雾散，不再发生。

改过之法，最上治心

原 文

大抵最上治心，当下清净，才动①即觉，觉之即无。苟未能然，须明理以遣之。又未能然，须随事以禁之。以上事而兼行下功，未为失策；执下而昧上，则拙矣。

注 释

①动：心动，指杂思邪念的产生。

译 文

总的来说，改过的方法以修心为最上。能修心，就可使心立刻清静。心中清静，那么坏的念头刚一出现就会察觉，察觉之后就立刻将其消除。倘若做不到这样，必须要明白所犯错误的道理，用明理的方法来除去过错。倘若这也不能做到，那就必须就具体事情上禁止过错。最上治心，最下就事，从治心入手，兼顾具体事情，不失为好的改过之法；若只知道在具体事情上下功夫，反而忽略了明理、治心，那就太笨拙了。

经典解读

人的修养最基本的就是从心上下功夫，使心中完全只存一个"天理"，而将各种"人欲"彻底消灭干净，令好名、好色、好财等念头永不能在心中生出。达到了这样的境界，那么一切邪念也就失去了发生的土壤，便不会再做出那些导致错误的行为了。从心上下功夫，就要懂得时时省察克治，当心中刚有一丝偏邪不正的想法时，就要像揪贼一样将其揪出来清除，让心永远保持澄净。

但若人不具有这种能主动省察克治的修为，也不能一味在心上空想。要去学习好的道理，要在具体的事件上下功夫。譬如年幼的小孩子，不可能直接告诉他每日应该怎样省察内心，应该怎样将心中邪念扫除；而是应该教他们做人做事的道理，告诉他们先圣贤人是怎么做事的，讲了哪些道理。再让他们去做具体的事情，告诉他们怎样做事才是对的，哪些习惯、想法是不对的。

是从内心上下功夫，还是从外事上下功夫，都需根据个人的修养水平而决定，但他们都是为了修养自身、改正过失，结果上是一致的。《中庸》中说："诚则明矣，明则诚矣。"达到内心的诚一，自然能明白外在的事理；将外在的事理彻底弄明白了，内心也自然能达到真诚。总之，无论是出自心性上的修养，还是出自对道理的学习，一个人立身处世的原则都是为仁行善，追求诚一；努力修为，到了最终，都能达到内心至真至纯，行为至善至美的境界。

哲理引申

改过，改于心念萌发之时

从心上下功夫，要懂得防患于未然，某一念头，譬如好色，消除它要在刚刚萌动之时，心中有了一丝这样的想法，就要能够搜寻出来，将其克除掉，而不是等它已经发展壮大了，要变成行为了才觉察，此时再去补救就很难了。见到一个美人，心中恍惚一动，此时就应该反省：自己为何心动，是否受到了美色的引诱？这种好色之心为何生出？应该如何将其消灭？圣人说"好德如好色"，自己是否没有做到？将这些方方面面都反省到了，自然会为自己的好色之心而感到羞愧，也就能努力将其克除掉了。在心念上也不可放纵自己，若认为心中想想、没有做出违背礼仪的举动便不是过错，放任心中的欲望不断增长，增长到一定程度，自然会转化为行动，那时候再想去克制自己，就难了。

对于贪财也是这样。一发现心中有这样的念头就该好好反省。譬如见到别人的财货心中有羡慕之心，失去了什么财物心中有放不下的意，这些时候都要反省：为什么我会羡慕别人的财物？我放不下的心又从何而来？我德行、学问上不如别人时，是否也这么在乎了？我眼中只看到财物，却不见人家值得学习的美德，这是否因为自己修养不够？将这些方方面面都反省到了，也就能将贪财之心努力克除了。便不需要等到因贪念而丢掉性命之时才知道后悔。

对于好名也是如此。一旦发现心中存有好名的念头，就要知道反省。别人称赞我了，我心中十分喜悦，这时就要反省反省：我是否配得上别人称赞我的话？我若配不上，还因别人的称赞而高兴，这是否好虚名之心在作怪？即便我配得上，我听到赞扬的话而高兴，我是为自己的善行高兴呢，还是为别人赞扬的话高兴呢？我做好事的初衷仅仅是为了听到别人的赞扬吗？我是否会因为这种赞扬而去做出有悖道德、良知的事情呢？将这些方方面面都反省到了，也就能辨清好名之心了，便能将其揪出来，清除掉，不让它导致自己犯下过错。

阳明先生在谈论为学时，常常教育弟子们要不断反省，下省察克治的功夫。一次，弟子们谈论如何做学问。阳明先生对他们说："教别人做学问，不能偏执死板。对于心志不坚定的初学者，他们脑中充满了私心人欲，这时就要让他们静坐，以安定思虑。久而久之，心志便能坚定起来。心志坚定了，就应该做省察克治的功夫。省察克治的功夫不能有一时间断，除去心中的杂念，就应该像除去盗贼一般，需要有一个彻底铲除的意思。没事的时候，就将自己心中好色、贪财、慕名等私欲一一搜寻出来，定要除掉病根，使其永不复起，这样才觉得痛快。就如，猫捕老鼠，眼睛看着，耳朵听着，才有意念萌动，立刻动手，斩钉截铁一般，绝不姑息纵容，绝不让它有喘息之机，不可窝藏，不可放过。这才是真功夫，才能将心中私欲根除。等到心中再无私欲可克，自然能够做到端心拱手了，无思无虑了。修身为学追求的就是无思无虑的境界，但这不是初学者可以达到的，初学之时必须认真思考省察克治的功夫，也就是思诚，心中只思一个天理。达到天理完全纯正之时，才能做到无思无虑。”

可见在阳明先生看来，修身改过必须在心上省察克治，不断反省，将心中的私欲一点点都搜寻出来，一点点都克除掉，在它们还没有体现在行动上，给自己造成破坏的时候就发现、清除。通过这种方法，才能消除心中一切私欲，达到至诚的境界。

一天子路穿着华丽的衣服去见孔子，面上露出扬扬得意的样子。孔子见后，便对他说：“仲由啊！你为何如此神气傲慢呢？大江发源于岷山，它的源头可以浮起酒杯，等到下游渡口，不将船只并在一起，不躲避风浪就不能渡过，这岂不就是下游水多的缘故吗？人之所以有大的成就，同样也是因为虚心待人，所以能听到众多好的道理。如今你穿了件好的衣服便神气傲慢，谁还愿意将你的缺点告诉你呢？有了好衣服便神气傲慢，那将来富贵了岂不就更加盛气凌人，谁还愿意与你交往呢？有了好衣服便骄傲自大，那将来做官了岂不就更加自以为是，这样去与别人相处，怎么能不招致祸患呢？”

子路听了以后，恍然大悟，连忙退出去，换了件旧的衣服又进来，举止和平常一样，不敢有一毫骄傲。

孔子看到子路穿了一件好衣服而自喜，就知道他心中存在骄傲之心、自满之心、争强之心，让他反省改过。我们时刻反省自己的行为，也应该像孔子观察弟子一样，有了一点儿偏差，就应该将其搜寻出来，改正掉，不让它有任何发展、变大的机会。

事情都是在刚开始出现的时候容易更正，而发展以后便难以改变。山间的小火苗，刚发现时一吹就灭，但若放纵其发展，就会变成熊熊大火，不将整片山林烧尽便不会停止。人的念头又何尝不是这样，刚开始只是不经意间的一个想法，若能及时省察，清除掉是十分容易的。但如果放纵其发展，一个念头就会变成坚定的想法，想法会发展为不可抑制的野心，有了野心就会做出很多极端的事情，那时人就被事情、被欲望绑架了，再想悔改也很困难了。真正的智者，永远不会放任心中不正的念头肆意发展，在它们酿成大祸之前就将其改正，这才是改过最高明的办法。

修身改过，最忌自满

原文

顾发愿改过，明须良朋提醒，幽须鬼神证明；一心忏悔，昼夜不懈，经一七，二七，以至一月，二月，三月，必有效验。或觉心神恬旷；或觉智慧顿开；或处冗沓[①]而触念皆通；或遇怨仇而回嗔作喜；或梦吐黑物；或梦往圣先贤，提携接引；或梦飞步太虚；或梦幢幡宝盖[②]，种种胜事，皆过消罪灭之象也。然不得执此自高，画而不进。

注释

①冗沓：烦冗、繁杂。

②幢幡宝盖：幢幡指佛教所用的旌旗；宝盖指佛道、帝王所用的伞盖。幢幡宝盖形容十分庄严、肃穆，透着佛圣气象的景象。

译文

但发愿改过，也需要有助力：明里，需要有良朋好友的提醒；暗里，需要有天地鬼神的证明。只要能一心一意地忏悔，昼夜不懈，经过一个七天、两个七天；直到一个月、两个月、三个月……最终必有效验。

发愿行善、忏悔改过的效验是什么呢？或许是平日都觉得心旷神怡；或许能忽然感到智慧顿开；或许处于烦扰纷乱之中，却心中清朗；或许遇到仇怨之人，却能消除恨心怒火，心生欢喜；或许梦中感觉吐出压抑身心的黑色秽气；或许梦到先贤往圣前来提携、接引；或许梦到在太虚之中逍遥飞翔；或许梦到庄严神圣的幢幡宝盖……这种种少有的奇妙之事，都是罪孽消除的好征兆。但到了这一境地，也不能自以为了不起，而故步自封、不再继续修行。

经典解读

发愿改过是自己的事情，改正过错必然使自身的道德修为提高，从而获得种种好处，所以，按道理说每个人都应该有自主改过、乐于改过的觉悟。但人都是有惰性的，很多时候对过错迁延、敷衍，没有改正的决心，这时就需要借助外在力量来督促自己改过。可以督促改过的外力主要有两种：良朋的提醒，鬼神的证明。

良朋的提醒也可以分为两种，一是朋友主动督促自己，自己有了过错，正直的朋友就会指出来，告知自己；自己若是拖延，朋友便劝说自己去改正。二是优秀的朋友为我们树立了好的榜样，我们与他们相处，时时受到他们的熏染，在他们身上看到自己的不足，从而知道督促自己，改正过错，不断向善。所以说，人要懂得交友，正直、优秀的朋友对自己修养的提高是很重要的。

鬼神的证明，是让自己在鬼神方面有些信仰。普通人的思想境界是有限的，只用仁义之道劝他们为善，告诉他们遵从天理、良知才是君子所为，让他们立志做仁者、圣者，他们可能难以接受。因为，很多人没有那么崇高的理想，没有做君子、圣人的意愿，不知道为仁行善的快乐。这时，就不妨用鬼神之说来劝化他们，使他们相信天地之间还存有鬼神在监视着每个人的行为，决定着每个人的命运：为善就会受到鬼神的认可，从而得到善报；为恶便要惹怒鬼神，从而得到恶报。一个人若对鬼神的信仰十分虔诚，那么鬼神便会成为他一切生活体验的主宰。他作恶了，良心上过不去，他会觉得鬼神在谴责他；此时偶尔遇到些挫折、困难，他会觉得鬼神在惩罚他。他做善事了，良心上自然舒服，心胸开阔，便会对各种景象产生特殊的感受，他会认为这是鬼神显灵；此时若遇到什么好事，他会认为是鬼神在佑护他。这种为了求得鬼神宽恕、佑护而为善的想法，自然赶不上圣人一心为仁之道，有功利目的，但毕竟是能够让人为善弃恶的，也不失为普通人修为的好方法。

个人的修为提高以后，必然有所验证，但为善之路是没有止境的，改过自新之念不能有一时松懈。不要因为取得了一点成就便骄傲自满，故步自封，佛陀那样的修为还要日日参禅讲经，孔子那样的境界还学而不厌，普通人取得那点成就在他们面前不过是滴水与大海一样，有什么值得骄傲的呢？为学、为道最大的病患就是骄傲自满，能够克服这种心理，才能够取得更大的成就。

哲理引申

修身为学，最忌自满

了凡先生告诫人们，即便有了修为也不能“执此自高，画而不进”。一个人若有了点修为便自以为是，不再进取，那以前的修为也就半途而废，毫无价值了；若取得了一点成就，便骄傲自大，轻视他人，则那些成就在过错面前也就不值一提了。孔子说：“如有周公之才之美，使骄且吝，其余不足观也已。”也就是说，一个人即便有了周公那样美好的才能，若心中骄傲自大，又轻视他人，那其他方面也就不值得一看了。六祖慧能也曾指出，学道之人若轻视他人，便有无量无边罪。

修身、为学都是没有止境的，越是学得精深，就越会认识到自己的不足，为人也必然谦逊；只有那些未入门墙的人，才会窥得一点小道理，就觉得自己获得了大道，无所不知了。这样的人，若不能克服自己骄傲自满的心理，是永远无法接触到真正的大道，不能取得更高的成就的。人一定要有“有若无，实若虚”的思想：自己有高尚道德，也好像没有一样；有真正才华，也好像没有一样。正是因为他们自认为没有，所以才能够有；若自认为有，则反而没有了。

一次，孔子带着弟子们到鲁国的宗庙中参观，看到了一个可以用来装水的器皿，倾斜地放在那里。学生们都不认得这件东西，议论纷纷，有人说它是用来盛水的，有人说它是用来量东西的，也有人说是用来在井中汲水的，争论不休。

孔子看了也不认得，便问守庙的人：“请告诉我，这器皿是做什么用的呢？”守庙的人告诉他说：“这是古代的君王用来放在座位边上的。”孔子听了，恍然大悟，点头称是。

弟子们还不清楚，便问：“这样一个东西，放在座位边上能有什么用处呢？”

孔子说：“这就是传说中的‘欹器’啊，以前只听过它的名字，今日才看到它的样子。这种器皿用来装水，水装得多时它便倾斜、歪倒，水装得适中，它才会端正起来。先王将它放在座位的边上，就是用它来提醒自己，任何时候都不要骄傲自满。自满就会倾倒，里面的‘水’也都会洒出来。”

孔子回过头来对弟子们说：“你们往里面倒水试试看。”弟子们按着吩咐做了，刚开始的时候器皿是倾斜的，但随着水的倒入，逐渐变得端正，水装了一半，器皿刚好竖直。继续倒水，它又开始倾斜，不一会儿就倾倒了，里面的水也完全洒了出来。这时，孔子便长长地叹了一口气，说：“哎，世界上哪里会有装得太满而不倾倒的道理呢！”

经过这番教导，弟子们深受感动，那些平时自认为聪明的弟子都收敛了傲气，那些出身高贵的弟子也都变得谦逊起来，那些在学业上进步迅速的弟子也都能安心继续做学问了。

有大智慧、大修为的人没有骄傲自满、自以为是的，他们无不虚怀若谷，以不能自居。孔子的才智被世人所认可，当时很多人都称孔子是生而知之的圣人，但孔子却谦虚地说：“我孔丘算什么圣人呢？我并非生而知之，只不过是喜欢古代圣贤的东西，通过勤奋努力学来了点儿知识罢了。”但越是这样谦虚，越显得他道德崇高、学识渊博。相反，那些取得了点儿小成就，便忘乎所以，自以为无人能比的人，往往只能得到人们的轻视、嘲讽，自取其辱。

《庄子·秋水》便讲述了这样的故事：

秋天的时候，山谷沟壑中的流水全部聚集在黄河之中，河面一下子变得宽广起来，站在岸边向对岸遥望，连牛马都分辨不清。于是，河伯认为天下再也没有比这更广阔的水了，骄傲无比。后来，他到了东海的边上，看到茫茫大海，一望无际，自己的那点儿水和大海一比，简直连九牛一毛都算不上，深感羞愧。于是，他便对海神感慨地说：“自以为知道很多道理，便觉得没有人能够赶上自己，说的正是我这样的人啊。我曾听说有人认为孔子见闻浅陋，伯夷道义低微，开始我还不信；如今见到了您的广阔无边，若不是来到您的门前，那就危险了，我将永远被懂得大道理的人嘲笑。”

人听到了一点儿道理，取得了一点儿成就，就觉得自己天下第一，无人能比，那和骄傲的河伯有什么不同呢？其实，自己之所以觉得了不起，只不过是还没有看到过真正的伟大人物，自己的眼界还不够开阔。这样若不知改正，必将沦为他人笑柄，自取其辱。一个骄傲自大的人，是一定会自食恶果，受到命运惩罚的。为什么这样说呢？骄傲自大，自然会丧失进取之心，没有了进取之心，道德、学问上都不能再前进，即便从前取得了些成就，也只能坐吃山空；再者骄傲自大的人，定然会触犯他人、激怒他人，这些都是灾祸到来的根源。道德、学问上不能进步，却又在外惹出怨恨，想要得到好运，怎么可能呢！

所以，人一定要消除盛满之心，将谦逊视为自己必备的美德；要时刻省察自己的过失、不足，努力加强修为，一丝不敢懈怠。

先贤改过，永无止境

原文

昔蘧伯玉[1]当二十岁时，已觉前日之非而尽改之矣。至二十一岁，乃知前之所改，未尽也；及二十二岁，回视二十一岁，犹在梦中。岁复一岁，递递改之。行年五十，而犹知四十九年之非。古人改过之学如此。

注释

①蘧伯玉：春秋时卫国贤大夫，孔子的朋友。

译文

从前蘧伯玉在二十岁的时候，就能对自己从前的过失加以反省而皆尽改去；到了二十一岁，又觉得从前所改的过错并不彻底；到了二十二岁，回头看从前的二十一年，都还犹如在梦中……这样年复一年，年年改进，到了五十岁，还觉得过去的四十九年都是有过失的。古代的贤人对于改过的学问就是如此追求，不知疲倦的。

经典解读

蘧伯玉，名瑗，伯玉是他的字。他是春秋之时卫国大夫，在当时诸侯国中享有盛名。相传其品德高尚，光明磊落，孔子曾称赞他是君子。孔子在卫国的时候，蘧伯玉曾经派遣使者前往探望孔子。孔子请使者坐下，问："先生最近在做些什么啊?"使者回答："先生想要减少自己的错误，但还未能做到。"使者走了以后，孔子不断感慨："好一位使者啊！好一位使者!"孔子赞扬使者，其实更是赞扬蘧伯玉。一个人改过之心能为众人所见，可见他不断改过，勇于自新的决心，这样的人怎能不是君子呢！

了凡先生在此称赞蘧伯玉，也是希望人们能够效仿他改过的决心，不断提高自己的道德修养，不断做一个"新人"。

哲理引申

改过自新，方可成就人生

有这样一个寓言故事：

山上有个寺庙，寺庙中供奉了一尊大佛石像，每天拜佛的人往来不绝。佛像下香烛日夜长燃，供品琳琅满目，拜佛的人都虔诚地跪在它的面前，向它叩拜、祈祷，将它视为真正的神明。这引起了庙前石阶心中的不平衡。一天在夜深人静的时候，石阶便对佛像抱怨说："我们的材质都是一样的，出自一座山中，为何你要日日受人跪拜，而我们却要铺在这里永远被人践踏呢?"佛像听了石阶的抱怨，感慨道："你们只看到我现在的光彩，却不知道当年我经受雕琢的辛苦，为了变成如今的佛像，我不知道经受了多少次捶打、敲击，经受了多少琢磨、雕刻。而你们只经历了六刀，现在躺在那里岂不是很正常吗?"

石头经过千锤万凿，才能成为受人跪拜的佛像，不经历这些，便只能做受人踩踏的石阶。人又何尝不是如此！我们每个人刚开始的时候，都是布满棱角、缺陷的石头，有的人为了改掉过错、弥补不足，付出了不懈的努力，经历了无数次雕刻琢磨，最终才成为人才、贤士，获得尊重、赏识；而有的人却安于现状，不愿改过自新，最终沦为平庸之辈。大多数人只知道感慨各人命运的不同，却不知道这不同从何而来。我们的命运都是自己选择的，成就都需要自己努力去获得，你只有像石匠雕琢佛像一样，每日不断雕去身上的缺陷，才能够使自己最终成为有价值的人才，从而获得期望的地位、成就。

个人修身，最重要的就是改过自新，《大学》中告诉人们要“苟日新，日日新，又日新”，要“作新民”，都是在鼓励人们不断自新。自新是对自己缺点的不断遗弃，世上没有天生的圣人，只要是人就会有缺点、过错，连孔子这样的圣人，也要不断地去忏悔、反省，才能取得超出常人的修为。自新是对自己的不断完善，每个人都有不足之处，我们要不断学习圣贤总结的道理，以比自己优秀的人做榜样，不断弥补、更新自身的不足，才能变得越来越优秀，越来越完美。

改过自新不是一件容易的事情，并非是发现了自己的过错，口头上承认一下便完了。它需要人们从内心深处反省，在行为上长久地去践行，只有拥有坚强意志、百折不挠精神者才能真正地改过、自新。孔子为何那么看重颜渊，就是因为颜渊能“不贰过”，能长久地坚持仁道而不放弃，其他的弟子则只不过能在短时间内行仁罢了。

这种能够彻底改过、坚持自新的品质，就是人的志向。苏轼说：“古之成大事者，不惟有超世之才，亦必有坚忍不拔之志。”所谓的坚忍不拔之志，最重要的体现就是能长久地坚持改过自新。历史上那些有作为之人，莫不具有这样的品质。清代大儒、名臣曾国藩就是这样一位有为之人。

曾国藩本人并不特别聪明，读书也没有过目不忘的本事，但他特别勤奋，一篇文章记不住便一直诵读，直到记住；修身也是如此，听到了一个好的道理，自己却没有做到，那他就反复不断地去做。在二十一岁的时候，曾国藩发愿一定要做一个圣贤，通过忏悔自新，改掉身上所有的恶习，并为此改号涤生。

但最初他并未做到，很多错误往往改了又犯，犯了再改，整个人在自励和堕落中不断徘徊。直到后来，他进入京城做官，拜访了很多有学问的大儒，得到他们的指点。尤其是倭仁，对曾国藩影响很大，他教导曾国藩每天写日记忏悔，并请人批阅检察。于是曾国藩开始系统地写日记，每天对自己的不足进行忏悔，用日记来监督自己改过。

如道光二十二年十月初二日，曾国藩在日记中写道：

午正，金竹虔来长谈。平日游言、巧言，一一未改，自新之意安在？

道光二十二年十月初七日，又在日记中写道：

本日说话太多，吃烟太多，故致困乏，都检点不出来，自治之疏甚矣！

道光二十二年十月初九，又在日记中反思自己好怒的缺点：

晡时，赴小珊处。小珊前与予有隙，细思皆我之不是。苟我素以忠信待人，何至人不见信？苟我素礼人以敬，何至人有慢言？且即令人有不是，何至肆口谩骂，忿戾不顾，几于忘身及亲若此？此事余有三大过：平日不信不敬，相恃太深，一也；比时一语不合，忿恨无礼，二也；龃龉之后，人反平易，我反悍然不近人情，三也。恶言不出于口，忿言不反于身，此之不知，遑问其他？谨记于此，以为切戒。

道光二十三年二月初十日，曾国藩对朋友怠慢，反省道：

予对客有怠慢之容，对此良友，不能生严惮之心，何以取人之益？是将拒人千里之外矣。况见宾如此，遑问闲居？火灭修容之谓何？小人哉！

……

像这样的日记，曾国藩从二十九岁开始写，一生都坚持了下去。就这种反省自新的毅力，有几个人能够做到呢？可以说，曾国藩成功的根源就在这里。一个人如果能够像他这样，每日不断剖析自己、反省自己、用心改过，怎么可能不成为贤者呢？

没有人不希望自己成功，不梦想成为受人尊重的贤者，既然如此，为何不能下定决心去改过自新呢？只要我们坚持反省、改过，总有一天，能够将自己从一块顽石雕琢成美玉，改变平庸的命运，让自己拥有成功的人生。

以验效，察过失

原文

吾辈身为凡流，过恶猬集[1]，而回思往事，常若不见其有过者，心粗而眼翳也。然人之过恶深重者，亦有效验：或心神昏塞，转头即忘；或无事而常烦恼；或见君子而赧然相沮[2]；或闻正论而不乐；或施惠而人反怨；或夜梦颠倒，甚则妄言失志；皆作孽之相也。苟一类此，即须奋发，舍旧图新，幸勿自误。

注释

①猬集：像刺猬刺一样密集地聚在一起，形容事情繁多、集中。

②赧然相沮：自惭形秽而心情沮丧。

译文

我们都是凡人，过错罪恶就如刺猬身上的刺一样，到处都是，若回思往事，却常常看不到自己的过失，这都是因为心思粗糙、眼睛不明的缘故。然而，人如果罪恶深重了，也一定会有效验：或是心神昏乱阻塞，遇到事情转头即忘；或是没有事情而常觉烦恼；或是见到了正人君子就自惭形秽，垂头丧气；或是听到了光明正大的道理，反而觉得不欢喜；或是有恩惠施与别人，反而遭到怨恨；或是夜里做的都是是非颠倒的噩梦，甚至平常语无伦次神志异常……这些都是作孽的表现啊。倘若一旦发现了自身存在这等情况，就必须奋发，改过迎新，不可因循守旧，耽误了自己。

经典解读

普通人身上的过错都是很多的，若想改正定有可改之处，若是有人找不到自己的过错，不知道该从何处改起，那一定是自己的改过之心不够真诚，自新的决心不够坚定。人不怕有过错，就怕有很多过错却不自知，反而将它们当作很正常的事，认为自己完美无缺。这还是强调人要在省察克治上下功夫，有发现自身不足的能力。

当然，一个人的过错多了也是会有验效的，譬如了凡先生指出的：心神昏乱阻塞，遇到事情转头即忘；没有事情而常觉烦恼；或是见到了正人君子就自惭形秽，垂头丧气……这些都是作孽的表现，人如果有了这些症状，就要明白自身已经有“大病痛”了，应该立刻反省、悔改，不可耽误了自己。

哲理引申

以事观身，善于发现自己的不足

了凡先生指出，一个人如果罪恶深重也是会有验效的，其实这些验效就是我们进行反省的契机，就是我们发现自身缺点、不足的线索。我们平时一定要特别注意自己身上那些不正常的现象，或是出现身体、精神异常，或是发现他人对自己态度有异，或是自己对环境的感受忽然不同了，这些一定都是有什么原因的。一定要及时将这些原因搜寻出来，看看是不是因为自己哪里出了过错，有过错就要立即改正，以免酿成大祸。

犯了错误就如生了疾病一样，都会对自己造成极大的伤害。人们都懂得，一旦身体出现明显的患病症状，就要去看医生，找病因，可对于犯过错造成的那些症状，大多数人却往往视而不见。病患拖延会越来越严重，最终甚至危害生命，而过错的拖延又何尝不是如此，小错不改酿成大错，同样会危害自己的性命。生活中，那些真正的智者都是善于观察过错的，他们通过身边的异常事件而发现自身的不足，又通过改过自新而消除异常，从而能保证自己远离灾祸。

尧舜的时候，大禹通过治理水患，赢得了天下民心，四方所有的部落都归顺于他。后来，大禹去世了，他的儿子启继承了王位，建立了夏朝。启成为天子以后，发布政令，很多部落都不听从，召集诸侯，很多诸侯都不来，不久有扈氏又起兵造反，启派兵镇压，却吃了败仗。夏朝的大臣们都主张再战，但启说：“不可以。先王在位的时候，天下诸侯没有不服从的，如今我即位，却出现了反叛的情况；我的领地不小，我的人民不少，作战却不能取得胜利，这些难道不是我自己的过错吗？一定是我德行浅薄，教化不好的缘故啊！”于是，他努力推行德政，自己坐卧时不使用华美的席子，吃饭时不吃多种菜肴，平时不弹琴瑟，不听钟鼓娱乐，在内亲近亲属，敬爱长辈，在外尊重贤人，任用能者。这样施行了一年，四方的诸侯纷纷前来朝拜，有扈氏也遣使归顺。

宋太祖建立北宋，结束了五代时天下纷争的局面，当时国家初定，百废待兴，他十分希望大臣们都能励精图治，协助自己将国家治理好。但他发现朝野中充斥着一股奢靡享乐之风，就连那些曾经和他一起出生入死的将领们生活也开始腐化了，个个追求锦衣玉食、山珍海味，住在华丽的房屋中，没人关心百姓的疾苦。宋太祖十分着急，便召见宰相赵普询问对策，说：“如今天下初定，朝中的公卿大臣们就争相奢靡，忘了得江山的不易，忘了四方尚有强敌的危患，这让我想到了西晋上下奢靡享乐导致灭亡的往事，我不知道该如何制止啊！”赵普听后，回答道：“孔子说：‘其身正，不令而行。’西晋的奢靡之风，很大程度上是晋武帝自己带头造成的。”宋太祖便不再说话了。

赵普退出以后，宋太祖不断琢磨他的话，恍然大悟：“是啊！晋武帝自己带头奢靡，所以群臣也都奢侈无度。如今的群臣纷纷追逐享乐，一定是我自己做得还不够，没能带个好头。”于是，他连忙反省自己及家人的行为。

最初，汴梁皇宫破旧，很多官员都上书提议扩建新的皇宫，事情还未定下来。于是，宋太祖便下令，禁止百官再上奏扩建、装饰汴梁皇宫的提议。当时，各地官员为了讨好皇帝，屡屡进献各种奇珍异宝。想到这些也助长享乐之风，有害百姓，宋太祖又下令：从此以后，禁止各地进献奇珍异宝、奇巧玩物，违者严惩不贷。接着，宋太祖又命令，禁止皇室宗亲扩建王府、园林等。

宋太祖还脱下后宫为他新制的华丽龙袍，穿上了旧时的粗绢衣服；撤去了所住宫殿中的珠玉装饰，只挂青布和苇帘；并时时拿出自己的旧衣服，展示给身边的人看，提醒他们不忘节俭。他所乘坐的御轿已经修过好几次了，且没有任何装饰，皇后便问他说：“陛下做天子，怎么不用一副好的轿子呢？

朝中大臣们的轿子都有黄金装饰，您富有天下，却坐着这么寒酸的轿子，难道不怕大家讥笑您吝啬吗？”宋太祖听了严肃地说：“我若是想以四海之富来富自己，别说轿子，就是用黄金装满宫殿都用不完。但我这样做，带头挥霍享乐，将会把国家引导向哪里呢？百姓会怎么看待我们呢？”于是，继续坐着那顶旧轿子。

宋太祖生活节俭，被大臣们看在眼中，他教育家人的话也逐渐传到了大臣们的耳朵中。大臣们都想：天子都这样节俭，我却过着这样奢靡的生活，岂不是太过分了！于是，大臣们也都开始改掉奢靡享乐的毛病，效仿宋太祖的节俭。很快奢靡之风就在朝廷中消失了，北宋也安定下来，国库充盈，百姓归心，没有重蹈西晋的覆辙。

夏启见到诸侯不服从，就反省自身失德；宋太祖见到大臣奢靡，就反省自己生活不够节俭。他们都是能够以事观身，发现自己不足的人。我们每个人都应该学习他们的这种处事方式：遇到了事情，不要逃避掩饰、不要在别人身上找原因，一定要反省自己的过错，通过改正自身的过错，来解决问题。

作为一个君主，敌国敢来进犯，一定是自己治国上存在问题；百姓不服从，一定是自己施政不仁慈；大臣离心，一定是自己德行不够……作为一个普通人，与人交往而不受信任，一定是自己还不够诚信；受到别人忌妒、厌恶，一定是自己不够谦逊谨慎；做事情不能成功，一定是自己平时不努力，学业不精；忧愁抑郁，一定是自己为善太少，心胸不够宽敞；身体多病，一定是自己耗费精力，不懂养生，或是沉湎酒色，行为放荡……各种“症状”，无论是外在环境，还是个人身心，都预示着自己的某种过错、不足。我们一定要重视它们，时时反省，只有这样才能及时认清不足，改正过错，从而避免祸患，创造成功的人生。

积善之方

“积善”就是积累善因，通过做善事来为自己及子孙积累福报。古人认为，每个人在幽冥之中都存在一个功德簿，做了善恶之事，鬼神都会明白记在上面，将来行善的一定会得到善报，行恶的会得到恶报。这虽然是封建迷信的说法，但对劝人为善确实大有裨益。在本章中，了凡先生就列举了大量因果报应之事，来证明“善有善报”的道理，以此劝诫人们努力为善。

本篇还讲述了为善的各种不同做法、意义，让人们了解什么才是真正的行善，怎样行善才是最恰当的做法，以及如何才能防止怀着善心却做出恶事的现象。可以说，这就是一篇如何行善的指南，是立志为善积德者必须细读、深思的。

积善之家，必有余庆

原文

《易》曰：“积善之家，必有余庆。”昔颜氏将以女妻叔梁纥[①]，而历叙其祖宗积德之长，逆知其子孙必有兴者。孔子称舜之大孝，曰：“宗庙飨之，子孙保之”，皆至论也。试以往事征[②]之。

注释

①叔梁纥：孔子的父亲。

②征：验证。

译 文

《周易》中说："积善之家，必有余庆。"从前颜氏打算将女儿嫁给叔梁纥，就追述孔家先祖所积累的德行，积德多且长久，所以推知其家子孙后代一定有不平凡的人物兴起。孔子称赞舜有大孝，说："永远保有宗庙、享受祭祀，子子孙孙传续不绝。"这些都是至为正确的真理。不信可以用往事加以验证。

经典解读

孔子的父亲叫作叔梁纥，他的正妻生了十二个女儿，却没有儿子，他的妾生了个儿子叫孟皮，却天生有足疾，不能做继承人。叔梁纥便向鲁国的颜氏求婚。颜氏有三个女儿，最小的叫作徵在。颜父对三个女儿说："叔梁纥的父辈、祖辈虽然都只是士，但他们却是商朝贵族的后裔，祖上很有德行。且叔梁纥这人身高十尺，武力绝伦，虽然年纪大些，脾气急躁，但这没有什么可担忧的，你们谁能嫁给他？"大女儿、二女儿都不说话，小女儿徵在便说："一切听从父亲的安排。"于是，颜父便将小女儿嫁给了叔梁纥，后来生下了孔子。可见颜父之所以将女儿嫁给叔梁纥，看重的就是他家祖上的德行。他是一个很有眼光的人，比那些看重权位、富贵的人不知高明了多少倍。

"积善之家，必有余庆"，一个家族能够兴旺发达，一定是经常行善，积累大量功德的，历史上那些传续数百、上千年的家族无不如此。所以，行善不仅决定自身的命运，也决定了整个家族的命运，决定了子孙后代的命运。世上没有不爱惜子孙的人，没有不希望自己家族流传久远的，要想使子孙受福，家族兴旺，就必须多积功德，多行善事，而不是积攒什么钱财、土地等。

哲理引申

祖上积德，子孙受福

人们在谈论别人升官的时候，常常会说："某人升官发财，他祖上积德了。"谈论某家败落的时候，常常会说："子孙不成器，祖宗无德啊！"可以说，祖上的德行，决定后世子孙的命运，是人们约定俗成的观念。从春秋战国之时，人们就深深地相信这个规律。

春秋时，齐国的太史子与来到鲁国，拜见了孔子。孔子和他谈论道，子与很高兴，说："我这个鄙陋之人，久闻您的大名，一直未能和您见面，期盼拜见您已经很久了！求知的机会如此宝贵，见到您之后我才知道了泰山的高大，大海的广阔。"出去以后，他对鲁国大夫南宫敬叔说："孔子是先圣的后裔，他的祖先自从弗父何以来世代都有谦让的美德，上天一定会赐福于他。成汤以武德称王天下，用礼乐相配合。殷商的后裔，再没人具有这样的盛德了。孔子生于周朝衰落之时，先王的典籍，错乱无序，于是孔子整理论述百家遗留的记述，考察其正确的含义，效法尧、舜，以文王、武王为规矩，编删《诗》整理《书》，制定礼，理清乐，作《春秋》，阐明《易》道，以训诫后世，为其树立法式，他的文德是何等的显著啊。他所教诲的弟子，奉上束脩的就有三千余人，或许是上天将要让他成为无冕之王吧？他的德行、功业为何如此的兴盛呢？"

南宫敬叔也说："的确如此。我听说圣人的后代，若没能作为嫡系继承王位，也一定会在别的地方兴起。如今孔子的道已经十分完美了，大概是将要在后世永远施行吧，即便是要推辞上天赐予的尊位，也是不可能的。"

果然，在后世人们无不将孔子视为圣人，历代统治者也宣传孔子的学说，为他建庙立祠。孔子的后人受到孔子的余荫，也都在各代受到尊重，被历代统治者授予尊位。

孔子为何能兴起成为圣人？他的家族为何兴旺不衰？这都是因为祖上积累下了厚德，而且后世子孙也都遵从先祖的训诫，把德行作为立身的根本。因祖上积德而子孙富贵兴旺的例子，明著于史书的就不胜枚举。

明朝洪武年间，有个叫牟敬祖的湖北人，奉朝廷之命，前往山东担任栖霞县主簿。任职的时候，他发现一件冤假错案。为冤案平反往往是一件受累不讨好的事，而且往往会给自己带来麻烦，只要不是有人坚持告状，官员们一般是不会去做的。但这位牟主簿却想：案子虽然过去了，但若发现了冤情不平反，如何对得起自己的良心？况且被冤枉者的家人还在，不平反他们就要永远蒙受屈辱，这对他们是多么的不公平。于是，在他的坚持下，县里重新审理了案件，蒙冤者得以昭雪。

几年以后，牟主簿卸任了，准备带着家人回老家湖北。没想到刚要出发就病倒了，这一病就是三年，将所有的积蓄都花光了，一家人在异乡无亲朋可以依靠。正当走投无路之时，当地的一家大户把他们接了过去，安排住所。原来，这家姓杨的大户，就是当年那场冤案的主角，本来家中对案子已经不抱期望了，却幸得牟主簿为他们申冤昭雪，多年来一直想找机会报答，如今看到牟主簿家落难，便将他们接到自己家中。从此，牟主簿家便依附杨氏，在栖霞落户下来。而后，杨家又将闺女许配给了牟主簿的孙子，两家结为秦晋之好。

牟主簿自己做了一件善事，而在病患中得到帮助，因此对"善有善报"一话深信不疑，便将"行善积德"四个字作为家训传了下去。从此以后，牟氏子孙世代都努力行善。就这样，德行越积越厚，家族也越来越兴旺。到了牟主簿的六七代子孙的时候，他们已经成为当地最大的家族，子孙为官者众多，财产丰厚，富甲一方。

虽然家族富有了，但"行善积德"的祖训一直没有忘记，牟氏各代子孙都乐善好施。古时穷人很多，尤其遇上了天灾年份，到处都是逃荒流浪的人。牟氏便经常布施，一天三顿饭供给穷人，每年布施几万斤粮食，遇到了灾荒年岁，布施得更多，有一年竟然施舍出去上百万斤谷物。

因为广泛行善，乡人无不蒙受他们的恩德，都愿意帮助、保护他们，就连强盗都不去抢劫他们。所以，无论遇到什么天灾人祸，牟氏总能化险为夷。即便是"靖难之役""清军入关"那样的大动乱，也没有给这个家族造成什么伤害。这几百年间，牟主簿的后代出了无数高官、学者，京官、州官就有三四十人，县官更是上百人之多。清代大学者牟庭、牟应震，漕运总督牟昌裕，现代著名的儒学大师牟宗三都是其中的代表人物。

俗话常说"富不过三代"，但栖霞牟氏却能富裕十几代，直到今日还很兴旺，这是为什么呢？就是因为他们祖上积有功德，并且世代将"行善积德"作为家训。中国历史上记载了无数显赫一时的家族，他们无不是因有德而兴起，也无不是因为失德而败落；历史上那些王朝，也无不是因先祖有德而得到天下，因子孙无德而失去天下的。可见，有德是福之根基，无德是祸之根基；有德则家族兴旺，无德则家族败亡。

《周易》中说："积善之家，必有余庆，积恶之家，必有余殃。"一个家族只有不断行善积德，才能广蓄福泽，惠及子孙；若失德作恶，必然积累恶报，子孙必定遭殃。

祖上救人，子孙显贵

原文

杨少师荣①，建宁人，世以济渡②为生。久雨溪涨，横流冲毁民居，溺死者顺流而下，他舟皆捞取货物，独少师曾祖及祖，惟救人，而货物一无所取，乡人嗤其愚。逮少师父生，家渐裕，有神人化为道者，语之曰："汝祖父有阴功，子孙当贵显，宜葬某地。"遂依其所指而窆③之，即今白兔坟也。后生少师，弱冠登第，位至三公，加曾祖、祖、父，如其官。子孙贵盛，至今尚多贤者。

注释

①杨少师荣：明代文学家、政治家杨荣，字勉仁，福建建宁（今建瓯）人，正统年间任职少师。

②济渡：撑船渡人。

③窆：埋葬。

译文

少师杨荣，福建建宁人，家中世代以撑船渡人为生。一次，雨下得太久，溪水暴涨，洪流冲毁了民居，被淹死的人顺流而下，别的船都争着去捞取漂流的货物，唯独杨少师的曾祖、祖父一意救人，而对于货物丝毫不取，乡里人都讥笑他们傻。等到杨少师的父亲出生，家中便渐渐富裕起来，有神仙化身为道人，对他父亲说："你祖父、父亲积累了很多阴德，子孙应当显贵，可以将他们安葬在某地。"于是，杨少师的父亲便遵从神人的指点安葬了祖父、父亲，也就是现在大家所知道的白兔坟。后来少师出生，不到二十岁便中了进士，后来官至三公，其曾祖父、祖父、父亲都被朝廷追赠了一样的官职。他的子孙富贵兴旺，家族中时至今日还有很多贤者。

经典解读

杨荣是明初名臣，官至内阁首辅，与杨士奇、杨溥并称“三杨”，历明成祖、仁宗、宣宗、英宗四朝，深受皇帝、百官尊重。了凡先生举了杨荣曾祖、祖父救人一事，来说明祖上积累阴德对子孙的好处。其实，除了他的祖先善于积德外，杨荣自己也是一个有仁心善行的人。

杨荣曾跟随明成祖朱棣北征，深入漠北。一次，杨荣与同僚胡广、金幼孜、金纯四人同行，路上他们和大部队走散，迷失在山间。水、粮用尽，他们又饥又渴，而且随时都可能被蒙古人袭击，眼看着天色越来越黑，大家都很着急。在路上金幼孜忽然从马上跌下去，胡广和金纯害怕受到连累，头也不回地离开了。杨荣见状下马，替金幼孜整理好鞍辔，扶他上马，与他同行。没走几步，金幼孜又跌了下去，马鞍也坏掉了。杨荣依旧没有抛弃他，反而将自己的马让给了金幼孜，自己乘没有鞍辔的马。他们一路慢行，从晚到早，直到次日日出才看到了明军队伍。后来朱棣知道了这件事，非常赞许杨荣的节义。杨荣却说：“这都是僚友的本分，从交情来说应该这样。”朱棣说：“胡广和金纯难道不是僚友吗？为何头也不回地离开了呢？”

杨荣家中富贵，平时很多乡人向他家借钱，虽然写下了借条，杨家也从来不催账。杨荣父亲去世以后，他回家安葬父亲，看到了那些借条，便派家人查核乡中贫穷而无力还债的人，将他们的借条全部烧毁。又帮助族中贫穷的人安葬家人，给穷苦不能谋生的人安排生计，助他们娶妻、嫁人。有同族之人，为了争夺家财打起官司，杨荣知道了这件事，便将自己的田地分给他们。后来杨荣离乡回朝做官的时候，乡邻、亲戚都前来送他，为他离开而流泪。

祖宗阴德庇佑后代，但个人的命运，也不能完全依靠祖先庇佑，自身行善才是最为关键的。祖先做了善事，我们要以他们为榜样，继承他们的美德，继续为善；祖先没有做过什么善举，我们也要让好的家风从自己开始，努力做善事为子孙后代树立好的榜样。

哲理引申

不是不报，时候未到

佛经上有这样一个故事：

从前有个老太婆，背着一罐酥油，在路上赶路。烈日当头，路上又没有荫凉，老太婆走得又累又渴，忽然看到路旁有棵余甘子树，便走过去摘了一大把吃掉了。余甘子这种果实，刚开始吃的时候有些酸涩，而后口中才会慢慢转甜，老太婆不知道这个道理。继续前行，还是口渴难耐，这时看到路旁一个农妇正在打水，便跑过去，讨碗水喝。农妇正好打上来一桶水，便给她舀了一碗。老太婆一饮而尽，这时口中余甘子的甜味发出来，每一口水都觉得分外香甜，仿佛像喝了蜂蜜一样。

老太婆从来没有这种美妙的感觉，认为这一定是一桶不同寻常的水，便请求道："我用我背着的这罐酥油，来换你这桶水怎么样？"农妇没有遇到过这种好事，当然立刻答应了。

老太婆得到水以后，满心欢喜地将其背到家中，将家人聚集起来，告诉他们自己换回来一桶比蜂蜜还甘甜的水。没想到家中人尝了水以后，纷纷摇头，说："这种臭水哪里都有，怎么能和蜂蜜相比呢？您一定是被什么迷惑了。"老太婆不信，自己拿碗来喝，这时余甘子的作用早就消失了，水喝到口中哪还有什么甜味，尽是一股烂绳污泥的味道！想到自己的那罐酥油，老太婆悔恨得直跺脚。

其实，人行善事就如吃了余甘子一样，开始可能感受不到美妙，但它的作用会在日后慢慢体现出来。人们往往不懂得这个道理，做了善事一时没有得到回报，便抱怨行善没有好报；可当好报来的时候，却又不知道它是从前行善而得来的，反而认为是现在所做的事情导致的。若现在恰好做了什么恶事，便又要感慨：行善没有好报，作恶却有好报。同样，做了恶事也是这样，一时没有受到惩罚便认为作恶没有报应，便更有了为所欲为的胆量。殊不知，善报、恶报并不是立刻到来的，有时施加在自己身上，有时验证在子孙身上，无论早晚它是一定会落实的。俗话说："善有善报，恶有恶报；不是不报，时候未到。"我们要对这善恶因果存敬畏之心，不要因为善报一时未到便失去了对行善积德的信心，也不要因为恶报一时未来便失去了对作恶受殃的恐惧心。

春秋时，晋国的上卿叫栾书，世称栾武子。栾武子虽然位居一人之下、万人之上，却十分清廉，家中穷得连祭祀的器皿都备不齐全，但却不忘常施恩德。他为人慷慨，乐善好施，虽然远远比不上其他那些卿士富有，却常常拿出俸禄来赈济穷人。加上他又遵守法令，勤于政事，所有名声闻于天下，诸侯都亲近他，附近的少数民族也都归附于他，因此在他执政的时候，晋国安定、没有弊病，栾氏家族也受到尊重，不断兴旺。

后来，栾武子卸任了，他的儿子桓子栾黡继承爵位。栾黡为人骄傲自大，生活又奢侈无度，做官不清廉，贪得无厌、犯法胡为，甚至借用职务之便到处放高利贷聚财。朝中的其他卿士都很厌恶他，不愿与他为伍。但人们都怀念他父亲栾武子的余德，不愿与他直接计较，栾黡竟然得到了善终。

栾黡去世以后，他的儿子栾盈继承了爵位。栾盈改变了行为，学习祖父的德行，本来可以免除灾祸。但他父亲得罪了很多人，树立了很多敌人，人们无不厌恶栾氏，根本没有给他改正的机会。很快，对手污蔑栾氏要作乱，国君也厌恶栾氏要将其驱逐。栾盈不得已，流亡到了楚国。后来，栾盈借助齐国的力量，回到晋国想起兵夺回家族封地，斗争失败，栾氏于是灭亡了，除了少数族人逃亡他国外，其余全部被杀。

栾黡自身因为父亲的余德没有遭受灾祸，然而因为他的胡作非为，他的儿子被放逐、家族被消灭，这都是他骄奢贪婪、没有德行的恶报啊！人可以被欺骗，但上天是无法欺瞒的，良心是无法欺骗的，我们所做的每一件事，善恶之报迟早都会到来：今日不到，明日必到；今天不来，明年必来；自己身上不来，子孙身上一定显现……但无论早来、晚来，善恶的结果都要人心领身受。善报到来，要么自身荣显，要么子孙富贵；恶报到来，要么自身受辱，要么家族衰落。子孙富贵，自己身后也光鲜，且能长久得到祭祀；家族衰落，自己身后也受辱，且祭祀断绝。

秦王朝统一天下之时杀人无数，又施行严刑酷法，苛刻地对待天下百姓。

最终天下群起反抗，秦二世被奸臣弑杀，项羽进入咸阳以后更是将秦国宗室全部杀死，将咸阳宫室焚烧殆尽，这难道不是恶报吗？曹操威逼汉献帝，杀皇后，杀皇子，杀汉室忠臣，自以为位高权重，无所畏忌，可几十年后，他自己的后代同样被司马氏所逼迫，曹芳被废、曹髦被杀，忠于魏氏的大臣被司马氏一一翦除，这些难道不是恶报吗？

行善事则积德，积德则受到福报；行恶事则失德，失德则受到恶报。这种因果关系是十分清晰的，绝不是迷信、妄言，而是经过千百代、无数事情验证过的真理。我们切不可认为，行善暂时没有善报、为恶暂时没有恶报就怀疑这种因果关系。一定要努力为善，为自己及子孙多种善因；一定要避免为恶，不为后世遗留恶因恶果。

存心仁厚，泽被后裔

原文

鄞[①]人杨自惩，初为县吏，存心仁厚，守法公平。时县宰严肃，偶挞一囚，血流满前，而怒犹未息，杨跪而宽解之。宰曰："怎奈此人越法悖理，不由人不怒。"

自惩叩首曰："上失其道，民散久矣，如得其情，哀矜勿喜；喜且不可，而况怒乎？"宰为之霁颜[②]。

家甚贫，馈遗一无所取，遇囚人乏粮，常多方以济之。一日，有新囚数人待哺，家又缺米；给囚则家人无食；自顾则囚人堪悯；与其妇商之。

妇曰："囚从何来？"

曰："自杭而来。沿路忍饥，菜色可掬。"

因撤己之米，煮粥以食囚。后生二子，长曰守陈，次曰守址，为南北吏部侍郎；长孙为刑部侍郎；次孙为四川廉宪[③]，又俱为名臣；今楚亭、德政，亦其裔也。

注释

①鄞（yín）：县名，在今浙江宁波。

②霁颜：收敛怒气，和颜悦色。

③廉宪：廉访使的俗称。

译文

浙江鄞县人杨自惩，起初在县衙做小吏，心地十分仁厚，做事公平守法。当时的县令为人严厉，一次偶然打一个囚犯，一直打到血流到地上，还发怒不止，杨自惩便跪下替囚犯向县令求情。县令说："你求情本应宽恕他，怎奈这个囚犯违反法律、悖逆情理，不能教人不发怒！"

杨自惩叩头说道："朝廷昏暗腐败，民心丧失已经很久了，审问案件若得到实情，应该替犯罪的人感到伤心，怜悯他们不明事理，所以触犯律法；不应为得出案情而欢喜，却对囚犯的遭遇毫不同情；欢喜尚且不可，更何况对他们发怒呢？"县令听了杨自惩的话，很受感动，便收敛了怒气。

杨自惩家中十分贫穷，但别人馈送的东西他一概不肯接受。且遇到囚犯缺少粮食，他常常多方救济。一天，有几个新来的囚犯没有东西吃，他自己家中也恰好缺米。把粮食给囚犯，自己家人就没吃的了；可只顾自己家吃，那囚犯又饿得可怜。于是便同妻子商量。

妻子问："囚犯从哪里来的？"

杨自惩说："囚犯从杭州而来。一路上忍饥挨饿，满面菜色。"

于是他们就将自家的米拿出来，煮了些粥给囚犯吃。后来，他们生了两个儿子，大儿子叫守陈，二儿子叫守址，分别做了南京、北京的吏部侍郎；他的长孙做到了刑部侍郎，次孙做到了四川廉访使，也都是当时名臣；如今的名士杨楚亭、杨德政，也都是杨自惩的后代。

经典解读

杨自惩身为县衙小吏，能够对刑徒怀有慈爱之心，这是十分不容易的。一想到囚犯，人们就会认为他们是作恶之人，受到刑罚都是罪有应得，很多人能够对普通人仁慈，却难以对囚犯仁慈，这都是人之常情，也无可厚非。

但杨自惩的仁慈之心，却能战胜这种偏见，同情罪犯，关心罪犯，甚至为了让犯人有吃的，不惜将自己的粮食拿出来。这种功德其实要远比普通的善行更大。

古人说："待小人不难于严，而难于不恶。"即便是有君子之德的人，也很难具有宽恕罪人、小人的胸怀，更何况是为了同情他们而牺牲自己的利益了。杨自惩有这样的善行，可以说他的同情心、慈善心是极为难得的，佛家所提倡的"普爱众生"也不过如此。他的子孙后代，能够享受余荫，享有高位、美名也是理所当然的了。

在行善之上，我们每个人都应该有博大的胸怀，既要救助那些落难的好人、善人，也要救助那些犯过错误的人；既要救助我们喜欢的人，也要救助那些看起来不顺眼的人，不要因为自己心存偏见而不去为善。其实，越是那些犯过错误的人，身上存在各种毛病的人，我们越该用善良的心对待他们。这样既可以帮他们脱离困境，又能感化他们，使他们弃恶从善。对他们来说，这是两重恩德；对我们自己来说，这也是双份的功德。

哲理引申

心怀至善，不弃一人

在影视作品、小说著作中，我们看到的狱卒大多是凶神恶煞的样子，譬如李逵，譬如《肖申克的救赎》里面的监狱官。这些人大多脾气暴躁，平时欺负犯人，动不动就对犯人一顿暴打。为什么作者们喜欢将他们塑造成这个样子呢？就是因为在人们的印象之中，就应该用粗暴严酷的态度对待那些罪犯。"既然他们违法犯罪了，就应该受到严苛的对待，就不应该像正常人那样获得同情。"这是大多数人的想法。可一旦有了这种偏见，仁善之心便不够广博了。

真正的至善之人，心中能够包容一切，包括犯过错误的和伤害过自己的。他们不会因为自己的私怨而违背良心，不会因为别人得罪过自己而见死不救，更不会因为某些世俗的偏见，而放弃仁慈之心。他们的善心随时随处都能流露出来，像春风化育万物一样温暖一切人而无所遗漏；他们毫不吝啬将仁慈给予那些普通人不愿给予的人。这正是他们最伟大、最值得令人敬佩的地方。

从前，有一个大臣，为人巧佞，经常奉承君主，又没什么才能，同僚们都厌恶他。一次，皇帝率领百官打猎，这个大臣一不小心弄伤了皇帝的一匹爱马。皇帝大怒，立刻要将他处死。大臣苦苦求饶，皇帝怒气不消。大臣望向其他臣子，期望他们能为自己说一两句好话，求得皇帝宽恕。但其他大臣平时就厌恶他，虽然知道他罪不该死，但都转过头去，不肯营救。看着侍卫们走上来，要将自己架出去砍头，这大臣万念俱灰，浑身抖如筛糠。

这时，朝中德高望重的老太傅站了出来，对皇帝说："他弄伤皇帝的爱马，的确罪该万死，但若因为这件事而处死他，传了出去，人们会怎么看待您呢？那些无知的百姓一定会认为您看重一匹畜生而滥杀大臣；那些史官，以及民间写野史的人也一定会因此而误会、污蔑您。我看您不如暂时放了他，若他以后为官不尽职、有贪赃枉法的行为，再惩罚他也不晚啊！"皇帝听了老太傅的话，觉得很有道理，于是挥挥手，让侍卫撤下，赦免了大臣的死罪。

事后，朝中大臣们都很不理解，询问老太傅说："你素来厌恶这个人的谄媚，为何要在此时救他呢？"老太傅说："他阿谀谄媚固然让人厌恶，但这人除了这个毛病，也没做过什么大恶之事，还不是不可救药。况且，皇帝因为一匹畜生而滥杀大臣，这本就是不对的，我们若因为平时厌恶那个人，而不去救他，这不是见死不救、挟私报怨吗？"其他大臣听了，觉得还是老太傅宅心仁厚，都说他做得对。

而那位被救的大臣，回去以后，深深反省。他知道在关键时刻同僚们都不愿救自己是因为自己平时喜欢谄媚，已经被大家视为奸臣了，既恐惧又羞愧；又想到，君心多变，谄媚皇帝也随时可能遭到杀害，又何必这样做呢？还不如尽忠职守，做个好官，也可以落得好名声。于是他决心改过，从此洗心革面，向朝廷请求外调为官，在地方上做了一个太守。在做太守的时候，他实施了很多对百姓有利的政策，又在郡里兴办学校，修整水利，深受民众爱戴。

几年以后，老太傅去世了，他的儿子继承爵位。因为性情耿直，老太傅的儿子得罪了很多朝臣，又直谏皇帝的过失，惹得皇帝勃然大怒，想要治其重罪。那位曾被老太傅救过的大臣，上书苦苦劝谏，又奔走于权贵之间四处打点，才免除了他的罪过。

老太傅一念之仁，不仅使得一个犯过错误的人改过自新，还在几年以后救了自己的儿子，这就是仁厚之人的善报。世上犯错误、有缺点的人很多，但他们之中的绝大多数并非无可救药的，能够不抛弃他们便是一种美德。仁者的心胸一定要宽广，仁爱自己的亲人，也要将这种仁爱推及到普通人身上；仁爱普通人，还要将这种仁爱推及到那些犯过错误的人身上。无论对方与自己的关系如何、他们是否有什么过失，我的仁爱之心都毫无改变，我要永远以宽厚、仁慈之心善待他人、帮助他人，这才是真正的善者应该做的。

人们多听过这样一个故事：

一位赶路的僧人，看到一只蝎子在水坑中团团转，他当即决定帮助它。于是，僧人伸出手指捉它，想将它捞上来。可就在他的手指刚刚要碰到蝎子的时候，蝎子猛然地蜇了他一下。僧人疼痛地收回手指。但他吹了吹被蜇的地方，便再次伸出手，小心地避开蝎尾，将蝎子救了上来。这一幕被路人看到了，便问："它蜇了你，你还救它干什么？"僧人回答说："蜇人是蝎子的天性，而救人是我应该做的。我怎么能因为蝎子有蜇人的天性就放弃我的原则而见死不救呢？"

真正的善者连喜欢蜇人的蝎子都不放弃，更何况那些天性并不邪恶，只不过因为种种原因犯了过错的人呢？当我们因为别人的过错、缺点而放弃他们的时候，同时也就丢掉了自己的善良之心，丢掉了自己仁慈的本性。当我们能包容别人的过错，能够用至善之心去对待这个世界上所有的人时，我们的天性才是最纯洁的，我们的心胸才是最宽广的，这时的我们才是最完美的。

不杀无辜，家族兴旺

原文

昔正统间，邓茂七[①]倡乱于福建，士民从贼者甚众；朝廷起鄞县张都宪[②]楷南征，以计擒贼，后委布政司谢都事，搜杀东路贼党；谢求贼中党附册籍，凡不附贼者，密授以白布小旗，约兵至日，插旗门首，戒军兵无妄杀，全活万人；后谢之子迁，中状元，为宰辅；孙丕，复中探花。

注释

①邓茂七：明代中期的农民起义军领袖。

②都宪：明代都察院都御史的别称。

译文

前时正统年间，邓茂七在福建作乱，当地士民跟随他造反的很多。朝廷起用鄞县人张楷为都御史前去征剿，张都宪用计擒住贼首，之后委派布政司谢都事搜捕、处决剩下的反贼。谢都事设法搜求贼党名册，但凡没有参加造反的人，都私下授予白布小旗，和他们约定在官兵到达的时候将小旗插在门上，来表明是清白人家，并告诫官军不可滥杀无辜，如此保全了上万无辜民众的性命；后来谢都事的儿子谢迁考中状元，官至宰相；他的孙子谢丕，也中了探花。

经典解读

孟子说："不忍之心，人皆有之。"不忍之心，就是怜悯心、恻隐心、不忍心看到别人受伤害的心。看到了别人遭受困难，受到伤害，心中都会为他难过、不舒服，想要去帮助他，这是最基本的人性，一个人若没有这种不忍之心，也就和冷血禽兽没有任何区别了。越是道德修养高的人，恻隐之心就越强烈，他们就越看不得别人受苦难、遭伤害，甚至会牺牲自己的利益去帮助别人解脱——这就是仁慈、善。

佛家说，“救人一命，胜造七级浮屠”“救人一命，胜吃七年长斋”。所有的善行之中，救人性命是最大的。上天有好生之德，人能赞助上天，救人性命，必有无量功德。魏颗救了一个人，而受到“结草”的报答，赢得一场大战；杨宝救过一条性命，而受到“衔环”的报恩，子孙富贵数代。可见救人性命的功德之大。古代剿贼的人，往往滥杀无辜以求取功赏，文中所提到的张楷不仅没有滥杀无辜，反而想方设法地救活他人，拯救了上万人，这种功德可以说是大得无法度量。他的子孙后代，能够连中状元、探花，身居相位，善报还算小呢！

哲理引申

人不可无好生之德

《尚书·大禹谟》中说：“与其杀不辜，宁失不经，好生之德，洽于民心。”这就是在告诫世人，一定要珍惜生命，切不可滥杀无辜。生命是世界上最为珍贵的东西，每一个生灵都是上天的恩赐，来之不易。没有人不重视自己的生命，我们在爱惜自己生命的同时，也要推己及人，去爱惜别人的性命。即便是遵循法律，对待囚犯的时候，进行战争，对待俘虏的时候，也要常怀仁慈之心。宽恕别人的性命，不滥杀无辜，是最大的仁慈，也是最大的功德。

对于统治者来说，有好生之德的人，便能得到民心，得到天下；滥杀无辜的人，必然会失去民心，失去天下。秦末的时候，刘邦攻入咸阳，宣明法令，不滥杀一人，从而得到了民心；相反，项羽进入咸阳，却杀人放火、纵兵抢掠，因此失去了民心。所以，楚汉相争，虽然项羽实力强大，屡战屡胜却最终失去天下。是否有好生之德，关系着民心背向，决定者国家的兴亡，历史上从来没有统治者滥杀无辜，而国家却不灭亡的。

对于个人和家族来说，有好生之德便能积累功德，为日后的幸福打下牢固的根基；没有好生之德，滥杀无辜，必然要受到命运的惩罚，或是自身遭殃，或是子孙受祸。历史上这样的事情，多得数不胜数。

曹彬是宋朝时的开国名将，他为人十分宽厚，虽然是带兵的大将，却常怀仁爱之心，关心士卒、百姓，对敌人也不滥杀无辜。起初，曹彬曾遇到了高士陈抟先生。陈抟善于看相，他看了看曹彬，便对他说："从你的面相上看，是个有福之人，可惜下颌削垂，似乎没有晚福啊！但你经常带兵出征，若能够多网开一面，少杀无辜，或许可以培植一些晚福。"曹彬听了深以为然。

后来，曹彬受命攻打蜀地，攻下遂宁之后，他的部下都主张屠城，任由士兵抢掠，曹彬坚决否定了他们的提议。下令严禁屠杀，对于那些被宋兵俘虏的宫娥、妇女，他也下令妥善保护，绝不允许有奸淫非礼的行为。战事结束后，对于有家可归的，都遣送回家；无家可归的，也都替她们备礼择配嫁人。因此，蜀地之人都十分感念他的恩德。

宋太祖也对曹彬伐蜀的做法十分满意，便又授命他带兵进攻南唐。出发前，他害怕将士们打起仗来难以约束，会滥杀无辜，便故意装病不肯就职。部下的武将都纷纷去探望病情，曹彬对他们说："我患的疾病，不是吃药可以治好的。"部下忙问为何。曹彬说："我带兵多年，杀戮众多，所以才患上了这种心病，一要打仗便发作。你们若是答应我，攻克江南之时，绝不枉杀一人，我的病就可以痊愈了。"将士们连忙答应，曹彬又让大家对天焚香起誓，绝不滥杀无辜。果然，在进攻江南之时，曹彬的部下都军纪严整，从未出现屠城、滥杀百姓的事情。这也为宋军赢得了江南的民心，沿途民众都箪食壶浆地迎接王师，整个南唐不久便被攻下了。

在回到汴梁之后，曹彬又遇到了陈抟，陈抟笑着对他说："从前我看你面相没有晚福，如今再看竟然都改变了，你晚年的福泽厚不可言啊！"果然不出陈抟所言，曹彬晚年善终，高寿而卒，被追封为郡王，子孙们也数代享有高官厚禄。

在进攻江南的时候，还有一个带兵大将叫曹翰，他虽然和曹彬同姓，但性格却完全不同。这人凶狠强横，打起仗来毫无怜悯之心。李煜投降以后，江南各境都被宋军占领，只有江州守将胡则不肯投降。曹翰率领军队包围江州城，进攻了四个月终于攻破了城池。曹翰立刻下令将胡则捉来，将其杀死，又放任手下的士兵在城内抢掠，肆意屠杀江州军民。曹翰虽然建立了功勋，得到朝廷赏赐，但在他去世后不久，家族就破落了，有的子孙竟变为乞丐，以乞讨为生。

《现果随录》还记载了这样一个故事——明朝万历年间，苏州人刘锡元出任贵州地方的考试官，途经湖广时，梦见一个人对他说："我是宋朝将领曹翰，过去供养法师一顿斋饭，又听了半天经，因为有这样的善因而做了将军。但攻打江州的时候，对城里军民实施大屠杀。因为罪业太重，所以生生死死投胎做猪，明天你见到的第一头受宰杀的猪就是我。我和你有缘，期盼你能救我一命。"刘锡元从梦中惊醒，发现这里果然是屠宰场。第二天，屠宰场内抬出一头猪来，猪的叫声震动远近。刘锡元便出钱买下了这头猪，把它豢养在放生堂。只要有人对此猪喊一声"曹翰"，它就昂头答应。

曹翰投胎做猪的故事虽然不可信，但其家族破落、子孙贫穷做乞丐的事却是事实，这与曹彬子孙数代富贵形成鲜明对比：有好生之德，做善事的必有善报；没好生之德，滥杀无辜的必受殃祸。

孟子说："无恻隐之心，非人也！"心怀仁慈，爱惜生命，是人性的底线，即便没有什么因果善报，这也是人必不可少的德行。每一个人都有生存的权利，这是上天赐予众生的，没有哪个人有权利可以随意剥夺他人的生命。相反，看到生命处于危险之中，去解救、帮助其脱离危难，是每个人天生就担负的义务。我们既然称之为人，就应该有这种扶危救死的仁慈心、自觉心。若人人都有这种仁慈心、自觉心，生活在社会之中的人，才会感到生命受到保障，才能获得幸福、安宁。若人人都见死不救、冷漠自私，那社会就是冷冰冰的，生活在一起的人又和一群禽兽有什么区别呢？

在世界上第一宝贵的就是生命，对人类社会来说"珍爱生命"也是最为基本的道德原则，所以佛陀将"不杀生"放在第一位。我们每个人也都要有"好生之德"，这既是立身于社会的基础，也是作为一个人最基础的道德要求。

施粉团，得福报

原文

莆田林氏，先世有老母好善，常作粉团施人，求取即与之，无倦色[①]。一仙化为道人，每旦索食六七团。母日日与之，终三年如一日，乃知其诚也。因谓之曰："吾食汝三年粉团，何以报汝？府后有一地，葬之，子孙官爵，有一升麻子[②]之数。"

其子依所点葬之，初世即有九人登第，累代簪缨甚盛，福建有无林不开榜之谣。

注释

①倦色：懈怠厌倦的神色。

②麻子：一种农作物，外形似芝麻。

译文

莆田林氏，上辈中有个老太太喜欢做善事，经常用米粉做粉团施舍给穷人，只要有人向她求取，就立刻给，从来没有厌烦的神色。一位仙人，变作道士，每天早晨都向她索要六七个粉团；老太太每天给他，三年如一日，仙人才确定她行善的诚心。于是对她说："我吃了你三年的粉团，该如何回报你呢？你家后面有一块地，你死后安葬在那里，将来子孙做官的，有一升麻子那么多。"

老太太的儿子依照仙人的指点安葬了母亲，家中子孙第一代就有九人考中科举，以后世代做官的都很多，福建甚至有了"无林不开榜"的传闻。

经典解读

在本节中，了凡先生又举了莆田林氏的故事来劝人行善。林氏老母常做粉团施人，为善三年如一日，诚心感动仙人，所以得到厚报，子孙世代簪缨。

粉团对于富人之家来说，是十分微薄之物，但对于穷人来说，一餐之恩也是十分珍贵的。有可能施舍几个粉团，就让穷迫之人渡过难关，甚至挽救他们的性命，功德是无量的。所以说，人只要诚心为善，即便一些看似微不足道的小事，也能为自己带来大功德。

另外，林氏老母行善三年如一日，这也是一般人难以做到的。一时为善不难，坚持永远为善却不容易。有的人心情好时，便做点儿善事，心情不好时，便不再行善，这就是为善之心还不够坚定。修行不是一朝一夕之事，而是要念兹在兹，今日为善，明日为善，年年岁岁都坚持为善，这样才能让善良和自己的灵魂相交融，才能说是真正地具有善心、仁德。“为山九仞，功亏一篑”，有的人做了很多善事，但最终却忽然将善心丢弃，那这善行就是不完满的。所以，行善之人，定要有恒心。

哲理引申

小施舍，大善报

佛经中有这样一个故事：

在舍卫国中，有一对老夫妻，他们非常富有，但却很苦恼，因为他们年近花甲还没有孩子。夫妻俩日夜虔诚地祈祷，希望上天能赐予他们一个孩子。终于，他们的诚心感动了天神，在六十岁的时候，老妇人竟怀孕了，不久生下了一个儿子。夫妻俩十分欢喜，给儿子取名叫须菩提，小名空生。

须菩提年幼的时候就与平常的孩子不同，他虽然生在富贵之家，得到万般宠爱，却从不喜欢金银珠宝，也不像别的富贵子弟那样吃喝玩乐。父母给他的钱，他都拿来救济穷人；看到贫苦的人，他就流下同情的眼泪。一次，父母为他做了件华美的新衣服，让他穿着前去拜访亲戚。等他回来的时候，却只穿着短衣短裤，父母大惊，还以为他遭遇了强盗。询问之后才知道，原来路上碰到了一个衣衫破败的乞丐，须菩提见他可怜，便将自己身上的衣服脱了送给他。

后来，须菩提跟着佛陀修行，不久就证得初果，后来又在佛陀的众弟子中首先修成阿罗汉。佛陀的弟子阿难，对须菩提得道快速惊讶不已，便问佛陀："世尊，请问须菩提有什么功德呢？可以如此快速地成就阿罗汉道？"

佛陀回答："阿难！你问得好啊！须菩提得道这么快，除了他天性善良外，也在于前世的因缘。我未得道时，曾为比丘，到城市中化缘。那时人们都不信佛，化缘几天都没有化到东西，走遍全城也没人肯施舍。我又渴又饿，无力行走，这时一个穷人家的小孩领着我来到他家中，将他自己的一盒饭施舍给我，自己却饿着肚子。我吃完了这盒饭，才得以行走，离开，小孩见了无比欢喜。这小孩就是如今的须菩提，他虽然屡经转世，但善良的本性却从未改变，不喜欢财富只喜欢佛法，能够常常为善。所以，他出家便能迅速得道，既因为本性纯善，也在于累世的因缘。"

阿难听后，叹口气说："一次施舍就能有不尽福德，更何况常常施舍呢？"

佛经中记载须菩提这件事，就是为了告诉人们，只要诚心施舍，便一定可以获得福报，即便施舍的东西很轻微，福报也是无穷无尽的。

其实，我国的历史中也记载了很多施舍小惠而取得厚报的实事。

春秋时，晋国大夫赵盾外出巡视，回城时，看到一个人委顿地倚靠在城外路边大槐树下，便派人前去询问缘由。那人回答，自己本是一个小吏，因为遭遇饥荒，家中已经好几天没有饭吃了，出来寻找吃的，却不想饿晕在了树下。赵盾吩咐手下给他吃的、喝的。那人吃了一半，便不再继续吃了。赵盾询问他为何不吃，他回答："家中的母亲、妻子还等着我找吃的回去，不知道现在怎么样了？你能否让我把剩下的拿回去给她们。"赵盾让他继续吃完，又吩咐人给他准备了一篮子肉和干粮。

几年以后，晋国君主晋灵公长大了，他为人残忍无道，喜好滥杀无辜，赵盾为了国家社稷经常劝谏他。劝谏多了，晋灵公就厌烦了，想要除去赵盾。于是，晋灵公设下埋伏，假装宴请赵盾，准备在宴会中埋伏甲士将他杀死。赵盾不知灵公的阴谋，应邀赴宴。在宴会之中，甲士忽然冲出，赵盾的卫士们拼死抵抗，情况十分紧急。这时，一个宫中的卫士忽然倒戈，拼死保卫赵盾逃了出去。逃出去以后，赵盾便问："你既然是宫中的卫士，为何背叛君主来保护我呢？"那个卫士回答："您还记得几年前在城外大槐树下救过一个饿倒的人吗？那个人就是我啊！”

赵盾看到一个饿倒的人，便施舍给了他一篮子肉和干粮，对他来说这些微不足道，但对于那个饿倒的人来说，这就是救命的东西，不仅救了他自己，也救了他的母亲、妻子。赵盾的一念之善，便救了多条人命，这是多么大的功德呀！一篮子吃的，便可以挽救几条人命，举手之劳，便可以让自己免除灾祸，行善就是如此。极为普通的一点儿施舍，往往能够得到极为深厚的功德，获得无穷的善报。所以，立志行善者一定不要轻视生活中那些细小的善行。

寒冷的早上，路过清洁工身边，给他们一句轻轻的问候，也许会让他们心中温暖一天。接到快递之时，对那些风尘仆仆的快递员道一声谢谢，也许会让他们忘记一天的辛苦。给那些出错的服务人员一声安慰，让他们感受到足够的尊重，也许就能改变一个人的一生。省下一次吃喝玩乐的钱，将其捐赠给真正需要帮助的人，也许就会让人渡过一次危机……金钱有多有少，但善心善行是不分多少、轻重的。只要我们诚心为善，哪怕是极少的施舍、极小的善事，都是十分可贵的。也许正是这些小事，能够成就极大的功德，也能够使我们自己在未来受益无穷。

善行的大小，和金钱的多少无关，和事情是否轰轰烈烈无关，它只取决于对所施救之人境遇的改变及施救之人的赤诚之心。所以，不要错过任何小善的机会，不要轻视任何小的施舍，小的施舍中往往蕴含着大功德。

救性命，获佳儿

原文

冯琢庵太史之父，为邑庠生[①]，隆冬早起赴学，路遇一人，倒卧雪中，扪之，半僵矣。遂解己绵裘衣之，且扶归救苏。梦神告之曰：“汝救人一命，出至诚心，吾遣韩琦[②]为汝子。”及生琢庵，遂名琦。

注 释

①邑庠生：明清之时称州县学为“邑庠”，邑庠生即秀才。

②韩琦：北宋名相。

译 文

冯琢庵太史的父亲，在县学中做秀才的时候，一个隆冬之日，早起上学，路上遇到了一个人，倒卧在雪中，上前探摸，已经冻得半僵了。于是解下自己的皮棉衣，替他穿上，将其扶到家中救醒过来。后来，他梦到有神仙告诉他：“你救活了一人的性命，出于至诚之心，我派遣韩琦投生到你家，做你的儿子。”等到生了琢庵，就给他起名叫“琦”。

经典解读

冯太史的父亲，年轻时上学途中救了一个将要冻死之人，这是救死扶危的大德，所以感动了上天神灵，赐予他一个佳儿。故事虽然很短，但它说明了一个古人十分信奉的道理：人的善行和能够得到什么样的后代有关，常做善事积德的人家，后代也大多贤能有德，常做恶事无德的人家，其后代也常常无德。积善之家，上天一定降下有德的子孙去振兴他们家族；积不善之家，上天也一定降下无德的子孙去败坏他们家族。

其实，这种因果之说是有道理的。纵然没有天地鬼神，一个为善的人家，子孙定然受到仁善之风的熏陶，长大自然多是有德有才之人；一个为恶的人家，子孙定然受到不善家风的沾染，长大想要不作恶、不败家也难。大人平时行善还是作恶，子孙都是看在眼中的，必然受到潜移默化的影响。

没有长辈不希望子孙走正道、有善心的，既然这样，就要从自己开始，努力为善，树立良好的家风，只有这样子孙后代才会有德有才，家族才能越来越兴旺发达。

哲理引申

子孙好坏，也由“因缘”而定

冯太史的父亲在上学的途中，救了一条性命，天神感于他的至诚善心，便派遣韩琦投生到他家，做了他的儿子，这便是冯琦。冯琦虽然没有韩琦那么有名，也可以称得上是一代贤臣，他是万历五年的进士，后来做过翰林院编修、礼部右侍郎，直到礼部尚书。在朝廷中，冯琦常常向皇帝直言进谏，针对当时腐败的风气，他做了《肃官常疏》，列举贪官贪污的手段，分析治理方法，在当时引起了很大的反响。首辅大学士张居正对他十分欣赏，曾评价其为“国器”。了凡先生认为，冯琦的父亲之所以能够有这样一位杰出的儿子，就在于他救人性命的功德。这种行善事得到佳儿托生的因果之说，在古代是十分流行的。人们常常这样认为，一家中若有有德有才的人物出现，一定是积累了什么大德；相反，一家中若有败家的子孙出现，一定是因为做过什么恶事，受到报应。

在话本小说《初刻拍案惊奇》中就记载了这样的一个故事：

古时候晋州有一个叫张善友的财主，他平日吃斋念佛，是个乐善好施的人，但他的妻子李氏却非常小气，经常好占小便宜。夫妻两人日子虽然过得富裕，却膝下无子。

当时，县城里有个叫赵廷玉的人住在张家附近，为人安分守己，但家中十分贫穷。赵廷玉母亲去世的时候，没有钱财安葬，走投无路之下，便犯了错误。他在张善友家墙上打了个洞，偷去了五十两银子，心想：实在没有办法才去偷银子安葬母亲，今生若能还钱则罢，不能还就来世报答。

第二天，张善友发现墙上的洞，知道家中遭了贼，查点后发现丢了五十两银子。他家富裕，也没放在心上。但他老婆李氏却很心疼，放不下这几十两银子。

恰好，有个和尚路过张家，他下山化缘，得到了一百两银子，随身携带不方便，听说张善友是个大善人，便希望将银子寄存在他家中。张善友立刻答应了，便将和尚的银子交给李氏管理。李氏接过银子之后大喜，心想：我们刚刚丢了五十两银子，这和尚就送来百两，这不是上天让他来还我的吗！便下了赖掉银子的心。

过了几天，和尚来取银子，恰好张善友不在。李氏便狡辩、赌咒，说根本没有看到和尚寄存什么银子。和尚见她如此，知道她是要赖掉自己的银子，但又不好和一个妇人争执，就合掌念佛说：“阿弥陀佛！我辛辛苦苦化来银两是为了修补佛殿的，你今生赖掉我的银子，来世也是要还的。”于是便离开了。张善友回来以后，打听银子的事，李氏骗他说：“你刚走，和尚就将银子取走了。”张善友便不再询问了。

后来，张氏夫妇生下了两个儿子，夫妇二人十分高兴，给大儿子取名叫乞僧，小儿子取名叫福僧。一转眼两个儿子就长大了，大儿子乞僧十分勤劳，每天早起晚睡，辛勤劳作，生活又俭朴，不肯轻易花一分钱。而二儿子福僧却十分懒惰，每日只知道吃喝玩乐，喝酒赌钱，以至每天家中都来一大群讨债的人。

张氏夫妇害怕家产被福僧败光，便早早分了家，将家财分为三份，夫妇俩一份，两个儿子各一份。然而，福僧还是不改，很快就将自己的一份家产花光了，之后又来向爹妈要钱。时间不长，爹妈的钱也花光了，又在外面欠了一大堆债。没办法，乞僧只能将自己的所有钱也拿出来，帮他还债。还完债后，乞僧越想弟弟的行为越气恼，竟然一下病倒，死了。张氏夫妇悲恸不已，但福僧没有丝毫为哥哥的死而伤心悔改，还是到处喝酒赌钱、眠花宿柳。这样没过多久，他也掏空了身子，一病呜呼。失去了两个儿子之后，李氏成天痛哭流涕，不久也死了。

张友善平日行善积德，如今两个儿子及妻子都这样死了，十分伤心。于是便到东岳庙中哭诉，说：“我一生修善，妻儿也没什么大过，为什么命运如此悲惨呢！希望神明开恩，给我一个交代。”说完哭倒在地上，昏睡过去。

在梦中，神明将这些因果关系告诉了他。原来，乞僧就是当初偷盗他家银子的赵廷玉，托生成他们的儿子，来还债；而福僧就是被李氏赖了银子的和尚，也托生成他们的儿子，不过是前来讨债的。如今还债的还清了，讨债的也讨完了，所以都死掉了。李氏的死，则是赖掉和尚银子时，赌咒要下地狱的应验。张友善了解这些之后，才恍然大悟，明白了善有善报、恶有恶报的道理，于是不再怨恨，止住悲痛，去寺中修行去了。

别人欠他们的恩德，便托生为好的儿子来报答；他们做了错事，欠别人的，便有坏的儿子托生前来讨债。这就是佛经中所说的：“一善念者，亦得善果报；一恶念者，亦得恶果报。”

自己为善，儿孙也贤能好善，从而家族兴旺；自己为恶，儿孙也荒淫无德，从而家族败亡。这种现象可以称为因果，但它并不完全是由鬼神决定的迷信思想，而是合乎逻辑道理的。为善的人家，子孙必然受到善心仁风的熏陶，自然重视修身、看重德行；为恶的人家，子孙从小目睹各种自私自利的行为，不懂得德行的贵重，长大后没德也就很正常。有德自然有好运，没德自然要遭受厄运，所以各自家族的兴旺、子孙的命运也就泾渭分明了。孔子、曾子都是有大德之人，所以他们的后代也都孝顺有德，家族兴旺；崔杼、庆封都是无德之人，所以他们的儿子们也都荒淫无德，最终家族灭亡。宋朝名臣范仲淹很有德行，所以他的几个儿子也都贤能有德。石虎、高湛、刘骏都残暴无德，所以他们的后代也都毫无德行可言，以至国破族灭。

所以，个人的行为也会影响到子孙后代的品行，影响整个家族的命运。人一定要尊崇德行，多行善事，不仅仅是为了自身，也为子孙、家族积福。

暗中为善，福报无穷

原文

台州应尚书，壮年习业于山中。夜鬼啸集，往往惊人，公不惧也；一夕闻鬼云：“某妇以夫久客不归，翁姑[①]逼其嫁人。明夜当缢死于此，吾得代矣。”公潜卖田，得银四两。即伪作其夫之书，寄银还家；其父母见书，以手迹不类，疑之。既而曰：“书可假，银不可假，想儿无恙。”妇遂不嫁。其子后归，夫妇相保如初。

公又闻鬼语曰：“我当得代，奈此秀才坏吾事。”

旁一鬼曰：“尔何不祸之？”

曰：“上帝以此人心好，命作阴德尚书矣，吾何得而祸之？”

应公因此益自努励，善日加修，德日加厚；遇岁饥，辄捐谷以赈之；遇亲戚有急，辄委曲维持；遇有横逆[②]，辄反躬自责，怡然顺受。子孙登科第者，今累累也。

注　释

①翁姑：公公婆婆。

②横逆：横流逆行，谓突破常规，指要赖皮或无理取闹之人。

译　文

浙江台州的应尚书，壮年时在山中读书。夜里，山中群鬼往往会集呼啸，惊悚吓人，只有应公不怕鬼叫。一天夜里，他听到有鬼说："某家妇人因为丈夫久出不归，公婆认为儿子死了，逼她嫁人。明天夜里，她要在这里上吊，我可以找到她做替身了。"应公私下卖掉自己的田地，得到四两银子。便伪造其丈夫的书信，将银子寄回妇人家；公婆看到笔迹不像自己儿子的，有些怀疑。既而说："书信可以是假的，但银子确不能是假的，想必儿子平安无恙。"妇人于是没有被逼着出嫁。后来她丈夫回来，夫妇相依如初。

应公又听到鬼说："我本来应该找到替身，奈何这秀才坏了我的好事。"

旁边另一个鬼说："你为何不去害这个坏事的秀才？"

回答："上帝因为这人心善，已经任命他为阴德尚书了，我哪能害得了他呢？"

经历了这件事，应公更加勉励自己为善，善事一天天去做，功德一日日加厚；遇到饥荒年岁，就拿出粮食赈济灾民；遇到亲戚有困难，就想法帮助他们渡过难关；遇到蛮横不讲理的人，就反身自省，心平气和地接受。他的子孙取得功名的，如今还有很多。

经典解读

应尚书，名大猷，字邦升，号谷庵，浙江仙居县人。他出生在积德行善之家，从小就受到了家人的良好道德教育，表现出仁爱孝悌的举动，深受乡邻好评。步入仕途以后，他为官清廉，遵守法纪，正色立朝，敢于和奸佞权贵作斗争。应大猷曾先后担任云南、广东巡抚，这两地盛产明珠、象牙、犀角等珍宝，但他为官多年，从不染指；每次卸任，都是"官行一担书，民送两行泪"。

后来，他任职刑部尚书，在任内执法平恕，平反了很多昭狱冤案。有好友劝他这样会得罪朝廷，但应大猷正色直言说："我身为命官，只知遵守法纪，不知道还有什么其他畏忌的!"严嵩专权之时，户部郎中孙绘遭谗言下狱，应大猷积极救援，因此也遭到严嵩之子严世蕃诬陷，被迫告老还乡。回乡以后，应大猷散尽余财救济乡亲，著书立说，讲学不倦，深受乡人爱戴。

应大猷听到夜鬼谈话，对将要上吊的妇人心生怜悯，为了救她性命不惜卖掉自己的田地，伪造书信。他这一善行，做到了好几处他人不容易做到的地方：一、为了做善事挽救他人性命，不惜牺牲自己的利益；二、又是卖地、又是伪造书信，这都是很麻烦的一些事，他做善事不怕麻烦，这体现了他为善的意愿十分坚定；三、做善事都是在私下进行的，不让对方知道，也不求好名声，这种纯诚的为善之心是最为可贵的。

以上这三点在行善之中都是十分难得的，而应大猷却全部做到了，所以他积累的功德非常之大，上帝都要任命他做阴德尚书，连鬼怪都不能伤害他。应大猷为所有人做了一个好的榜样，值得任何立志行善之人学习。

哲理引申

善之为善，不求回报

应大猷尚书卖掉自己的田地、写匿名信，来救人性命，却不让人知，不求回报，可见他是一心为善，不夹杂任何功利性的目的。为善之心如此纯真才是最为可贵的，这样不求回报的善行，反而会积累更大的功德。

行善积德，施救于人，自己心中获得的安宁、坦然就是最大的回报，我们没有必要要求对方再感恩自己；看到了别人困难，主动前去帮助，这是一个有良知的人应该做的，我们没有必要等着对方报答。行善，心存善念者出于本心本能的行为，我们不要将他当作是向银行里存钱，存着的时候就想着将来要连本带利地取得回报。有了这样的想法，反而会导致自己为善之心不纯，玷污了这种高尚的行为。六祖慧能在《坛经》中说："虽修众善，心不执着。"心不执着，就是让我们不要执着于自己为善的行为，不要执着于将来的回报。

日本有位高僧，称为诚拙禅师，他在镰仓圆觉寺弘法，法缘非常兴盛，每次讲经，信众们都将寺院挤得水泄不通。于是禅师便决定扩建圆觉寺，使更多的人可以得到听法的机会。

听到法师将要扩建寺院，信徒们纷纷来捐赠银两。有一个来自江户的商人，拿了五百两银子来捐赠。他将银子送到寺院，向禅师说明是要捐助扩建讲堂用的，特别强调了银子有五百两。

诚拙禅师听完，就忙着去做别的事情了。商人对这态度很不满意，因为五百两银子可不是一个小数目，平常人家一辈子可能也花不了这么多钱。禅师拿到了这笔巨款，居然连一个“谢”字也不提，商人不免心中失望，便跟在禅师后面，提醒道：“师父！我捐赠的是五百两银子！”

诚拙禅师听了，漫不经心地回答：“是五百两，我已经知道了。”头都没有回，继续忙着其他的事情。

商人很生气，提高嗓门道：“喂！师父！我捐了五百两银子，这难道是个小数目吗？为何你连声‘谢谢’都不肯说？”

诚拙禅师刚好走到大雄宝殿的佛像之前，停下来对商人说：“你捐赠五百两银子，是捐赠给我个人的还是捐赠给佛祖的，为何要我和你说谢谢？你布施是在为自己做功德，若非要将功德当成买卖，那我就代佛祖向你说声‘谢谢’吧！你将‘谢谢’带回去，从此就与佛祖‘银货两讫’吧！”

商人过于看重回报，将功德看作了买卖，这反而让自己布施的功德褪色了，所以诚拙禅师为他上了一课，给他一个教训。为善最怕怀功利心，《菜根谭》中有这样一句话：“为善而欲自高胜人，施恩而欲要名结好，修业而欲惊世骇俗，植节而欲标异见奇，此皆是善念中戈矛，理路上荆棘，最易夹带，最难拔除者也。须是涤尽渣滓，斩绝萌芽，才见本来真体。”施恩于人，便沾沾自喜，甚至觉得高人一等，这种恩情就会变成别人的负担，善行也就便做了投机；为善却贪图美名，善行也就成了沽名钓誉，换来的都是虚名，哪还有什么功德？所以，真正要积累功德的人，一定要克除功利心、好名心。

恩惠给不给别人在于我们自己，可能不能得到他人的感激、获得报偿，却不由我们决定。怀着不求回报的心，去帮助别人，能够让他人坦然，也能让我们自心舒畅——得到回报是幸运，得不到回报也毫无挂念。反之，若在给他人恩惠时，带着高傲、轻慢的姿态，这种恩惠就会变成对他人的侮辱；若恩惠施与以后，时刻期待着回报，这种恩惠就会给别人造成压力。别人对你的尊重也会消失，他会将你当作商人，甚至是高利贷商人，对你充满仇恨。所以，古人说：“施恩者，内不见己，外不见人，则斗粟可当万钟之惠；利物者，计己之施，责人之报，虽百镒难成一文之功。”

总之，无论从道德上考虑，还是从处世智慧上出发，我们在行善之时，都要怀着一颗不求回报之心。不求回报的善，才是真正的大善；不求回报的施与，才能为人积累功德。

散财济困，富贵愈隆

原文

常熟徐凤竹栻，其父素富，偶遇年荒，先捐租[①]以为同邑之倡，又分谷以赈贫乏，夜闻鬼唱于门曰：“千不诓，万不诓；徐家秀才，做到了举人郎。”相续而呼，连夜不断。是岁，凤竹果举于乡。其父因而益积德，孳孳不怠，修桥修路，斋僧接众，凡有利益[②]，无不尽心。后又闻鬼唱于门曰：“千不诓，万不诓；徐家举人，直做到都堂。”凤竹官终两浙巡抚。

注释

①捐租：指地主将所得田租捐出来。

②凡有利益：指但凡对他人有利的事情。

译文

常熟徐栻，字凤竹，他父亲十分富有，遇到了荒年，先将自己应收的田租捐掉，做同县富人的榜样，又拿出粮谷来赈济贫穷。夜里听到鬼在门口唱：“千不诓，万不诓；徐家秀才，做到了举人郎。”群鬼相互传唱，连夜不断。当年，凤竹参加乡试，果然考中了举人。他的父亲因此更加努力积德，孜孜不倦，为乡里修桥修路，施斋僧道，接济贫穷，但凡对别人有好处的事，无不尽心去做。后来又听到有鬼在门外唱："千不诓，万不诓；徐家举人，直做到都堂。"凤竹最终做到了两浙巡抚的高位。

经典解读

常熟的徐富人遇到了荒年便免掉自己应该收的田租，又拿出谷子赈济贫穷，这都是体恤穷人、有好生之德的表现，所以积累了善德，儿子能够中举。儿子中举以后，又坚定了徐富人为善积德的心念，最后他的儿子一直做到了两浙巡抚。"鬼唱于门"的事情虽然可疑，但"善有善报"的道理却毫无差错。所以，世人一定要多为善事，多怀菩萨心肠，善德积累多了，家族自然能够发达富贵。

哲理引申

富贵皆由善中来

佛家认为："有多大功德，便有多大富贵。"儒家也说："德者本也，财者末也。"可见，一个人能有多少财富、享有多大富贵，都在于他有多大的德行，做了多少的善事。德行厚、行善多，人生中就像拥有了一块丰饶厚实的土地，里面种出的树木也能长得又高又大——这树木就是人的富贵、功业。反之若德行薄、恶行多，生命中的土地就浅薄、贫瘠，富贵、功业之树也就干枯弱小了。

一个人经常为善，一则其心田厚实，心胸开阔坦荡，做起事来也就有干劲，精力充沛，不会出现转头即忘、神情恍惚、痴迷糊涂等症状，做事更有效率，更容易成功；一则其多为善事，助人无数，感激他、钦佩他的人也多，这些都是种下的善缘，将来这些人帮助他、提携他，都有助于其获得成功富贵。所以，人们说：有大富贵者必善于施舍，有大吉祥者必善于救人。一切富贵吉祥都是来自善心善行的，只有常怀善念，多修善德，才能获得福报。

明朝初年，有个叫郑兴儿的人，在京城王部郎家做仆人，因为老实勤快，很受主人喜欢。一天，有位著名的相士来到王部郎家中，偶然见了郑兴儿一面，就对王部郎说："这人面相很不吉祥，留在家中只怕要遭到牵连。"无奈，王部郎只好忍痛让郑兴儿离开家，给了他些银子，让他自谋生路。

郑兴儿离开王家以后，无处落脚，只好暂在一所古庙中栖身。一天，他外出寻找事做，没有找到，垂头丧气地回到古庙中。却意外发现庙墙角下有一个包裹，打开一看，竟是几十两银子。他正要为得到这意外之财而高兴之时，转念一想："人家相士说我面相不好，王部郎才将我赶出来，我还哪有什么福气来受用这些财物呢。而且，这银子的主人说不定要拿银子有什么急用，却遗失在这里，不知道关系着几条性命！我就此拿走，虽然无人得知，但良心上怎么过得去。还是等在这里，若失主来找就交还于他，也算是一件功德。"于是，郑兴儿便坐在庙中等待失主。

到了第二天，果然有一个人垂头丧气地像在搜寻什么。郑兴儿询问之后，果然银子是他丢的，便立刻拿出包袱交给了他。原来这人是河间府郑指挥使家的管家，奉命拿着银子到京城办事，结果不小心将银子遗落在了庙中。看到银子失而复得，管家十分欣喜，立刻拿出一半的银子作为报答。郑兴儿拒绝了他的好意，说："我若贪图银子，昨夜就带着整包银子跑了。何必在这里等你回来呢！"管家见郑兴儿说得诚恳，很是欣赏他，知道他无处安身，便邀请他一同前往郑指挥使府上。

管家回去后，向郑指挥使叙说了事情经过，把郑兴儿引荐给他。郑指挥使非常高兴，恰好二人同姓，自己又没有儿女，便提出要认郑兴儿为养子。郑兴儿起初不敢高攀，但盛情难却，只好答应了。郑兴儿在北方长大，从小就会骑马射箭，在郑指挥使的提携下很快就做了一名武官。

几年以后，郑兴儿陪同郑指挥使去京城办事，想到以前的旧事，感念王部郎曾经的收留之恩，便换上便服前往探望。王部郎知道他就是当年那个因面相不好被赶出家门的仆人后，非常吃惊，想到当年的事很是尴尬。两人都取笑那位相士浪得虚名。

他们正在吃饭的时候，仆人汇报曾经的那个相士又来拜访。王部郎心中一动，准备好好捉弄那位相士一番。便让郑兴儿换上件旧衣服，等相士到来后，恭恭敬敬为他端茶送水。相士接过茶杯时，一看郑兴儿，惊问："这位大人，怎么要为我端茶呢？"王部郎笑着说："哪有什么大人啊，这不就是当年你说面相不好，被我赶走的那个仆人吗？因为无处可去，又回来了。”相士盯着郑兴儿看了又看，说：“你为什么骗我呢？这人如今分明已经富贵发达了，怎么能还是奴仆呢？”王部郎好奇地问：“你当初不是说他面相不好，或有灾害吗？怎么现在又说他富贵发达了呢？”相士说：“当初他的确长着一副要招祸的面相，我并未看错；不过如今这面相已经改变了，成了一副富贵相。想必是这些年来他做过什么善事，要么是救人危难，要么是见财不取。”

听到相士的话，郑兴儿不禁失声道：“您真是神人啊！”于是将自己离开以后，如何在古庙拾金不昧，如何得到郑指挥使的提拔之事一一讲了出来，大家都恍然大悟，原来郑兴儿一念之善，竟然改变了凶险的命运，使自己得到了富贵。后来，郑兴儿一直做到了将军，他的子孙也数代富贵。

佛家常言：“若问前世因，今生受者是；若问来世果，今生做者是。”人们所做的任何事，都会影响到自己今后的命运。郑兴儿本为凶险之相，却因一念之善而改祸为福得到半世富贵，这就是善行改变命运。

有人说，命运都决定于天意。那什么是天意呢？天意就是人意，天心就是人心。曾子说：“出乎尔者，反乎尔者。”你怀着什么心意去想别人，别人也会怀着什么心意想你；你如何对待别人，别人也会如何对待你。你待人心怀善念，时时乐于助人；那么别人也必然对你宽厚仁慈，能够在你需要帮助的时候帮助你。你无事时有人想着你的好，你遇事时有人助你成功、解你危难，你怎能不富贵呢？这就是因果。所以说，种什么因，收什么果，富贵发达、功业名声，都是从善德善行之中得来的。想求富贵，一定要先修善心。

解屈释冤，后代显赫

原文

嘉兴屠康僖公，初为刑部主事，宿狱中，细询诸囚情状，得无辜者若干人，公不自以为功，密疏①其事，以白堂官②。后朝审③，堂官摘其语，以讯诸囚，无不服者，释冤抑十余人。一时辇下④咸颂尚书之明。

公复禀曰："辇毂之下，尚多冤民，四海之广，兆民之众，岂无枉者？宜五年差一减刑官，核实而平反之。"

尚书为奏，允其议。时公亦差减刑之列，梦一神告之曰："汝命无子，今减刑之议，深合天心，上帝赐汝三子，皆衣紫腰金⑤。"是夕夫人有娠，后生应埙、应坤、应埈，皆显官。

注释

①密疏：秘密奏疏。

②堂官：明清之时对各部长官，如尚书、侍郎等的通称。

③朝审：古时秋季行刑前的复审。

④辇下：即辇毂之下，喻指天子脚下、京师。

⑤衣紫腰金：穿紫袍，束金带；指身居高位。

译文

浙江嘉兴的屠康僖先生，最初做刑部主事，夜里便住在监狱中，仔细盘问各囚犯的犯罪情况，查得好几个无辜之人；屠公不自矜功劳，而将这些私下写下来，上呈给刑部堂官。后来，秋季复审的时候，堂官将屠公所提供的话，拣出要点来审问那些囚犯，囚犯没有一个不心服的。因此，堂官便将蒙冤入狱的无辜者释放，有十多个人。一时，京中之人都称颂刑部尚书明察秋毫。

屠公又上书说："天子脚下，尚且有那么多蒙冤之人，以四海之广，万民之众，难道没有被冤枉的吗？朝廷应该每五年再派一名减刑官到四方巡视，核查案情为冤屈者平反。"

尚书代他上奏皇帝，皇帝允许了他的建议。当时屠公也位列减刑官的行列之中，梦到一位神仙对他说："你命中本没有子嗣，如今减刑的倡议，深合天心，上帝赐给你三个儿子，将来都能做大官，穿紫袍、束金带。"这天晚上，屠公的夫人就有了身孕，后来生下应埙、应坤、应埈三个儿子，都做了高官。

经典解读

屠康僖公，名勋，是明朝中期的贤臣，为官清廉，不畏权贵。在他担任刑部侍郎时，外戚寿宁侯张鹤龄与河间百姓争夺田地引起诉讼，屠勋奉旨调查。调查之后，他没有因为双方地位悬殊而偏袒皇亲，进言说：“皇亲国戚与百姓争夺尺寸土地，有失皇家体面。”明孝宗听了他的话，最终裁判土地归百姓所有。后来，正德皇帝在位，奸宦刘瑾专权，屠勋坚持正道不阿附奸党，因此遭到刘瑾报复，不得已托病回乡。

世上最无辜的就是无罪而下狱遭受刑罚者，不仅要失去自由、身体遭受各种酷刑的打击，更要承担恶名，被世人误解。若是被判处死刑，就更加可怜了，身与名俱灭，无处再申冤，心中的痛苦、愤恨可想而知。所以，若能够为无辜者洗脱冤屈，免除刑罚、恶名，就是天大的善事。然而，很多贪官、昏官、酷吏，都只知考虑自己的功名、利益，丝毫不将犯人放在心上，故出现了很多“葫芦僧乱判葫芦案”之事。百姓对这样的官员既痛恨又无能为力，所以，都迫切渴望“青天大老爷”的出现。屠康僖公就是一个这样的青天大老爷，他作为高官，为了给犯人洗脱冤情，不惜夜宿狱中，更奏明朝廷将为民洗冤之事制度化，将其推行于海内。他的功德可以说远远比解决一两件冤案更大，所以能感通上天，获得子嗣，且子孙都富贵显赫。

哲理引申

断案者当知果报不爽

屠康僖公因为给犯人洗脱冤案，而得到善报，子孙兴旺发达，可见心怀善念来断案，是很容易积累大功德的；同样，心中没有善念，断下冤假错案，对功德的损害也是极大的，恶报也必然残酷。

刑罚是极为重大的事情，它关乎涉案者的生死，一有失误便有可能让恶人逃脱惩罚，让善人无辜丧命，所以为官者不可不慎重对待。宋代大儒周敦颐说：“主刑者，民之司命也，任用可不慎乎？”主张刑罚的人，是决定人们性命的司命，君子在任用他们的时候怎么敢不慎重？一定要任用性情宽厚仁慈，正直而有智慧的人担任，以免制造冤案、滥杀无辜而伤了天地之间的和气。君子若被任命为主刑者，也一定要战战兢兢、如临深渊、如履薄冰般地做事，不要让一个人在自己的手下受到冤枉，这样也能不损害自己的阴德。

《安士全书》上就记载了两个关于断案的故事：

明朝时，有个姓徐的太守，为官清廉守法，但为人过于苛严。他规定差役办事，每超限一天，就打五大板。一次，有个差役生病了，因此违限六天，病好了才去报道。向太守说明原因后，太守不相信，要按规矩打他三十大板。这差役苦苦哀求不能免除，因为病刚刚好，身体还差，又心中恚愤，挨了三十大板后竟然死于杖下。差役的儿子尚小，忽然听到父亲被太守打死了，一惊之下也死了。差役的妻子忽然间失去了丈夫、儿子，忍受不了打击，随即上吊自杀。

后来，太守卸任归乡，和家人一起生活。他只有一个儿子，十分钟爱。忽然一天儿子生病了，昏迷不醒。太守连忙请医生救治，救了好久，儿子睁开眼睛对父亲说："有人追我。"便又昏死过去。又过了一会儿，忽然双目圆睁，对太守骂道："我有什么大罪，竟杀我家三口人！"太守想到从前那件事，惊骇不已。他的儿子也再没有醒来，太守最终也没有子嗣。

另一个故事，与此恰恰相反。

西汉的盛吉担任廷尉，他知道自己的责任关乎他人性命，所以丝毫不敢掉以轻心。每到了冬季给囚犯定罪的时候，他都让妻子手执蜡烛，为自己照明；自己则一个字一个字地详看案卷，不敢有半点疏忽。他的妻子也十分善良，经常对他说："您为天下执法，不可以滥给人家定罪，这样会祸及子孙啊！"每当遇到需要定重罪的人，盛吉都思量再三，尽量为那些无心犯罪者开脱。有不得不定罪的，夫妻二人因为不忍心竟会相对垂泪。就这样，他担任廷尉十二年，没有办过一件冤案，天下无不称赞他公平宽容。他们本来没有儿子，后来梦到神人说因为他办案有仁心，将要赐给他们子嗣。做梦的第二天，盛吉家的院子里忽然飞来一对白鹊，停留在树上筑巢，每日鸣叫。此后，盛吉夫妇一连生了三个儿子，且三个儿子长大以后都做了高官。

徐太守断案苛严，枉杀性命，所以遭到恶报，爱子死亡，后嗣断绝；盛吉断案宽平，积累善因，所以本没有子嗣却能得到子嗣，且后代富贵。这就是断案是否恰当，对各自命运的影响。固然，《安士全书》是一本以劝善为目标的书，里面的内容存在迷信色彩，不尽可信。但历史上的的确确存在很多判案宽厚平直而得福，残酷苛刻而受祸的故事。

西汉，“巫蛊之乱”时，戾太子遇难，他的孙子，也就是汉武帝的曾孙刘病已还未出襁褓，被关押在长安郡邸狱中。狱官丙吉知道太子是被诬陷的，没有罪过，所以对幼年的刘病已很照顾，专门安排女性囚犯养护他。一次，汉武帝听信望气者之话，下令杀死郡邸狱中所有囚犯，包括皇曾孙。丙吉知道以后，不给使者开门，不惜冒着违抗皇命的罪过来保全罪犯。多亏汉武帝及时醒悟，才宽宥了他们。后来，汉武帝去世，汉昭帝、昌邑王先后即位，最终经过种种变故，大将军霍光等人拥立了刘病已即位，这就是汉宣帝。汉宣帝即位以后，了解了当年的事情，十分感念丙吉的恩情，便为他加官晋爵。丙吉最后担任御史大夫、丞相等高位，死后被谥为定侯，子孙继承他的爵位，直到王莽的时候封国才取消。这就是执法断狱宽容，而获得福报的例子。

相反，唐朝有个著名的酷吏，叫作来俊臣。这个人从小就是个诡诈奸险、反复无常、凶恶无德的人。他最大的爱好就是“妄告密”，也就是捕风捉影地污蔑他人有罪，通过陷害他人得到赏赐。因为武则天急于除掉忠于李唐的大臣，来俊臣这样的小人竟然得到重用，被任命为侍御史，加朝散大夫。来俊臣深知武则天的心意，在审理武则天交给他的案子时，不管犯人是否被污蔑，是否真的有罪，一味罗织罪名，置对方于死地，还肆意实行株连，不管长幼都要连坐，有时竟然一杀就是成百上千家。满朝文武都对来俊臣痛恨不已，但慑于武则天的威势，敢怒不敢言。来俊臣因此更加恣意妄为，网罗了一大批同样奸险邪恶的小人，专门以制造冤案为业。他们在狱中设置各种让人生不如死的刑具，逼迫犯人认罪。因为承受不了酷刑而死掉、自动受冤的人不计其数。后来，来俊臣越做越过分，天怒人怨，朝臣及皇亲国戚们联合起来揭发他的罪状，武则天也不得不批准将其处死。来俊臣最终被处斩，尸体陈列在闹市之中，人们无论老幼都争着去剐他的肉，武则天见民意如此，便顺水推舟地下令将来俊臣家族诛灭。

俗话说：“惊堂木下，生死分别。”分别的不仅仅是犯人的生死，也是审判者自己的凶吉祸福。断案者在决定别人的性命之时，也决定着自己的命运，在审判别人的时候，也在审判着自己的良心。一分仁慈、宽厚的念头，便积累一分福泽；一分刻薄、严苛的念头，便造下一分罪业。所以，任何断案之人，在审判案件之时，都必须谨慎思考，坚持公道，发扬仁慈之心；一时疏忽就会害人害己，一时苟且就会自种恶果。

修缮庙宇，子孙享世禄

原文

嘉兴包凭，字信之，其父为池阳太守，生七子，凭最少，赘平湖袁氏，与吾父往来甚厚，博学高才，累举不第，留心二氏①之学。

一日东游泖湖，偶至一村寺中，见观音像，淋漓露立，即解橐中十金，授主僧，令修屋宇，僧告以功大银少，不能竣事；复取松布②四匹，检箧中衣七件与之，内纻褶③，系新置，其仆请已之。

凭曰："但得圣像无恙，吾虽裸裎何伤？"

僧垂泪曰："舍银及衣布，犹非难事。只此一点心，如何易得。"

后功完，拉老父同游，宿寺中。公梦伽蓝④来谢曰："汝子当享世禄矣。"后子汴，孙柽芳，皆登第，作显官。

注释

①二氏：指佛家、道家。

②松布：即松江布，明清之时松江府纺织业发达，出产的布匹很有名。

③纻褶：麻布夹衣。

④伽蓝：寺院中的护法神。

译文

浙江嘉兴人包凭，字信之，其父亲为池阳太守，共生有七个儿子，而包凭年纪最小，入赘到平湖袁氏，和我的父亲来往甚为密切。他博学多才，可惜每次考试都不中，于是留心研究佛家、道家的学问。

一天他向东到泖湖游玩，偶然路过一座村中佛寺，看到里面的观音像露天而立，被雨水淋得斑驳残破，便立刻打开袋子，将里面的十两银子交给主事僧人，让他修葺屋宇。僧人告诉他修寺工程很大，十两银子太少，不够用，没法完工。包凭便拿出自己带的四匹松江布，再翻检箱子里的七件衣服给僧人，其中有件麻布夹衣，是新做的，他的仆人要他不要再送了。

包凭说："若能让观音圣像不被雨淋，我自己即便赤身裸体又有什么损害呢？"

僧人听了，垂泪说道："施舍银子衣物，犹非难事。只是这赤诚之心，如何容易获得呢？"

后来，寺修好了，包凭拉着老父亲一同出游，借宿寺中。夜里他梦到寺里的护法神前来道谢，说："您的儿子当世世代代享受高官厚禄。"后来，他的儿子包汴、孙子包柽芳，都中了进士，做到高官。

经典解读

本节文字中，了凡先生记述了嘉兴人包凭因捐钱修建寺庙而获得福报的事情。

有两种建筑对社会的影响最为深刻，一个是校，一个是庙。校，就是学校，它让人们得到教育，学到各种知识、道理；庙，包括宗庙、寺庙等，它们时刻提醒着人们应该有信仰，知敬畏。学校教育人们对自己、社会、国家负责；各种庙宇则提醒人们对天地、先祖、神灵、良心负责。二者同样重要，且它们的最终目的是一致的，都是让人"明明德""止于至善"。

有的人只懂得庙宇的重要，忽视了学校的作用，这是不对的；但若只看重学校，而忽略了庙宇，也不利于社会的和谐发展。

包凭捐资建庙值得尊敬，但他最值得赞赏的是那种虔诚的为善之心：宁愿自己赤身裸体，也不要让观音圣像被雨所淋。我们听故事都是菩萨舍己救人，而包凭在此竟能舍己保护圣像，真可谓得到了菩萨行善之道的真谛。有这样的善德，子孙后代富贵也就是理所当然的了。

哲理引申

无私的善行，才是最宝贵的

修缮庙宇是一件善事，包凭为了做这件善事，将自己身上的所有钱都捐赠给了寺院，钱不够，便又捐出了自己的衣服。在受到仆人劝谏的时候，他说若能让观音像免遭雨淋，自己宁愿赤身裸体。世上最可贵的便是像他这样牺牲自己的利益而行善，却又不奢求任何回报的行为。

孔子说："放于利而行，多怨。"一种行为若是掺杂着追求私人利益的目的在里面，那即便是一件善事，也是不纯粹的，难免要遭到别人的怀疑，甚至怨恨；只有那些真正为他人、为天下行善事而不求丝毫回报，甚至牺牲自己利益的行为才是最为高尚的，最能够得到世人认可的。这种最纯粹的、不夹杂一点儿功利之心的善，也能够为自己积累最厚的福报。

有一位长者，家中十分富有，其财产终其一生都享用不尽。他的心地十分善良，想到自己财产有余，而其他人还很贫穷，便经常拿出钱财来分给别人。他的善举为他赢得了很好的名声，但却遭到一位天神的猜疑。天神看过了很多世间丑恶的事件，对人性存在深深的怀疑，他不相信人能够做出这样纯粹而不含一点儿功利心的善举，于是决定降到凡间来试探一下这位长者。

天神幻化为一个穷僧人，连续数次来到长者家化缘，长者都给了他丰厚的财物。天神心想：或许他是想为子孙积累福报吧，所以能够慷慨施舍。于是他来到长者的面前，游说道："你虽然富有，但财产必定是有限的，不断这样施舍不心疼吗？应该好好珍惜，将它们留给自己的子孙不是更好吗？"长者说："天地滋养众生而没有差别，我也效法天地的无私岂不更好？况且我的财产这么多，若都留给一家人享用，岂不是太自私了？"

天神见劝说长者无用，便幻化回自己本来面目，向长者展示了自己的法力，然后告诫他说："我就是能够决定世人命运的神灵，据我所知，一个人越是勤于布施，死后就要堕入地狱，遭受越严厉的惩罚。"

长者不相信，说："从来人们都说只有为非作歹的人才会堕入地狱，行善积德的人怎么可能受到恶报呢？你有这样的观点，即便真的是天神，我也不会听从于你。”

天神遭到怀疑，心中不悦，便决心一定要改变长者的想法。他幻化出地狱中的景象，带着长者观看，告诉他说：“你看，那些受到酷刑，痛哭哀号的人，都是因为生前行善积德的。不信你可以问问他们。”

说着，天神将受刑的人叫了过来，长者问其中的一个人：“你为何在这里受刑呢？”那人回答：“我因为生前乐善好施，反而激怒了鬼神，所以被关在这里接受惩罚。”

“那得到你施舍的人呢？”长者又问。

“他们都升上天堂去了。”受刑人回答道。

长者不信，又走到另一个人面前，问：“你为何在这里受刑？”

那人回答道：“我生前因为救人性命，破坏了天地自然的平衡，所以被关在这里受刑。”

“那被你救的人呢？”长者问道。

“被我救的人代替我升到天堂去了。”

天神听了这些，哈哈笑着说：“怎么样？我就说做善事不会受到好报吧！不做善事的反而会升入天堂。”

长者听了，露出犹豫的神色，仿佛在心中进行了一番激烈的斗争，然后神气恢复了平静。天神心想：他终于想通了。便问道：“这下你不会再继续布施行善了吧！”

没想到长者摇摇头，说道：“我当然要继续布施。假若接受我布施的人都能升入天堂，我一个人下地狱又有什么关系呢？”

看到长者坚定、诚恳的心，天神大受感动，终于相信了世上真正有纯粹、毫无功利心的善行。于是，对长者说：“先前我所幻化的一切，都是对你的考验。事实上，只有行善积德的人才能升入天堂，而自私自利的人都要下到地狱接受惩罚。你这种只为众生，牺牲自己的精神，真是连我都不得不佩服啊！将来我一定要亲自迎接你升入天堂。”

无私付出、不求回报的善行才是最纯粹的；甘愿牺牲自己而造福众生的精神才是最崇高的。在中华民族几千年的文明史中，最耀眼、最值得后人怀念的，就是那些无私奉献、甘于牺牲的杰出人物：为了治理水患，而十几年辛勤劳动，三过家门而不入的大禹；为抵抗暴政，四处奔走，功成之后却不求一丝回报的鲁仲连；高呼“安得广厦千万间，大庇天下寒士俱欢颜”“吾庐独破受冻死亦足”的杜甫；为推翻封建统治，抵抗帝国主义入侵而牺牲自己的革命烈士；默默奉献，做好事不留姓名的雷锋……这些人之所以伟大，就是他们愿意不断地付出，为了天下百姓的利益，甘愿自我牺牲。

白求恩医生说过一句话：“我唯一的希望是能够多做贡献。”他不远万里来到中国，冒着炮火在战场上救死扶伤，为了医治伤员，连续几夜不休息，这样做并不要求什么回报，完全是出于治病救人的使命感。正是这种无私的奉献，使他受到世人的尊重，永远被中国人民所怀念；正是这种无私奉献的精神，让他的生命变得不再平凡。

老子说：“天长地久。天地之所以能长且久者，以其不自生，故能长生。是以圣人后其身而身先；外其身而身存。非以其无私邪？故能成其私？”天地之所以长久，是因为它们默默地无私奉献；圣人之所以尊崇，是因为他们默默地无私奉献。无私是最崇高的美德，是最高明的智慧；无私的善行，才是世间最宝贵的。

援救无辜，获得子嗣

原文

嘉善支立之父，为刑房吏，有囚无辜陷重辟[①]，意哀之，欲求其生。囚语其妻曰：“支公嘉意，愧无以报，明日延之下乡，汝以身事之，彼或肯用意，则我可生也。”其妻泣而听命。及至，妻自出劝酒，具告以夫意。支不听，卒为尽力平反之。囚出狱，夫妻登门叩谢曰：“公如此厚德，晚世所稀，今无子，吾有弱女，送为箕帚妾，此则礼之可通者。”

支为备礼而纳之，生立，弱冠中魁，官至翰林孔目[②]，立生高，高生禄，皆贡为学博[③]。禄生大纶，登第。

注　释

①重辟：极刑、死罪。

②翰林孔目：翰林院中掌管书籍、图册的官员。

③学博：州府的学官。

译　文

浙江嘉善县的支立，他的父亲在县衙刑房中当差，有个无辜的囚犯被陷害判了死罪，支先生哀怜他，想要帮他脱罪。囚犯对他的妻子说：“支先生的好意，我无以为报，很是惭愧。明天你将他请到乡下，好好服侍他，他看在这份情谊上，或许肯尽力帮我，那我就能活命了。”他的妻子哭着答应了。等支先生到了乡下，囚犯的妻子自己出来劝支先生饮酒，并将她丈夫的意思转告了先生。支先生不肯接受，不过终究还是尽力为囚犯平反了。囚犯出狱后，夫妻二人登门叩谢，说：“您这样有厚德的人，近世少见，却至今还没有子嗣，我有个女儿，愿意送给您为妾，这在情理上是说得通的。”

支先生于是准备礼物纳囚犯的女儿做了妾。于是生下了支立，不到二十岁就中了举人，且名列前茅，最后官至翰林院书记，支立生子支高，支高生子支禄，都做了州府的学官。支禄生子支大纶，也考中了进士。

经典解读

支立的父亲为刑房小吏，见到无辜承受死罪的囚徒，便心生哀怜，努力搭救他。囚犯为了活命，也主动乞求支先生，并想让自己的妻子服侍他，支先生援救了囚犯，却不接受其妻子的服侍。这就是仁慈、为善而不求回报的行为。然而，正是这种不求回报的行为，反而让囚犯夫妇更加感激他，不惜将自己的女儿许给他做妾，使他有了子嗣。可见越是不求回报的善行，往往能够得到更多的回报。

哲理引申

一念之善，可得万福

善行就像一颗种子，无意之中抛在了路上，它便能够逐渐成长为参天大树。也许很多年中，你都不记得这棵树，但它总是牢牢地立在那里。某一天，当你奔波在路上，烈日当头、饥渴难耐时，你也许就会发现路上竟然有棵大树为自己遮凉，为自己提供甘美的果实……

我们一念之间的善，就是一颗善的种子，做了善事也就是将种子抛下了。种子抛得越多，你生活中遮风避雨的大树也就越多，你就可以走得越远、越舒服、越安全。

曾经有位老先生，外出做事，很晚才踏着月光回家。到家的时候，发现有个小偷正在偷窃。老者想上去抓住他，但一想：这小偷看起来笨手笨脚的，不像是惯偷。或许是因为生活贫苦，不得已为之的，又何必将其抓住，让他身败名裂呢？不如放他归去吧。于是，老先生静候在门外，等小偷出来时，便脱下长袍对他说："您大老远来，可我实在贫穷，没有什么赠送的，这件长袍虽旧，但还能当几个钱，你就拿走去救急吧！"小偷惊慌失措，抓着长袍就走了。

几天以后，老先生打开门，只见送给小偷的长袍被叠得整整齐齐，摆放在门口，上面还贴着一张小字条："一念之差，险铸大过；厚德宽容，感激不尽。"

十几年以后，老先生的孙子生了重病，没钱医治，一家人心急如焚。这时，有人将一大笔钱送给他们，并附带了一张字条："谢谢您当年的那件长袍。"

老先生因为一念之善，给了别人改过自新的机会，同时便为自己种下了善因。所以，当他遇到困难的时候，这善因便展现出来，为他排忧解难，这就是人们说的"善有善报"。其实，生活中这样的例子多得说不完：我们今日帮助别人，他日别人也会帮助我们；我们今日宽容地对待别人的过错，他日别人也会宽容我们……面对很多事情，我们发善心还是发恶念，当时对自身并无太大影响，但不同的选择便种下不同的种子。发善心的，必使你在将来的路上有遮风避雨、结出甘果的大树；发恶念的，必使你将来的路途充满多刺的荆棘。

古代有个布匹商人，外出经商，一年以后，赚了不少银子，便买了一头驴子骑着回家。走过一座小城的时候，商人看到一群人围在一起吵吵嚷嚷，便走过去看。原来是一个农夫，走路时不小心将店家的东西打破了，店里几个伙计揪住农夫不放，吵着说不赔钱就要送他见官。农夫则在一旁苦苦哀求，说自己身上真的没有钱，请店家好心放了自己，自己还要赶回家照顾老母亲。店家自然不允。商人忽然想到自己离家许久，家中母亲也一定时刻盼望着自己回去，便十分同情这个农夫，走上前去，替农夫赔偿了店家的损失。农夫对他千谢万谢，然后离去了。

商人继续赶路，天晚之时，恰好看到路边有个旅店，正当他准备投宿时，白天那个被他帮助的农夫恰好从一旁走来。看到商人，连忙招呼他去自己家里歇息。商人推托说要早起赶路，就不相劳烦了。可农夫却硬拉着他，一定要他去自己家中住。热情难却，商人只好跟着农夫，去他家中。农夫带着商人走了很远，直到遇到了另一家旅店，然后让商人入住。商人十分好奇，问："刚才有旅店，我要入住，你却硬拉着我住到你家中去。如今却又怎么不回家而将我带到这个旅店中呢?"农夫说："您别见怪。其实我家并不在这边，而是在另一个方向，若是去我家您又要返回去走很多冤枉路。我刚才之所以那样说，是因为那个旅店不太正常。那店主经常向我们农夫卖些驴马，可我又不见他养着牲口。想必定是往来住客的，不知他用什么法子骗来占有。我知道您要从这边赶路，晚上可能会路过那家店，想到这事，怕您吃亏，便专门赶来制止您住进去。"商人听后，连忙对这农夫道谢。

第二年，商人再次走过这条路的时候，路边的那家旅店已经被封了。到了城里才听说，原来那家店主本就是强盗出身，在路上经营旅店，专门等着客商上门。若是看到有人带着钱财多，便要加害，夜里将人杀死，抢了钱财货物。到被告发的时候，已经害死了十来位住客。商人听说这件事以后，心中惊惧不已，若不是那个农夫有心援救，自己也早就做了梦里枉死的糊涂鬼了。

商人很幸运，恰好遇到了那位有心的农民，因此免去了杀身大祸，然而归根到底，这幸运还是来源于他自己的善心。他若在城中不同情、帮助那个农夫，农夫又怎么会反过来援救他呢？这就是一念善心，而改变自己的命运。

古人说："念头宽厚的，如春风煦育，万物遭之而生；念头忌尅的，如朔雪阴凝，万物遭之而死。"心怀善念，宽厚待人，就像春风一样温暖他人，同样也给自己的生命带来生机；心怀恶念，邪僻苛刻，就像严冬一样，令人痛苦、受伤，同时这也就冻杀了给自己善报的种子，从而导致自己福泽浅薄。所以，我们在与人相处之时，一定要多怀仁善、宽厚的念头，多做助人、救人之事，这让我们生活的世界更加温暖，也会让我们自己的生活充满各种幸运、惊喜。

善道众多，尤须辨析

原文

凡此十条，所行不同，同归于善而已。若复精而言之，则善有真，有假；有端，有曲；有阴，有阳；有是，有非；有偏，有正；有半，有满；有大，有小；有难，有易；皆当深辨。为善而不穷理①，则自谓行持，岂知造孽，枉费苦心，无益也。

注释

①穷理：穷究事理，考究行善的道理。

译文

以上这十条故事，虽然所行的事各不相同，但都可以归于行善之类。若再要加以精细地分类，则为善，有真的，有假的；有直的，有曲的；有阴的，有阳的；有对的，有错的；有偏的，有正的；有一半的，有圆满的；有大的，有小的；有难的，有易的；对这些都应该深加辨析。若只知道自己要为善，却不去考究为善的道理，那么自认为是在做善事，却往往造出罪孽，到头来枉费一番苦心，没有任何收益。

经典解读

这段承上启下的话告诉人们两个道理：

一、以上的种种行为都是为善。人为善的方式很多，可以修学建庙，可以施舍钱财，可以救人性命，可以解人冤屈……只要是怀着善心，去做有利于他人、社会的事情，就是行善。任何人都有行善的条件，行不行善只在于自己有无为善的信念而已。

二、为善仅仅有一个善心是不够的，其中还蕴含着很多道理，人们必须了解这些道理，才能更好地为善，防止怀着善意却做了错事的现象出现。

哲理引申

只要愿意，随时都可以行善

了凡先生一一列举了十个因为行善积德而获得福报的例子，这其中有救人性命的大事，也有施舍粉团的小事；行善的人有巡抚、将军，也有普通百姓，有家财万贯的财主，也有撑船渡人的艄公。他们出身地位、家中贫富各不相同，唯一相同的就是都有颗慈悲之心。能够从这颗慈悲之心出发，去做一些力所能及的造福社会、他人的事情便是善行，便会为自己积下无尽的功德。所以说，一个人要想立志为善，并不受身份、钱财等条件的约束，只要想做，随时都可以得到为善的机会；那些常常说自己想要为善，却没有为善机会的，并非真的得不到机会，只不过为善之心还不够坚定罢了。

杨荣的曾祖、祖父，是渡人过河的艄公，他们在看到别人遭遇洪水的时候，不去争夺钱财，而去救人，这就是大功德；杨自惩身为县吏，能宽容慈悲地对待囚犯，救济粮食匮乏的新囚犯，这就是大功德；冯太史之父为邑庠生，在上学的路上看到冻僵的人，能够见义勇为，这就是大功德……这些都说明，只要人们怀着善心，即便是在自己普通的工作、生活之中，也能够得到很多行善的机会。行善很多时候就是一种积极的生活态度，我们就是要带着这种态度去生活。

孔子的弟子冉有曾对孔子说："老师的道理我不是不喜欢，可自己资质有限难以做到啊！"孔子听了很不高兴，批评他说："力量不足的人，做到一半才知道做不动了，如今你没有做就说自己力量不足，不是力量不足，而是你故步自封，不求上进!”普通人立志做善事也是如此，没有人力量是不足的，关键就在于肯不肯做；若是真的一心要行善，即便是身体残疾、穷困落魄之人也能为善。

有个叫张建陆的好心人，他幼年时便右眼弱视，随着病情的发展直到右眼完全失明，加上曾患小儿麻痹症，行动也不是特别方便。可以说，命运对待他很不公平。很多人会认为，这样的人生活得肯定很消沉，或许是要拿着社会的救济才能生活。但事实完全不是如此，张建陆不仅从来不接受别人的救济，反而经常捐款去救济别人的困难。

他身体有残疾，只能做一些门卫之类的工作，有时一个月才千八百块钱。但他却能省吃俭用，每年将省下来的钱捐赠给慈善机构。连续十余年，他每年都捐赠数千块钱，在云南遭遇地震灾害的时候，他更是拿出了自己所有的积蓄。为了捐款，他拖着残疾的身体，一路步行了几公里，冒着夏天的烈日，走了几个小时。

有朋友看他自己生活得太清苦，便劝他不要再捐赠了，张建陆却从没接受过这些忠告，面对不理解的朋友，他笑着说：“捐钱帮助那些有困难的人，是我一直以来的梦想。”

2008年的时候，张建陆发了高烧，为了省钱不愿去输液，只是简单地吃了点退烧药。可当他从电视上看到汶川发生大地震的时候，他立刻收拾好衣服，准备赶往灾区。领导知道他又要去行善，便不想让他去，不给他准假。没想到，一向规矩的张建陆竟然留下“请假五天”的假条不辞而别。他赶到灾区，将自己所带的积蓄都捐了出去，还报名做了志愿者，一连工作了五天。

有一次，他在报纸上看到了一则为山区小学资助营养餐的消息后，二话没说将刚刚发下的工资都邮了过去。当得知学校需要钢琴教学的事后，他又积极筹款捐赠钢琴……当他带着自己筹来的钢琴来到学校时，所有老师都感动了。他们都以为帮助学生们的一定是一个大富豪，没想到竟然是一个比他们还贫穷的残疾人。

十几年中，受到张建陆帮助的人多得连他自己都记不住。但他从来没有过一丝厌烦，每当听到了有人需要帮助，立刻就冲上前去。有人问他为什么要这样做，他说："最好的生活就是帮助别人；为社会做贡献是人生中最快乐的事情。"

一个行动不便、视力不好的残疾人，要想帮助别人、贡献社会都有无数的机会，更何况身体健康的普通人呢？其实，世界上到处都存在需要帮助的人，只要我们愿意为善，就一定能够找到为善的机会。遇到哪里发生灾害，捐赠一点儿钱财；即便不富裕，少吃一点肉、少逛一些景点、少买一件新衣服，并不会给自己的生活带来多少影响。而那种帮助了别人的快乐，却是再多的钱都换不来的。平时走在路上，看到谁摔倒了扶一下，遇到问路的主动停下来指点一下，看到有争吵的，能够调节的就调节一下……付出几分钟时间，并不是浪费，这都是在为自己积累福德。与人讲话态度和气一点，别人犯了错误多宽待一些，遇到别人难过宽慰几句……这些行为既是帮助别人，也是对自己性格的锻炼，受益最大的还是自己。

要善于去做善事，去发现善事，"勿以善小而不为"，将行善作为一种人生态度，这样我们的福报才会越积越厚，生活才会越来越美好。

真善与假善

原文

何谓真假？昔有儒生数辈，谒中峰和尚①，问曰："佛氏论善恶报应，如影随形。今某人善，而子孙不兴；某人恶，而家门隆盛；佛说无稽矣。"

中峰云："凡情未涤，正眼②未开，认善为恶，指恶为善，往往有之。不憾己之是非颠倒，而反怨天之报应有差乎？"

众曰："善恶何致相反？"

中峰令试言。

一人谓："詈人殴人是恶；敬人礼人是善。"

中峰云："未必然也。"

一人谓："贪财妄取是恶，廉洁有守是善。"

中峰云："未必然也。"

众人历言其状，中峰皆谓不然。因请问。

中峰告之曰："有益于人，是善；有益于己，是恶。有益于人，则殴人、詈人皆善也；有益于己，则敬人、礼人皆恶也。是故人之行善，利人者公，公则为真；利己者私，私则为假。又根心者真，袭迹③者假；又无为而为者真，有为而为者假。皆当自考。"

注释

①中峰和尚：明本禅师，元代高僧，俗姓孙，号中峰，法号智觉，西天目山住持。

②正眼：即法眼，能洞悉世间真假、是非、善恶等种种疑惑之事。

③袭迹：沿袭旧迹、照样做做。

译文

什么是行善的真假呢？从前有几个读书人，去拜访中峰禅师，问道："佛家讲善恶报应如影随形，如今某人为善而子孙不兴旺，某人为恶而家门隆盛。这样看来佛家所谈的报应，岂不是无稽之谈了？"

中峰禅师说："凡情不除，法眼不开，便会将善当作恶，将恶当作善，这样的事情常常存在。不为自己颠倒是非而感到遗憾，怎么反来埋怨上天的报应有误？"

众读书人问："善恶怎么会颠倒呢？"

中峰禅师让他们试着说说什么是善，什么是恶。

一个读书人说："骂人打人是恶；礼人敬人是善。"

中峰禅师说："未必如此。"

又一个读书人说："贪财妄取是恶，廉洁守节是善。"

中峰禅师说："未必如此。"

众人依次陈述自己对善恶的看法，中峰禅师都认为不准确。于是大家请禅师指点。

中峰禅师告诉他们说："做事想着有利于别人，就是善；做事想着有利于自己，就是恶。有利于人，就是打人骂人，也是善行；有利于自己，就是敬人礼人也是恶行。所以，人们行善，有利于人就是公，公就是真；有利于自己就是私，私就是假。而发自内心自觉的行善是真善，模仿别人、做表面文章的是伪善。为善而不求任何回报的是真善，为了某种目的而求回报的是伪善。像这些道理，都需要自己认真的分辨、考察。"

经典解读

中峰禅师认为，行善也有真与假之分，假的行善只体现在行为之上，未必果真有为善之心；真的行善是内心只想着对人有利，而不拘于固定的行为方式。很多时候，有些事看着像是善行，其实未必；有些事看着不似善行，其实也未必。所以，我们在看到一个行为的时候，一定要仔细分辨，不能只看表面现象。

观察一个人是善人、恶人，也应该如此。不能只看浅层次的行为，而是要考察他内心如何，弄明白他为何如此行事。孔子说："视其所以，观其所由，察其所安，人焉廋哉，人焉廋哉！"所讲的就是这个道理。

哲理引申

为善必须表里如一

有读书人问，为什么有人为善却得不到回报。中峰禅师告诉他，为善也有真为善与假为善之分，只有内心真的怀着利人的念头所做出来的事情才算得上是善事，若心中没有为善的念头，即便做出一些看似像"善行"的事，也算不得为善。虚假善行，只能欺骗愚昧无知的人，怎么可以糊弄智者，糊弄上天、鬼神呢？所以也自然就得不到上天的佑护了。中峰禅师的话告诉人们，做善事一定要是发自内心的，诚心诚意的，不可有半点虚假之意，想要在行善积德之上欺世盗名是没有任何意义的。

从前有个县令，为人刻薄，滥用刑罚，做官又昏庸贪婪，也许是遭到上天报应的结果吧，虽然年近五十了，还没有一个子嗣。他心中十分着急，听说城中来了一位菩萨在传法，便前往求助。

菩萨听了县令的诉说，便告诫他："你平时为官不清廉，又对很多无辜之人用刑，所以德行极为浅薄，上天惩罚你，不让你有子嗣。但既然你来求我了，我就指给你一条明路，你要改过兢刻鄙吝之心，多做善事，少造恶业，或许命运还能改变，子孙也会有的。"

县令听了菩萨的话，千恩万谢，发誓说自己一定要改过从善，做一个善人。县令回去以后，便想法做善事，但做了几天就发现没有什么可做的了，心中不禁苦恼。他的属下，也就是县中的捕头看透了他的心思，于是便走到大街上，看到一个人犯了小过，将其抓到县衙之中，痛打了几十大板，然后交给县令审理。

县令审理之后，自然知道这人是冤枉的，正愁没有善事做，便立刻将他放了出去，那人对县令连连感谢。捕头也连忙承认自己的过错，并称赞县令说："为别人解脱冤屈，是最大的善行了，大人如此行善，必然积得厚厚福报。"县令听了大喜，不仅没有惩罚捕头的过失，还对他大大夸奖了一番。

县中的差役们见到这个状况，心中都明白了。于是，他们到处搜捕百姓们的小过失，将百姓抓入牢中严惩。百姓们无不折腾一场，然后由县令"英明"地察明真相，为他们洗脱冤屈。开始的时候，人们还有称赞县令圣明的，时间长了，大家都知道了真相，表面上恭维县令，背后无不咒骂他。

就这样县令做了一年的好事，可妻妾们还是没有任何怀孕的迹象，他便再次找到菩萨，问："菩萨啊，我整整做了一年的善事，而且都是为别人洗脱冤屈的大善事。为何却还没有孩子呢？"

菩萨听了，冷冷地对他说："你以为你做的都是善事？百姓们本没有什么过错，却因为你要故意行善而被抓进牢房中；你明明知道差役们的行为，却为了私心放纵他们。百姓得到什么好处了？不过是白白受到许多骚扰罢了！你是在做恶事啊，本来还有机会改变的命运，现在做了这么多恶，我也无能为力了，你还是回去吧！"

县令为了给自己创造为善的机会，放任手下骚扰、侵害百姓，然后假装一副救世主的形象出现，他的为善没有丝毫造福百姓之心，完全是为了自己的私利，所以，也就算不得为善了。

生活中有很多这样的人，他们表面上做着善事，但心中其实是想着自己的利益，或是为了收买人心，或是为了取得虚名，或是在人前一套、背后一套，他们以为自己这样可以欺世盗名，可以达到谋私的目的，殊不知“人之视己，如见肺肝然”，在别人眼中，他们的行为既可笑、又可耻。他们盗用善的名头，欺骗单纯的人，使人们对行善失去信心；他们为了“行善”，而制造灾难，结下的恶因要远远比善因更大。所以说，只有发自内心的善，才是真正的善；为善就要诚心诚意、表里如一，没有半点私心杂念。

善心须端正

原文

何谓端曲？今人见谨愿[①]之士，类称为善而取之，圣人则宁取狂狷[②]。至于谨愿之士，虽一乡皆好，而必以为德之贼；是世人之善恶，分明与圣人相反。

推此一端，种种取舍，无有不谬；天地鬼神之福善祸淫[③]，皆与圣人同是非，而不与世俗同取舍。凡欲积善，决不可徇耳目[④]，惟从心源隐微处，默默洗涤。纯是济世之心，则为端；苟有一毫媚世之心，即为曲。纯是爱人之心，则为端；有一毫愤世之心，即为曲。纯是敬人之心，则为端；有一毫玩世之心，即为曲。皆当细辨。

注释

①谨愿：行事谨慎的乡愿之人，即好好先生。

②狂狷：狂傲、狷介之士。

③福善祸淫：赐福、庇佑善人，殃祸、惩罚恶人。

④徇耳目：从耳目上下功夫，即做样子、求虚名。

译文

什么是行善的直曲呢？现在的人看到行事谨慎的乡愿之人，都称他是善人而赞许他，然而圣人宁愿欣赏狂傲、狷介的人。至于行事谨慎的乡愿之人，即便一乡之人都称赞他，圣人也会将他看作是危害德行的贼；由此看来，世俗之人眼中的善恶，分明是和圣人相反的。

将这一道理推广开来，各种取舍之事无不如此。天地鬼神庇佑善人、殃祸恶人，都与圣人相同，而不与世俗之人同取舍。但凡要积累功德，决不可只从耳目之上下功夫，只有从内心深处，念头微隐的起点上，默默地洗涤干净。若纯是一颗济世之心，就是直；假若有一毫迎合世俗之心，便是曲。若纯是一颗爱人之心，就是直；假若有一丝怨恨愤世之心，便是曲。若纯是一颗敬人之心，便是直；假若有一丝玩世不恭之心，便是曲。这些都应该细细地去分辨。

经典解读

谨愿之士，就是乡愿之人、好好先生，这样的人看似忠厚老实，实际上却与流俗合污，没有任何原则，只知道趋势媚俗。谨愿之士嘴上从来都打着仁义道德的名号做事，可是他们的仁义道德也仅仅停留在嘴上，心中连一丝一毫都没有。仁义对他们有用的时候，他们大说特说，对他们没用的时候，他们就避而不谈。他们天天劝说别人行善积德，但自己的行为却和德行搭不上半点边，哪里有好处就往哪里钻，骨子里是典型的媚俗小人。

这种打着仁义旗号而行不仁之事，把为善放在口上的人，其实比普通的恶人更可恶。正是因为这样的人存在人们才会对仁义道德失去信心，才会误解所有的为善者都是表里不一的，才会学得嘴上一套、心中一套的行事方式。所以，孔子说："乡愿，德之贼也！"

哲理引申

宁为狂狷，勿为乡愿

有关乡愿的问题，孟子曾和他的弟子万章进行过一次讨论。孟子提出了四种人：合乎中道的人、狂者、狷者、乡愿之人。所谓合乎中道的人，就是做事能够符合中庸之道，不会做过头，也不会做得不够，他们言行合一，严格恪守道德，是最为理想的人。但中庸的境界很难达到，所以这样的人现实中是很少的。所谓狂者，就是为人狂傲，虽然也看重道德，但却不拘小节，行为没有那么严谨。这种人志向很远大，总是推崇古代的那些贤人，但却难免犯些言过其实的毛病。所谓狷者，就是不屑不洁的人，这种人对自身要求极高，但心胸却不够宽敞，不能容忍别人的过失，看到了别人的缺点就不愿再与别人交往。他们性情狭促，会让人觉得很难相处，但本性是好的。而乡愿之人，不会犯狂者、狷者那样的过错，他们会批评狂者说："为什么这样志大言大呢？言语不能够和行为相照应，行为不能够和言语相照应，就只说古人呀！古人呀！"又批评狷者说："为什么这样淡薄、冷漠？生在这个世界上，为这个世界做事，只要好就行了。"这种人像宦官那样八面玲珑，四处讨好，似乎能与任何人相处，但他们对社会起不到任何好的作用，因为他们自身就没有原则。看到好的事，他们口中说好，却不去促进；看到恶的事，他们口中依旧说好，却不知道去制止。他们不能促进道德，却又放纵罪恶，使人们也丧失判断能力，对罪恶姑息纵容，所以孔子将他们比喻为损害仁义的贼。

乡愿之人到处表现得都像老好人一样，说他们有什么不对，又举不出例子，要指责他们却又好像无可指责。这种人喜欢与人同流合污，为人似乎忠诚老实，行为好像清正廉洁，一般人被他们蒙蔽都很喜欢他们，他们自己也以为这样很不错。但实际上，他们这种没有原则的处世方式对社会的危害是最大的。世上的善与恶本来应该一目了然，让人看得清清楚楚，但就是因为有了乡愿之人，才让人们难以分辨善恶，容易混淆是非，让善良的人受到误会，让邪恶的人得以狡辩。所以孔子要说这样一句话："恶似而非者：恶莠，恐其乱苗也；恶佞，恐其乱义也；恶利口，恐其乱信也；恶郑声，恐其乱乐也；恶紫，恐其乱朱也；恶乡原，恐其乱德也。"即君子最厌恶的就是那些似是而非的东西：厌恶杂草，怕的是它扰乱禾苗；厌恶花言巧语，怕的是它扰乱正义；厌恶夸夸其谈，怕的是它扰乱信实；厌恶郑国的乐曲，怕的是它扰乱雅乐；厌恶紫色，怕的是它扰乱正宗的红色；厌恶乡愿之人，怕的是他扰乱德行。

古时有个老先生，读了一辈子圣贤书，到了五十岁也没有中进士，只好在县衙中做了师爷。一次，有高官前来巡查，县令让他主持迎接仪式。师爷受命以后，前后奔走，将迎接仪式搞得十分隆重。跟随他的书童便问："老爷，您当年读书的时候，不是最厌恶阿谀谄媚的事吗？今日为何自己要这样做？"师爷瞪了书童一眼，说："你懂什么！圣人教导我们要敬畏大人，我这不是谄媚，是尊重，是礼貌。"

有财主和穷人因争夺土地打官司，财主送来很多礼物贿赂，县令全部收下了。书童又问："老爷，当年您不是成天痛骂贪官污吏吗！这县令收了财主这么多贿赂，您为何还要在他手下做事？"师爷回答道："圣人不是说损有余，补不足嘛！他今日收了富人的礼物，没准是为了将来用于救济穷人，这不是替天行道吗？况且他既然收了，就一定有他的理由，我们怎能随便猜疑呢！"

审判案件的时候，穷人说自己有理，财主也称自己有理，县令还没听他们叙述完，就判处财主胜诉。事后，书童问师爷："县令判案的时候，还没听他们说完，就判处财主胜诉，这不明显受贿徇私吗？您为何还不离开他呢？"师爷生气地说："双方申诉还没有听完，但已经判断出财主有理了，这就是超出民众的英明啊！知道判财主胜诉会受到各种误会、指责，但他还是坚持这样做了，这就是公正啊！穷人十分值得同情，但他不因为自己的同情心而偏袒穷人，这就是无私啊！虽然穷人没有道理，但我看县令判完案子之后，面露不忍之色，这就是仁慈啊……这样的县令正是我要服侍的，我怎么能离开他呢！"

无论什么无耻的事情，在这位师爷的口中都能变得大义凛然，他表面上看重道义，实际上看重的却是自己的利益，这种人便是典型的乡愿之人，道德之贼。正是因为他们的存在，使道义被曲解、误会，使恶人大行其道。这种人是最无耻，也是最令人厌恶的，圣人若在位，一定最先诛杀、罢黜他们。

道义在人的心中，是不能随意扭曲的，放在嘴上，信口雌黄的道义，不是真正的道义。我们自己立身行事一定要有原则，千万别做一个与世俗同流合污，没有操守的乡愿之辈。同时，也要远离那些乡愿之人，以免他们扰乱了自己的原则，玷污了自己的心灵。

为善不可贪名

原文

何谓阴阳？凡为善而人知之，则为阳善；为善而人不知，则为阴德。阴德，天报之；阳善，享世名。名，亦福也。名者，造物[①]所忌；世之享盛名而实不副者，多有奇祸；人之无过咎而横被恶名者，子孙往往骤发。阴阳之际微[②]矣哉。

注释

①造物：创造万物的神力，即天地。

②微：微隐、玄妙。

译文

什么是行善的阴阳呢？但凡做了善事而被人知道的，都叫作阳善；做了善事而别人不知道的，就叫作阴德。有阴德的人，将会得到上天的赐福；有阳善的人，则能享受人世间的美名。享受美名，虽然也算是一种福泽。但美名这东西，为天地所忌；世上享有盛名而功德不相匹配的人，往往会遭受奇祸；相反，没有过错而妄遭恶名的人，其子孙常常会忽然发达起来。关于阴德、阳善的道理真是微妙得很啊！

经典解读

为善有两种收获，一是阴德，便是日后的福报；一是阳善，即美好的名声。阴阳难以两得，得到好名声的，在福报上必然相对受损，所以行善积德的人最好不要贪恋美名，不要追求什么善事都被人所知。本节就是告诉人们在名与福之间要做出慎重的选择，为善不可贪恋虚名。

哲理引申

行善不必刻意宣扬

人们常说“积阴德”，什么是阴德呢？就是私下的、不被人知的德行。古人认为，一种善行能够得到的回报是一定的，若被人所知，人们就会称赞你，这种美名也是一种回报，在名声上得到了回报，那在其他方面自然也就少了。所以，要想积德来获得好运、改变命运，最好不要追求名声。

但有很多人不相信天地鬼神、善恶报应，也不仅仅追求良心上的满足，他们认为做了好事只有被人知道，获得好的名声才是最大的回报，有了好的名声才能在其他方面获得利益。所以，他们每做一点善事就要大力宣传，唯恐别人不知，还要收集各种各样的行善证书，要争夺各种各样的慈善名声……按理说，他们的确做了善事，要求这些也无可厚非，但若做得太过分，就难免让人怀疑他们为善的目的。人们会觉得他们只是为了虚名才去做那些善事的，根本没有善心；更有的人会认为，他们只是将行善作为一个噱头，是在利用人们的爱心来在其他地方谋取利益；甚至，有受到帮助的人会因为他们的宣传而觉得自己的尊严、隐私受到损害，会将对行善者的感恩之情，当作羞辱……随着社会上这样行为的出现，人们就会对所有行善之事产生怀疑，会怀疑一切善心善意，就会为了避嫌而“不敢为善”。所以，这种行善而追求名声的事做得过分了，其实是对整个社会善心、善行的损害。

其实，善行根本用不着追求虚名，你自己不去宣扬名声，但被你帮助的人会牢记你的恩情，你帮助的人多了，即便处处做好事不留名，别人也会成就你的好名声；行善也不必刻意追求利益，你做的善事多了，感恩你的人多，利益自然也会到来。只需怀着一颗赤诚的心行善，一切好运就会应时而来。

北宋真宗的时候，有一个叫王曾的士子，前往京城参加礼部廷试，路上住在一家旅馆之中。夜晚，王曾忽然被一阵哭声吵醒，仔细去听，发现是女人在哭，哭得非常悲切。王曾起身探问旅馆主人，原来是附近的邻居，母女二人相依为命，家中十分贫穷，欠了官债，无法偿还，官府进逼，迫不得已，只好将女儿卖给商人。天明母女就要离别了，从此永远不能相见，因此哀伤痛哭。王曾听后，心中十分怜悯这母女的遭遇，于是便换衣服走了出去，来到那户人家，敲开门，对母亲说："你的女儿可以卖给我，我可以替你们还清官债，并且以后还可以使你们有相见的机会。"说罢，拿出银两交给母亲，让他退还商人，约定三天后前来迎娶。

那位母亲，拿着王曾给的银子，还清了官债，退掉了和商人的交易，便等着王曾上门娶亲。但过了三天，也不见王曾前来，心中疑惑，便到旅馆之中去询问。旅馆主人对他说："那位相公已经离开了，留下一封书信让我转交给你。"

原来王曾只是怕那位母亲不答应，才谎称要迎娶她的女儿。信中只是叫她为女儿择个好人家婚配，丝毫没有提钱的事情，也没有留下自己的姓名。母女了解真相以后，感激万分，每日在佛前为这位不知名的恩公祈祷求福。

王曾到达京都以后，应试礼部及殿试应对，居然都名列第一。回乡后，亲友、乡人全都登门道贺，有人对他说："恭喜您啊，如今状元及第，功名已成，一生吃穿都享用不尽了。"王曾听罢，正色词严地回答说："我为学做官，志向岂在功名富贵！只想为天下百姓尽点儿微力罢了。"

后来，王曾先后担任翰林学士、谏议大夫、参知政事等职，在任何位置上，他都尽忠职守，正直立朝，默默为百姓谋利，不求丝毫名利。好友范仲淹曾经劝他将自己任用贤人等政绩公开，王曾回答说："作为执政大臣，把恩赏全揽到自己身上，那怨恨归谁呢？"范仲淹对他这种不谈名利之心十分叹服。

王曾做善事，不留名，但没人不敬佩他的德行；为官不追求名利，但人们都称他为贤相。好的德行就如一壶醇酒，你不必特意去称赞它，但它的芳香却早已远远传开。

杨子曾经说过："行善不以为名而名从之，名不与利期而利归之，利不与争期而争及之，故君子必慎为善。"行善之时，内心越是诚挚，越不在乎名利，就越能收得名利；反之，若过于在乎名利，这名利反而会为自己招来争端。君子在行善之时，一定要戒除名利之心，不要让名利玷污了自己的善行。

是非不分，善恶不清

原　文

何谓是非？鲁国之法，鲁人有赎人臣妾[①]于诸侯，皆受金于府[②]。子贡赎人而不受金。孔子闻而恶之曰："赐失之矣。夫圣人举事，可以移风易俗，而教道可施于百姓，非独适己[③]之行也。今鲁国富者寡而贫者众，受金则为不廉，何以相赎乎？自今以后，不复赎人于诸侯矣。"

子路拯人于溺，其人谢之以牛，子路受之。孔子喜曰："自今鲁国多拯人于溺矣。"

自俗眼观之，子贡不受金为优，子路之受牛为劣；孔子则取由而黜赐焉。乃知人之为善，不论现行而论流弊[④]；不论一时而论久远；不论一身而论天下。现行虽善，而其流足以害人，则似善而实非也；现行虽不善，而其流足以济人，则非善而实是也。然此就一节论之耳。他如非义之义，非礼之礼，非信之信，非慈之慈，皆当抉择。

注　释

①臣妾：指沦为奴仆的人。

②府：鲁国官府。

③适己：只考虑自己的心情。

④流弊：流传下去对后人的影响。

译　文

什么是行善的是非呢？春秋时，鲁国的法令规定，但凡鲁国人在别的诸侯中沦为奴仆的，若有人出钱将其赎回来，可以再向官府领取赎金，子贡赎出了人而不接受官府的赎金。孔子听说了很不赞同他的做法，说："子贡做错了。圣贤无论做什么事情，都会影响到社会风俗，都会对百姓形成一定的引导和教育，在做事时该考虑到这些，而不应单单让自己觉得称心如意。如今鲁国富人很少而穷人很多，若接受金子就落得贪财的名声，那谁还会再赎人呢？从今以后，只怕鲁国人不会再从诸侯赎出落难的国人了！”

子路遇到有人溺水，将其拯救出来，那人送一头牛来答谢子路，子路接受了。孔子高兴地说：“从今以后，鲁国会出现很多自动去拯救溺水者的事！”

以世俗的眼光来看，子贡不接受酬金更好，子路接受牛差些；但孔子却赞许子路而责备子贡。由此可知，一个人做善事不能只看眼前表现，而更要思考流传下去的利与弊；不要只看一时的影响，而要讲究长远的是与非；不要只看自己一人的得失，而要思考它对天下大众的影响。现在虽然看起来很好，若流传下去却对人有害，则看似为善事，其实却谈不上是善的；现在虽然看起来不好，若流传下去却对人有利，那则看似为不善，其实却是真正的善事。然而，这只不过是就为善一件事来讲罢了。相同的道理，在其他方面还有很多体现，如称不上义的义、称不上礼的礼，称不上信的信，称不上慈的慈，对这些问题都当仔细判断、抉择。

经典解读

本节说明了这样一个道理：有些事看似是对的，但却会对整个社会造成不利的影响；有些事看似是错的，但却会对整个社会造成有利的影响。人在思考事情的时候，不能只看其表面，要有长远的目光，深思它会对他人、对整个社会产生什么样的影响。

哲理引申

要善于分辨是非

有人说：“耳听为虚，眼见为实。”耳朵经常“欺骗”我们，明明听到的是这样的，然而事实却完全是另一个样子。譬如，曹操、陈宫住宿在吕伯奢家，听到磨刀声，听到有人说“绑紧了，再杀掉”，以为别人要加害，没想到人家是想杀猪宰羊好好招待自己。他们对此未能谨慎辨析，所以酿成了大错。

又有人说：“眼见未必为实。”眼睛也经常“欺骗”我们，明明看到的情景是这样，却另有真情。譬如，孔子师徒曾经受困在陈蔡之间，几天没有吃的，很多人都饿倒了。子贡冒险出去，用携带的财物换了一点儿米回来。颜渊负责煮饭，在饭煮好的时候，子贡忽然看到他伸手抓了把饭，放在嘴中。子贡心中很不高兴，便告诉了孔子。孔子不相信颜渊会偷吃，将他叫过来询问。结果却是饭中落入了灰土，颜渊将脏的米粒拣出来，不忍心扔掉才放入嘴中吃下。

又有人说："耳朵听的不一定是真的，眼睛看的不一定是真的，那是因为存在误会。消除了误会，遵循平时的常识做事，就不会是非混淆，做错事了。"其实，人的常识也不一定可信。

春秋的时候，郑国子产执政，将国家治理得很好。子产病重了，知道子太叔将继续执政，便将他召唤到自己的床边，吩咐说："我死了，你一定会执政，你执政不要太宽松。火是十分严厉的东西，人们都畏惧它，不敢接近，被烧死的人反而少。水是十分柔和的东西，人们轻狎它，被淹死的反而很多。只有圣人才能以宽服人，否则不如严厉一些。"子产去世后，子太叔果然执掌政事，他天性仁慈温和，不愿意用严厉的手段约束百姓，便采取宽和的政策。可他的宽和，让那些为非作歹的人为所欲为，几年以后，郑国盗贼丛生，人人自危。子太叔十分后悔，说："要是我早点听子产的建议就没有如今的局面了。"于是，他下定决心，亲自率领军队围剿盗贼，才使郑国恢复平静。

人人都知道为政宽和是仁慈的体现，但有时候宽和的政治却会导致国家混乱。很多人进行改革，都是希望国家越来越好，结果却导致了国家灭亡，这是为什么呢？因为，想让它好和它真的能好，这是两件不同的事。为善也是这样。我们做善事都是为了帮助别人，都是想让别人变得更好，但很多时候若不深入思考这帮助对他的影响，往往会好心做了错事。《庄子》中就有这样一个寓言：

南海的帝王名叫倏，北海的帝王名叫忽，中央的帝王名叫混沌。倏和忽在混沌的地方相遇了，混沌对待他们非常友好，盛情款待了他们。

倏和忽十分感激，便商量着报答混沌的恩情，他们说："人都有七窍，用来看外界、听声音、吃食物、呼吸空气，唯独混沌没有七窍，不如我们试着给他凿出七窍，这样他一定会活得更好。"

于是倏和忽每天都趁着混沌睡着的时候，替他凿开一窍，到了第七天的时候，混沌七窍具备，反而死掉了。

倏和忽想要帮助混沌，却导致了混沌的死亡，他们徒有一番为善的心意，却不明为善的道理。是非，就是道理，世上有很多似是而非、模棱两可的事情，若不好好学习其中的道理，就会将是非混淆，善恶混淆。真正懂得是非道理的人，凡事都考虑深远，反而不屑为世俗眼中的好事。

《吕氏春秋》中讲过这样一个道理：有盲人爱护自己的孩子，却让他枕卧粗硬的谷糠；有聋人爱护自己的婴儿，却在打雷的时候抱着他向外张望。他们知道爱惜孩子，却又不知道爱惜孩子的道理。这种爱惜和不爱惜有什么区别呢？做善事也是如此，有的人想行善，却不知道行善的道理，这和不懂得为善的人又有什么区别呢？大热天，路人在道上行走，累得气喘吁吁，有人心存怜悯，便在井里舀起一大瓢凉水给他；路人喝了自然是能解渴，但身体会因此而得病。草原上，鹿群总被野狼捕杀，有人觉得可怜，便将野狼全部杀死；鹿自然不再被追捕了，然而却会大量繁殖，导致种群退化、灭亡。海滩上，刚出壳的小乌龟向水中爬，会遭到海鸟的捕食，有人觉得可怜，便帮它们将海鸟赶走；几只小乌龟安全了，但却会给整个海龟群发出错误的信号，导致更多的小海龟命丧鸟口……

以上的例子中，人们都想做善事，然而却都酿成大错，为何呢？就是不懂道理，不辨是非。所以说，为善只有一颗善心还是不够的，一定要善于学习道理，善于分辨是非。

莫以好心做错事

原文

何谓偏正？昔吕文懿公①初辞相位，归故里，海内仰之，如泰山北斗。有一乡人醉而詈之，吕公不动，谓其仆曰："醉者勿与较也。"闭门谢之。逾年，其人犯死刑入狱。吕公始悔之曰："使当时稍与计较，送公家责治，可以小惩而大戒。吾当时只欲存心于厚，不谓养成其恶，以至于此。"此以善心而行恶事者也。

又有以恶心而行善事者。如某家大富，值岁荒，穷民白昼抢粟于市。告之县，县不理，穷民愈肆，遂私执而困辱之，众始定。不然，几乱矣。

故善者为正，恶者为偏，人皆知之；其以善心行恶事者，正中偏也；以恶心而行善事者，偏中正也，不可不知。

注释

①吕文懿公：吕原，字逢源，号介庵，浙江嘉兴人，明代大臣，谥号文懿。

译文

什么叫作行善的偏正呢？从前吕文懿公，才辞掉相位，回到家乡，全国的人都仰慕他，将其视为泰山北斗。乡里有一个人，喝醉了酒，辱骂吕公。吕公并不以此生气，告诉仆人说："喝醉的人，不要与其计较。"于是关上家门，不理睬他。过了一年，那人犯了死罪入狱。吕公才开始后悔，说："假若当时和他计较一下，把他送到官府治罪，可以借小惩罚收到大惩戒的效果。我当时只想着要心存厚道，宽容待他，却不料养成他的罪恶，以至到了这种地步。"这就是存善心，反倒做了恶事的例子。

又有存着恶心，反而做了善事的例子。譬如有一家十分富有，正值荒年，穷人大白天在市上抢米；富家告到县衙，县官不受理案件；穷人因此更加放肆，富人便私自将抢米的人抓起来，惩罚、羞辱他们，众人才规矩下来；若不这样，几乎会酿成大乱了。

所以说，善为正，恶为偏，这个人人都了解；怀着善心反而做了恶事的，便称为正中生偏；怀着恶心反而做了善事的，便称为偏中生正；这些道理都不可以不知道。

经典解读

吕原本怀善意，宽容待人，却不经意中纵容了别人的过错，以善心行错事；富人家本性鄙吝，不肯施舍穷人，却不经意间制止了一场变乱，以恶心做善事。这还是在讲善恶分辨不清的道理，以善心行恶事和前一节所讲的是非道理相同，犯这样的过错就是考虑不周全，不明白深刻的道理。这样的事情应该尽量避免，但即便有这样的过错，只要心是善良的，也算不得大恶。相反，那位富人家，即便不经意间做了善事，但他的本心是恶的，这样只怕善再大也不会有什么功德，他的本性还是苛刻的没有丝毫改变，人们还是会厌恶他的鄙吝，不会对他有一分感恩。

所以，除了应该明辨是非的道理外，人们一定要记得：即便好心可能做错事，也不要丢弃自己的好心，放弃为善；即便恶心偶尔能做出好事，也不要心怀侥幸，肆意作恶。

哲理引申

好心可以做错事

春秋时，晋楚两国为了争夺霸权，展开大战。楚国一方，楚共王亲自率领军队。两军作战的时候，楚共王被晋将射伤了眼睛，只好暂时停战。但他不甘心就此撤兵，便让司马公子侧去处理军事。公子侧知道自己职责重要，也十分尽心地处理军务，到了很晚还没有休息，十分疲惫。他的仆人竖谷阳素来敬爱他，看到公子侧这样辛苦，便想为他缓解一下，于是拿了一杯美酒献给他。公子侧素来贪酒，见到竖谷阳献上的酒，害怕自己喝醉了耽误事，便不想饮用。竖谷阳于是骗他说："这不是酒，是糖水罢了。"公子侧听了便拿来饮用，喝了一杯还想喝，就这样直到酩酊大醉。竖谷阳见主人喝醉休息了，心里也很高兴。

没想到，夜里楚共王听到了晋军中的情况，准备作战，便召见公子侧谋划对策。可公子侧喝得酩酊大醉，根本无法前去。楚共王亲自走到他的军帐中，闻到了浓烈的酒气，十分愤怒，说：“这是上天要让楚国失败啊，我不能在这里等待了！”于是就夜里率军退走了。

部下把公子侧绑在战车上，走了两百多里，他才醒来。醒来后知道因为自己醉酒，错过战机，楚共王已经下令退兵了。想到自己的过错，他不禁放声大哭：“谷阳害死我了！”楚国的令尹子重素来与公子侧不和，便派人来责备他说：“从前子玉带兵和晋国作战，失败后便自杀谢罪了，你也听说过他的结局了，为何不想想自己该怎么办呢？”公子侧羞愧难当，便自杀了。

竖谷阳敬爱公子侧，想让他休息，所以献给他美酒，却不知道在军中饮酒会耽误大事，反而害死了公子侧。这就告诉我们，在做好事之前一定要深思熟虑，一定要明辨是非。一个人如果不明道理，不知道深思熟虑，那么即便他怀着善意，也往往做出错事来。心意和行动、结果存在巨大差异，善与恶之间相互转化，我们在打算做好事之前，一定要仔细想想，事情是否会真的像自己所想的那样进行，是否会出现什么别的变化，会不会反过来变成坏事，伤害了人家……这些都考虑周全了，再去做也不晚。

人做事一定要灵活。同样的事情，在不同的人身上，并不能死板地照搬前例，也不要主观地去想我觉得该怎么做，而是要好好考虑一下事情做了会在他人身上产生什么效果，给他人带来好处还是害处。正如前面中峰禅师所说的，有利于别人的才是善事，这样的事才可以去做；不利于别人的就是恶事，这样的事绝不能施行。

有这样一个故事：

有两个兄弟，来到一个富人家中借钱。哥哥来时，说明了来意，富人便吩咐管家将钱拿给了他；弟弟来时，说明来意后，富人就找个借口将其打发走了，不借给他钱。管家很奇怪，便问：“这两个人和您的亲属关系一样，为何您借给哥哥那么大方，而借给弟弟时却又那么吝啬呢？”富人说：“并不是我对哥哥慷慨，而对弟弟吝啬。老大平时为人有上进心，又不乱花钱，他来借钱要么是家中有什么急事，要么是有什么想法，想要做些买卖。他的钱不能不借。而老二平时就好吃懒做，吃喝嫖赌的事都少不了他。他借钱要么去还赌债，要么去与人鬼混，借给他反而是害了他。他借钱无论如何也不能借。”

故事中的富人，就是善于行善事的人。对于上进正派的哥哥来说，借钱帮他就是为善，而对于好吃懒做的弟弟来说，不借钱才是帮他，才是为善。同样的事情，因为不同的人，为善的方式便也发生了变化，若不懂得这个道理，都做相同处理，那就难免要做错事了。

我们自己做事要谨慎，避免出现好心做坏事的行为。同时，在受到别人伤害的时候，我们也一定要想到这点。既然好心可以做坏事，或许别人并非是故意伤害我们，他本意是为了我好，只不过不小心做了错事——我要感激他，而不是怨恨他。生活之中的好多矛盾，都是因为误会而产生的；而误会的来源，很大一部分就是因为事情的结果和做事的初心存在差距。当这种误会出现在我们自己身上时，一定要多从别人的角度着想，去宽容别人的“过错”，体悟别人的好意。

总之，我们都要明白“好心可以做错事”这个道理，一方面谨慎行事，避免自己犯错，另一方面，宽容待人，原谅别人无心的过错。

诚心为善，方得圆满

原文

何谓半、满？《易》曰：“善不积，不足以成名；恶不积，不足以灭身。”《书》曰：“商罪贯盈，如贮物于器。”勤而积之，则满；懈而不积，则不满。此一说也。

昔有某氏女入寺，欲施而无财，止有钱二文，捐而与之，主席者[①]亲为忏悔；及后入宫富贵，携数千金入寺舍之，主僧惟令其徒回向而已。

因问曰：“吾前施钱二文，师亲为忏悔，今施数千金，而师不回向，何也？”

曰："前者物虽薄，而施心甚真，非老僧亲忏，不足报德；今物虽厚，而施心不若前日之切，令人代忏足矣。"此千金为半，而二文为满也。

注释

①主席者：指寺中的住持。

译文

什么叫作行善的半与满呢？《周易》中说："善行不积累，不足以成就美名；恶行不积累，不足以毁灭自身。"《尚书》中说："商纣恶贯满盈，就如容器里装满了东西。"为善就是这样，努力去做积累功德，就是满；懈怠不做，功德不积攒，就不满的。这就是行善半与满的说法。

从前有一户人家的女子到寺中回向求福，想要施舍些钱财给寺中，却没有，身上仅有两文钱，她还是拿来捐给了寺中，寺中住持便亲自替她在佛前回向；后来这个女子入宫为妃，富贵起来，带着数千金来到寺中布施，但寺中的住持和尚只让自己的徒弟为她回向而已。

女子奇怪住持的做法，便问："从前我只施舍了两文钱，大师您便亲自为我回向，如今我施舍数千金，大师却不再亲自为我回向，这是为什么呢？"

住持和尚回答："从前你布施的钱财虽然少，但施舍之心甚为真诚，若非老僧亲自为你回向，则不足以酬答你布施的功德。如今财物虽然丰厚，但你施舍的诚心却不如从前真切了，让人代我为你回向就足够了。"这就是千金布施只算半善，而两文钱的布施却为满善。

经典解读

女子贫穷的时候，虽然只施舍了两文钱，却是身上的全部，她对佛的敬意是全心全意的，所以寺中住持要为她亲自回向；当她富贵以后，虽然施舍了千金，但诚心却已经远远不如前时，所以住持只让自己的徒弟为他回向。这就告诉人们，行善的功德并不仅仅在于所施舍钱财的多少，更在于自己心中的诚意。

为善助人的精髓就在一个“诚”字。一个人若怀着诚意去为善助人，那么即便给予别人的很少也会感受到其中的真情，对你心存感激；反之，若对别人的求助随便敷衍，那么即便承诺再美好，别人也会看透其中的虚伪。

哲理引申

为善需要的只是诚心

古时，有个书生，进京赶考，路过一家旅馆，看到一个人害了疾病，痛苦不已。这书生以前见过这病，似乎记得一个方子，却怎么也想不起来了。后来，在前往京城的路上，他日夜想着那人的病痛，连复习经书都顾不得了。走了几百里路，忽然他想到了可以治病的药方，于是兴奋得跳起来，连入京赶考都顾不得了。连忙租了马车，赶回旅馆，将方子告诉病人。病人按照方子，吃了药很快就好了。

因为回去救人，书生错过了考试的时间，虽然耽误了考试，却为他积累了大善缘。在他准备还乡的时候，遇到了那个救治的病人，原来这病人正是当朝大学士的家人，外出办事不承想病在路上，多亏书生援救才得以返乡。这人将书生引荐给了大学士，大学士十分赏识他的善心，交谈之后看他学问也不错，只是有些地方还存在不足，索性收他做了弟子。在大学士的提点之下，书生学问突飞猛进，几年以后，一举中了状元。

书生将别人的危难记在心上，为了帮助别人而宁愿耽误自己的大事，这就是行善的诚心。人如果能有这种诚心，什么善事不能做出来呢？他的善报也一定非常大。

有的人也能行善，却没有足够的诚心，只是将行善当作一件可做可不做的消遣。不损害自己的利益，不付出任何代价的时候尚可帮帮别人，若需要自己付出一文钱，那就退缩了。或是不愿付出而又贪图名声：自己有千两黄金，才愿意捐出一个铜板，就到处宣扬自己的善行。这哪里算得上是有善心，只不过是敷衍、欺骗鬼神罢了！这样的行为，鬼神若有知，怎么会庇佑他呢？

还有一些发愿行善的人，在佛像面前，口口声声说要行善，可到了现实之中却为自己寻找各种理由：自己拥有的钱财还太少，不能施舍给别人；自己的身体不好，没有力气去助人；自己的精力有限，想要行善却不能；自己地位身份低微，想要救助人们却没有能力……这其实都是些自欺欺人的想法，没有人会相信。

有个企业家，出生于贫困的农村，年轻时在村子中交了很多朋友，事业成功以后，他回到家乡探望了当初的那些朋友，唯独给一个人超出别人的馈赠。人们便问："当初你和大家的交情都差不多，为何现在要特别照顾这个人呢?"企业家回答："当初我离家的时候，大家都向我告别，赠送我钱粮，这个人家中很穷，没有什么送给我的，便一同陪我走了十几里的山路。他虽然没有送我任何东西，但我深深地感受到了他的诚心，这种诚心比任何钱财都要贵重啊!"

世上最能打动人心的莫过于诚心了，在行善助人之时我们最需要具备的也是诚心。即便你没有太多的钱财施舍，只要有颗诚心，他人就能感受到，佛就能感受到；这样的施舍，虽然只有一文钱，也是巨大的功德。即便你没有太多的能力帮助别人，只要有颗诚心，他人就会感恩于你，佛也会记住你的善良，用厚厚的福报回馈于你。

永远不要因为自己拥有的太少而不去施舍，永远不要因为自己力量有限而不去助人，只要你有颗为善助人的诚心，你一点一滴的付出在他人看来都是泰山般贵重的恩情，都是你将来获得福报的根源。

行善的前提：不害人

原文

钟离[1]授丹[2]于吕祖[3]，点铁为金，可以济世。

吕问曰："终变否？"

曰："五百年后，当复本质。"

吕曰："如此则害五百年后人矣，吾不愿为也。"

曰："修仙要积三千功行，汝此一言，三千功行已满矣。"

此又一说也。

注释

①钟离：即钟离权，东汉、魏晋时期人物，中国民间及道教传说中的神仙。

②授丹：教授炼丹之术。

③吕祖：即吕洞宾，唐朝人物，道教宗师，相传受钟离权点化而成仙。

译文

钟离权将炼丹之术传授于吕洞宾，点铁就可变成黄金，可以用此来救济天下的穷人。

吕洞宾问："这是彻底变成金子了吗？"

钟离权回答："五百年后还会变为原来的铁。"

吕洞宾说："那这样就害了五百年后的人了，我不愿做这样的事情。"

钟离权说："修仙要积满三千件功德，你说出这样一句话，三千件功德就已经圆满了。"

这是行善有半有满的另一种说法。

经典解读

点铁成金是多么诱人的一种能力啊！用手轻轻一点，就可以将一块顽铁变成珍贵的黄金，这样便能成为天下最富有的人，拥有花不完的金银财宝，吃不完的山珍海味，穿不尽的绫罗绸缎……即便自己不好享乐，也可以将钱财分给自己的亲戚朋友，使他们生活富足；可以将钱财分给贫穷的人，使他们摆脱贫困。这大概是所有人都梦寐以求的，但吕祖在能够得到这项能力的时候，却拒绝了，因为他知道自己虽然能以此获得富贵、做很多善事，但几百年后定会有人因此而受害。

试想想，若几百年以后，有人辛辛苦苦地赚了银子，却忽然变为废铁，那他的一生辛苦也许就白费了，这对他是多么的不公平。若几百年后，有人拿着救命的银子去买药，忽然间银子变成了废铁，那他该是多么的凄惨、无助。若几百年后，有人负责看管着银子，却忽然间都变做了铁块，那他岂不有口难辩，这是多么的冤屈……吕祖正是想到了这些，才不愿意去学习这项法术。真正的有德之人，绝不会为了自己的利益而伤害他人，绝不会为了获得好名声而将灾祸遗留给他人。

哲理引申

不为己害人，便是大功德

孟子说："行一不义，杀一无辜，而得天下，皆不为也。"圣人得到天下便可施行自己的政治理想，可以去济世救民，这是他们日夜所梦想的，但若需要通过伤害无辜的人而实现这些目标，他们是定然不会去做的。这便是原则，是最值得人敬佩的人格魅力。

东汉有个叫朱穆的人，家中养猪，有一头猪病了，朱穆便命仆人将其赶到市场上卖掉，并特意吩咐说，这头猪有病，应当告诉买主实情，以便宜的价格卖出。不料家人来到市场上，并未说猪有病，以正常猪的价钱将猪卖了出去，回来以后沾沾自喜地对朱穆夸耀自己的能力。朱穆知道以后，连忙赶到市场之上，说明情况，将一半的钱还给买者，买者不愿接受，朱穆留下钱便走了。乡人知道这件事以后，纷纷称赞朱穆的美德。后来，朱穆被举为孝廉，又拜郎中、尚书侍郎，冀州刺史等，为官刚正不阿，被视为当时贤士的典范。

无独有偶，西魏也有个叫孟信的官员，他担任赵平太守，为官清正廉洁，施政宽厚平和。当时虽然是乱世，但他的治下百姓都生活安宁，豪强不敢为非作歹。虽然身居高位，他家中却十分清贫，三餐难继，没有余财，只有一头牛。一次牛生病了，孟信的侄子害怕牛死掉，便隐瞒病情，打算将它卖掉，换些柴米，以供生活。买卖券契都已经写好了，买者正要将牛牵走，恰好孟信从外面回来。得知交易的情况以后，他对买者说："这牛不能卖。"买者以为孟信觉得价钱太低，要反悔，便拿出券契说："买卖立字生效，不可反悔，您可不能再提价啦！"孟信说："并非要提价，这牛其实有病，只要稍微劳力，便会发作。你买它一定是为了耕田，这头病牛买回去对你毫无用处。"说罢转身，责打侄子，训斥他不该欺瞒，然后和买者解除了交易。买者见此，深受感动，嗟叹很久才离去。

孟信的行为被执政大臣宇文泰知道了，宇文泰非常赞赏他这种廉洁诚信的美德，于是举用他为太子太傅，并特予加封散骑常侍。孟信直到年老才辞官荣归，当时家乡的儒者学士，无不钦佩他的美德，以他为荣。

朱穆、孟信都不愿意为了自己的利益损害别人，这就是他们最值得尊重之处，也是他们能够获得福报的根源。古人说："君子有所为，有所不为。"有利于自己而损害他人的事情，就是君子不该为的；有利于他人，有利于社会的事情，就是应该努力去为的。普通人或多或少都存在一些自私自利的心理，能够克制这种心理，战胜私欲，不去为了自己的利益伤害别人，这便是大善心、大功德。

我们在平时生活中，做每一件事情之前，一定要先为别人考虑一下，想一想这件事是否会伤害别人，会不会给别人带去麻烦。先做到"己所不欲，勿施于人"，这比专门去行善积德，更为重要、迫切。

行善而心不着善

原文

又为善而心不着善，则随所成就，皆得圆满。心着于善，虽终身勤励，止于半善而已。譬如以财济人，内不见己，外不见人，中不见所施之物，是谓三轮体空，是谓一心清净，则斗粟可以种无涯之福，一文可以消千劫之罪，倘此心未忘，虽黄金万镒，福不满也。此又一说也。

译文

又身行善事而心中却不挂念这是在行善的，那么随便你做了任何善事，都可以功德圆满。若心中重视挂念行善这事，则即便一生都很勤勉地为善，也只不过是半善罢了。这就像用钱财救人，在内不要想着自己给了别人什么好处，在外不要想着让别人感激自己什么，在中也不要挂念那些施舍出去的东西，这就叫作三轮体空，叫作一心清净，如此布施一斗米便可种下无边无尽的福了，一文钱便可消解千劫万劫的灾了。倘若为善的心不能放下，那么即便施舍了黄金万镒，功德也是不满的。这是行善有半有满的另一种说法。

经典解读

为善而信不着善，还是说要有颗赤诚的为善之心，不夹杂任何私心私欲，做善事就是为了做善事，不要怀着求名求利的目的，也不要想着得到回报。不求回报的善行，是最为真诚、最为可贵的，其功德也是最广大的；有了目的的善行，为善之心便不纯粹了，功德也要大打折扣。

哲理引申

为善助人，莫放心上

世上有不可以忘记的事情，那就是别人对我们自己的恩情，所以古人说，

“吃水不忘挖井人”“滴水之恩，当涌泉相报”。世上也有不可不忘的事情，那就是我们对他人的帮助。华罗庚先生说过一句话很好：“人家帮我，永志不忘；我帮人家，莫记心上。”

逻辑学大师金岳霖，早年教学的时候，有一个学生叫殷海光。殷海光家中十分贫穷，险些因此放弃学业，多亏金岳霖的资助才能继续念书。后来，殷海光去了台湾，在学术上颇有建树，他对金岳霖老师非常感激，经常提起金岳霖早年对他的帮助，临终之际还念念不忘。

金岳霖先生八十多岁的时候，台北前来的记者曾对他进行采访，采访中提及殷海光的事，金先生说：“我太老了，教过的学生很多，记不得什么了。”记者说：“但这个学生还记得您，对您给他的帮助念念不忘。”金先生说：“都是过去的事情了，还提它干什么？”

记者走后，旁边的汤一介教授问金先生：“您真的忘记了殷海光了吗？”金先生笑着说：“没有。殷海光在学术上有点儿小名气，但这是他自己努力的结果。我当初帮助他，不是为了让他报答我。善之为善，不求回报，这才是善的原意啊！”

善之为善，不求回报，这是多么深刻的体悟啊！只有这样至诚的善心，才能做出最无私的善行。真正的善行就应该像金岳霖先生一样，不怀任何目的，既然没有目的，也就无须将其放在心上。总把善行放在心上，它反而会成为负担，损害人与人之间的感情。

战国的时候，秦国进攻赵国都城邯郸，赵国危在旦夕，赵国向楚国、魏国求救，但楚国、魏国都畏惧秦国，不敢发兵。于是赵相平原君向自己的小舅子信陵君求援，从私情、大义两方面企盼他能拯救赵国。信陵君多次劝魏王出兵不成，便窃取兵符、杀死领兵大将晋鄙，率军进攻秦兵，使赵国得以保全。事后信陵君便留在了赵国，赵王十分感激他，与平原君商议，想把五座城池封赏给他。信陵君听到这个消息以后，很高兴，有了居功自傲的神色。

有一个门客见信陵君如此，便劝他说：“有些事情是不可以忘记的，有些事情却不能不忘。别人对公子有恩，公子不可以忘记；公子有恩于他人，希望早点忘掉。您假托魏王命令，窃取兵符救援赵国，对赵国来说是救死存亡的大恩，再多的封赏都不能与这恩情相匹配。您若接受了封赏，就说明心中记着自己的功劳，赵国也会觉得未能完全报答您的恩情，这样您还怎么在赵国立足呢？况且，接受了封赏，人们会认为您是为了这些才救援赵国的，您在魏国就会成为罪人，那些为救赵牺牲、受伤的魏国士兵会怎么看您呢？我私下认为您不应该接受赵国的封赏啊！”信陵君听了以后，十分自责，便推辞了赵王的好意，不接受城池，并派人去慰劳那些帮助自己而牺牲者的家人。天下人听说了信陵君不受赵国封赏之后，都钦佩他的美德，认为他是一个真正的君子。

信陵君的确是个善于纳谏的人，正因为他听取了门客的劝说，没有凭恃自己的功劳要求封赏，所以才使其功劳、名声得以保全。若有一丝贪功、贪利之心，那就要承受卖国求荣、假公济私的恶名了。

其实，为善助人最大的收获就是良心上的舒适：当我们帮助别人的时候，我们感到付出的快乐；看着别人脱离困难、苦难，我们感到助人的喜悦；当别人来道谢之时，我们感受到人与人之间的真情实意……人生旅程就是人关心人，人帮助人的过程。我们竭尽所能地去帮助、关心他人，就是最好的生活体验；我们的心灵在助人为善中得到升华与慰藉，这才是行善的最终目的，有了这些就足够了，又何必再将恩情、报答等放在心上？

善的大小之分

原 文

何谓大小？昔卫仲达为馆职[①]，被摄至冥司[②]，主者命吏呈善恶二录，比至，则恶录盈庭，其善录一轴，仅如箸而已。索秤称之，则盈庭者反轻，而如箸者反重。

仲达曰：“某年未四十，安得过恶如是多乎？”

曰：“一念不正即是，不待犯也。”

因问轴中所书何事。

曰："朝廷尝兴大工，修三山石桥，君上疏谏之，此疏稿③也。"

仲达曰："某虽言，朝廷不从，于事无补，而能有如是之力。"

曰："朝廷虽不从，君之一念，已在万民；向使听从，善力更大矣。"

故志在天下国家，则善虽少而大；苟在一身，虽多亦小。

注释

①馆职：指在翰林院中为官。

②冥司：阴间。

③疏稿：上疏的底稿。

译文

什么是行善的大小呢？从前卫仲达在翰林院中为官，一次被鬼差带到了阴曹地府，阴司主审的判官命令手下书吏将他在阳间所做善事、恶事的两本册子呈上。等册子到了一看，记录恶行的册子多得竟堆满了院子，而做善事的册子只有筷子那么粗细的一小卷。主审判官吩咐拿秤来称量，堆满院子的恶行册子反而轻巧，而筷子粗细的善行册子反而更重。

卫仲达问："我年不满四十，怎么能有这么多恶行呢？"

阴官回答："一个念头稍有不正便是恶行，不必等到犯了才叫恶行。"

卫仲达便询问善行轴册中记载着什么事情。

阴官回答："朝廷曾经兴建大工程，修建三山石桥，你上疏谏止，这就是你奏章的底稿。"

卫仲达说："我虽然上谏，但朝廷并未听从，于事无补，哪能有这样大的功德呢？"

阴官说："朝廷虽然没有听从，但你一念为善，已经得到了为万民着想的功德了；假若当初朝廷听从了你的建议，那么你的功德就更大了。"

所以说，目的在造福国家天下的，虽然善事很小，功德却很大；目的在于为自身谋利的，那么善事虽然有很多，功德却很小。

经典解读

所谓大小，就是善事的大小，与功德的大小是存在差别的。所做的事情很大，若只是为了拯救一两个人，功德也是有限的；所做的事情很小，但若是出于造福天下国家的目的，那功德是很大的。这就是告诉人们要立志高远，心怀国家天下，为天下百姓谋利益，这才是功德无尽的大善事。

此外，文中还指出了，一个念头的善便是善，一个念头的恶便是恶。不要心怀侥幸，认为恶念在心中，没有施行出来便不是作恶了，这样也会遭到恶报；也不要认为，力量不足，心存善念就没有用了，即便不能实施善行，只要心里的善念真诚，这就是为善，就会收获福报。

哲理引申

心怀善念，就是善行

王阳明先生是明代的儒家大师，他最著名的观点就是“知行合一”。他曾对弟子说：“今人做学问，只因为将知与行分裂成了两件事，所以有一念头发动，明知是不善的，却因为未曾施行，便不去禁止。‘知行合一’就是要人知道，念头一经发动，即便是行了。发动处有不善，就把这不善的念头克去，并且要彻彻底底地将其剔除。”

可见在阳明先生看来知就是行，心中有了念头，便和行出来是一样的。所以，心中存一善念就是为善，心中存一恶念就是为恶，心中的善念多了，便有无尽的功德，心中的恶念多了，便有无尽的罪业。

佛家也说：口中诵佛，心中也有佛，这样才有效果；口中诵佛，心中没有佛，就是诵上百年也毫无作用；心中有佛，口中即便不诵佛，也会得到佛的庇佑。心中存佛，就是心有善念，心有善念便能得到佛的庇佑，可见心中存在着善念便是善行了，就有福报了。念头与行动，在为善求佛之上是没有区别的。

春秋之时，火星运动异常，跑到了宋国的分野上。宋国太史将情况汇报给宋景公，并说：“火星在宋国的分野上，预示着宋国有灾难，这灾难很可能降临在您的头上。”

宋景公听了以后，询问道：“既然如此，那么您可以将它禳除吗？”

太史说："将它禳除，我做不到，但可以将其转嫁出去。"

宋景公问："如何转嫁呢？"

太史说："将灾难转嫁到宰相的身上，您便不会受灾了。"

宋景公听罢，摇了摇头说："不可以。宰相是辅佐国家的大臣，好比我的股肱一样，支持我整个身体的行动，怎么能让他承受灾难呢？"

太史又说："也可以将灾难转嫁到百姓身上。"

宋景公说："不可以，百姓是国家的基础，转嫁给他们我来治理谁呢？况且，身为国君应该爱护百姓，为百姓承受灾难，哪有反过来给百姓降下灾难的呢？"

太史又说："也可以将灾难转嫁到年岁五谷上。让五谷歉收便可以消除您的灾祸。"

宋景公说："五谷是人民生存的基础，年成受损不知有多少百姓挨饿、受苦，百姓受困我又能依靠谁呢？还是算了吧！"

太史听后，对宋景公说："上天虽然高，一定能听到世间之人所说的话。您说出了三句至为仁慈的言论，天象一定会因此而改变的。"

果然，再次观察星象，发现火星移动了三度，离开了宋国的分野。宋国在这一年中，也没有遭受到什么灾祸。

心怀善念，就是行善，即便不做出来，上天也会得知，也会给你应有的善报。不仅上天能知晓人们的善念、恶念，而且念头只要存在，普通人都可以知晓，尤其是你帮助，或是伤害的那些人，善恶都是难以隐瞒的。你对他们心怀善念，即便没能帮助他们，他们也心怀感念；你若对他们心怀恶念，即便没有伤害他们，他们也会厌恶你、仇恨你。

孔子有个弟子叫子皋的，担任卫国狱吏，在判刑的时候，严格执法，砍掉了犯人的脚，被砍掉脚的犯人后来做了守城门的小吏。不久，卫国发生动乱，子皋逃亡，被紧紧追捕，恰好跑到了那个受刑者看守的门下。那人看到是子皋，便将他藏在城门下的暗室中，使他躲过了灾祸。事后，子皋询问他："当初我执法砍断了你的脚，你不怨恨我吗？为什么反过来救我呢？"受刑者回答："我被施加断脚的刑罚是我的罪过。而您在审理案件的时候，反复推敲法令，想要为我开脱。开脱不掉后，又反复为我说话，想要减轻我的刑罚。

看到我受刑以后，您面上露出难过的神情。这些我都看在眼中。虽然我还是遭受了酷刑，又怎么敢忘记您的恩情呢？”

子皋并未免除囚犯的酷刑，宋景公也没有做出什么具体的事情，只因为他们心怀善念，便得到上天的眷顾、得到他人的感激，从而免除了灾祸。所以说，行善并非只在行动之上；并不是只有施舍了钱财，动手拯救别人于危难才叫行善；只要心中存着对他人同情、怜悯之心，存着惠利他人的念头，这就是为善。

我们要常怀善念，这是最容易做到的善行。

善在难行之处，最为可贵

原文

何谓难易？先儒谓克己[①]须从难克处克将去。夫子论为仁[②]，亦曰先难。必如江西舒翁，舍[③]二年仅得之束脩[④]，代偿官银，而全人夫妇；与邯郸张翁，舍十年所积之钱，代完赎银，而活人妻子，皆所谓难舍处能舍也。如镇江靳翁，虽年老无子，不忍以幼女为妾，而还之邻，此难忍处能忍也。故天降之福亦厚。凡有财有势者，其立德皆易，易而不为，是为自暴。贫贱作福皆难，难而能为，斯可贵耳。

注释

①克己：约束自己，克制自己的私欲。

②夫子论为仁：指孔子回答弟子樊迟询问如何为仁之事。樊迟询问仁，孔子回答：“仁者先难而后获，可谓仁矣。”

③舍：在别人家教书。

④束脩：学费。

译文

什么是行善的难与易呢？前代的儒家圣贤说，克己的功夫就要从最苦难的地方入手。孔子在谈论怎样追求仁时，也说要先从难的地方做起。一定要像江西的舒老先生那样，他在别人家教书两年，仅得到点儿微薄的薪水，为了帮助别人偿还官银，以免夫妻被拆散，便将钱全都给了他们。还有邯郸的张老翁，拿出自己十年辛苦积攒的钱财，帮别人还了欠银，存活其妻儿。这些都是在最难施舍的地方施舍啊！再如镇江的靳老翁，虽然自己年老无子，也不忍心以幼女为妾，而将其还给贫穷欠债的邻居，这就是在难忍之处忍住啊！所以上天降给他们的福泽也很丰厚。

但凡有钱有势的人，为善都是很容易的，容易却不为，那就是自暴自弃。贫贱的人做善事都很难，很难却坚持去做，这就是难能可贵啊！

经典解读

克制自己私欲，就要从最为困难之处下功夫，自己若有好色的毛病，便从好色上入手，努力戒除美色；自己若有贪财的毛病，便从贪财上下手，努力去施舍钱财；自己若有好名的毛病，就要从好名上下功夫，丢掉那些虚名虚誉……这样的修身才是最有效的。为善也是如此，能够从自己最困难的地方去做，这样的功德才是最大的。譬如，家中本就贫穷，却还能拿出钱财来救济别人；自己身陷苦难，却还能先人后己地去帮助别人……这样的人一定是内心至善者，他们的福报也要远远超出常人。

所以说，行善莫要怕难，越是难处，越能提高自己的修养、升华自己的灵魂，使自己积累最大的功德。

哲理引申

难处行善最可贵

舒翁的故事，出自《感应类钞》：

江西有个姓舒的教书先生，到湖南一带去教书，两年后回乡过年，在路上碰到了一个哭泣的妇人。舒先生见妇人哭得可怜，便上前询问。原来她的丈夫欠了官府十多两银子，迫于无奈只好将她卖给官府抵债。但家中孩子还小，若自己被收入官府中，孩子就没人喂养，性命堪忧。舒先生心生怜悯，于是就将所有的教书薪水给了她，让她去还债。舒先生回到家里，家里已经揭不开锅了，都借米吃了好多天。他的老婆听了他的话，没有一句怨言，两个人去田边挖苦菜过年。半夜之时，夫妇听到有个声音在窗外说："今夜吃苦菜，明朝生状元。"第二年，舒先生的妻子果然生了个儿子，后来中了状元。

张翁的故事出自明人郑瑄的《昨日庵日纂》：

邯郸有个姓张的老翁，家里十分贫穷，没有儿子。他平时省吃俭用，每有余钱就将其放入一个坛子中，攒了十年，才将坛子装满。夫妻二人准备用这些钱养老。后来，有一个邻居，妇人生了三个小孩，家中忽然发生变故，那丈夫竟要将妻子卖掉。张翁知道了这件事，担心妇人被卖后，三个小孩不能存活，便和妻子商量，将夫妻二人十年的积蓄给了他们。钱还是不够，张翁的妻子又拿出自己的银簪交给他们。当天晚上，二人梦到天神抱着一个儿子送给他们，不久张翁妻子果然怀孕，生了一个儿子。

靳翁是镇江人，他五十多岁了还没有子嗣，邻居有个女儿十分美貌，靳翁的妻子便私下卖掉首饰，将她买来，准备给丈夫做妾。夜里，靳翁的妻子将女子领进屋，对他说："我年纪已经大了，还没有生育，我将邻居的女儿买来，说不定能够为家中生下一儿半女，传递香火。"靳翁听了低头脸红，妻子以为丈夫害羞，同意了，便要出门将门反锁，但靳翁也立刻推门而出，告诉妻子说："你虽然为我买妾，盼延续家中香火，用意良好，但我不能接受。这个女孩在孩童时，我常抱她，将她看作晚辈，我希望她能嫁个好丈夫，得到幸福。如今我年老多病，绝不能玷污她，耽误了人家一生。"因此，就将买来的女孩送了回去。靳翁的这一善行，感动了上天。第二天，他的妻子竟然怀孕了，生下了一个儿子。他们的儿子很聪明，十七岁就考中解元，十八岁就中了进士，后来竟做到大学士。这就是明朝名臣靳贵。

舒翁外出辛辛苦苦赚了两年钱，等着回家过年，却能够在路上毅然将其舍出，救人危难；张翁更是将自己夫妇二人省吃俭用十年的养老钱，毅然拿出给邻居还债；靳翁面对年轻美貌的少女，不被色心所动，能够为他人的幸福着想，毅然将其送回，这三个人都是于最困难之处做出了大善行，所以他们能得到上天的厚报，获得佳儿。

俗话说："疾风知劲草，烈火炼真金。"越是在危难的时候，越能体现出一个人的操守坚定与否；越是在困境之中，越能显示一个人的善心真诚与否；越是在面对诱惑的时候，越能体现出一个人的人格高尚与否。富贵之时，施舍给人财物，固然也是善行，但这并不困难，大部分人都可以做到；难的是在自己遭受贫困的时候还能去救济别人，这种非一般人可以做到的善行才最可贵、最伟大。平常看到别人有困难，伸手去帮助并不困难，大部分人都会这样做；但若是帮助别人会给自己招来麻烦，甚至让自己也陷入危难之中，这样还能一心救人、助人，是很难做到的，这样舍己为人、舍身救难的美德才是最高尚、最值得称赞的。

人们培养自己的善心，立志行善，不应只去做那些简单的，人人都能做的事情，还要在难处下功夫，做那些别人所不能做到的善行。人们为什么看重那些杀身成仁，牺牲自己、造福别人的事情呢？就是因为这些难以做到。难以做到，所以更加可贵，更能体现自己的奉献精神、善良心灵、高尚人格。这样的善行自然也就会获得更大的功德、福报。

与人为善

原文

随缘济众[①]，其类至繁，约言其纲[②]，大约有十：第一，与人为善；第二，爱敬存心；第三，成人之美；第四，劝人为善；第五，救人危急；第六，兴建大利；第七，舍财作福；第八，护持正法；第九，敬重尊长；第十，爱惜物命。

何谓与人为善？昔舜在雷泽[③]，见渔者皆取深潭厚泽，而老弱则渔于急流浅滩之中，恻然哀之。往而渔焉，见争者皆匿其过而不谈；见有让者，则揄扬[④]而取法之。期年，皆以深潭厚泽相让矣。夫以舜之明哲，岂不能出一言教众人哉？乃不以言教而以身转之，此良工苦心也。

吾辈处末世[⑤]，勿以己之长而盖人，勿以己之善而形人，勿以己之多能而困人。收敛才智，若无若虚；见人过失，且涵容而掩覆之。一则令其可改，一则令其有所顾忌而不敢纵。见人有微长可取，小善可录，翻然舍己而从之，且为艳称而广述之。凡日用间，发一言，行一事，全不为自己起念，全是为物立则；此大人天下为公之度也。

注释

①随缘济众：追随机缘，而救济众人。指平时遇到了什么事情就在什么事上为善，碰到了要帮助的人就去帮助。

②纲：大体、重要项目。

③雷泽：古代黄河边的大泽，位于山东省，舜在被尧帝举用前曾到这里打鱼为生。

④揄扬：到处宣扬。

⑤末世：道德沦丧、人性散乱的乱世。

译文

随缘济众之事，种类十分繁多，大致而言，约有十种：第一，与人为善；第二，爱敬存心；第三，成人之美；第四，劝人为善；第五，救人危急；第六，兴建大利；第七，舍财作福；第八，护持正法；第九，敬重尊长；第十，爱惜物命。

什么是与人为善呢？从前舜在雷泽，看到打鱼的人都争夺静水深潭占为自己打鱼的场所，争不过别人的老弱渔人只能冒险到急流浅滩中去打鱼，舜不禁心中恻然，很是哀怜他们，于是自己也开始去打鱼；凡是碰到争抢的人，便故意礼让，也不谈论他们的过失；凡是遇到谦让的人，就到处赞扬而效法他们。一年以后，打鱼的人都以静水深潭之处相互谦让。以舜的聪明才智，难道不能说几句话来教导众人吗？他不用言语教导而用亲身行事来感化大家，潜移默化地扭转人心风气，这真是用心良苦啊！

我们生活在人心散乱、世风不振的末世时代，不要用自己的长处去掩盖别人的优点，不要用自己的善处来比较别人的不足，不要凭恃自己有才多能而苛难别人。收敛自己的才智，就像没有一样；看到别人的过失，应该加以包容且为其遮掩——一则可以使对方有改正的机会，一则令对方有所顾忌而不敢进一步放纵；看到别人有一丝长处可取，一点儿小善可记，就要幡然反省自己是否不足，果断去学习别人的优点，还要为他广为宣传。日常一切行动，无论说一句话，还是做一件事，都要完全不去追求自己的私利，而是要怀着为天下万物树立法则、榜样的志愿。这就是以天下为公的大度量。

经典解读

随缘济众，也就是随时、随处地行善助人，种类很多，文中列举了主要的十类，后文有一一解释。这些事各不相同，需要的条件也大小不一，这就告诉我们，行善的种类是多种多样的，只要我们一心为善，不管自身条件如何，都能做出相应的善事。有的人不为善，并非是条件不够，不能做出善事，而是不愿意去做，为善之心不精纯。

与人为善，就是和别人一起为善——不仅自己立下为善之心，随处行善助人，还要带动身边的人一起做善事，将善心善行发扬光大。一个人为善最多能够做多少善事呢？把为善的好处告诉周围人，劝他们一起来做善事，这样做的善事才会更多。古人说："君子有絜矩之道。"君子要担负起教化、引导世人的使命，为世人树立一个良好的榜样，不仅自己潜心善道，还要去匡正别人的过失，引导他们走向善道，如此才是天下为公的大度量，才是移风振俗的大德行。

哲理引申

与人为善，善莫大焉

孟子见齐宣王时，曾经问他："一个人单独欣赏音乐，与别人一起欣赏音乐，哪个更快乐呢？"齐宣王回答："一个人单独欣赏，不如和别人一起欣赏快乐。"孟子又问："和少数人一起欣赏音乐，和多数人一起欣赏音乐，哪个更快乐呢？"齐宣王回答："和少数人欣赏，不如和多数人一起欣赏更快乐。"

独自为乐，不如与人共同为乐；与少数人一起为乐，不如与多数人一起为乐。好事要与人分享，和更多的人一起做才更加快乐。同样，为善也是如此。我们不妨思考一下：“一个人单独做善事，与人一起做善事，哪个更好呢？与少数人一起做善事，与多数人一起做善事，哪个更好呢？”人们一定都会回答：“和别人一起做善事更好，和多数人一起做善事更好。”

为善要懂得分享，懂得推广，而不能总是一个人“独善其身”。要将自己的善行化作一颗种子，使它不仅能够发芽、成长，还能生出新的种子，撒向他处，生出更多的树木，生出广袤森林。要将自己的善行化作一股清泉，源源不竭，成为大江大河，哺育天下，而不是一汪死水，只能滋养一小块土地。

北魏有个叫李士谦的人，家住赵郡，他从小丧父，侍奉母亲十分孝顺，乡里人都称赞他的德行。在他十二岁的时候，广平王就征召他为参军，他推辞说要赡养母亲。东魏、北齐之时，朝廷都屡次征召，但他都未就任。后来，他的母亲去世了，他十分悲痛，守丧三年，除服以后便捐赠屋舍做了佛寺，立志终身不为官。他因为自己年幼而孤，所以十分爱惜物命，受持五戒，从不饮酒食肉，口中也不说任何杀害生灵的言语。他的家中富有，自己生活却非常俭朴，常常拿出资财赈济施舍，以帮助邻居作为自己应尽的义务。但凡州郡中有丧事，而家贫无力埋葬的，他都根据其家的缺乏，供给救济。

有一次，李士谦去田地里，发现一个小偷在割他成熟的稻谷，他不仅不去制止，反而默默避开。同行的人很不理解，李士谦说：“人若不是特别穷困，谁会做贼呢？他一定是家中没有吃的了，才不得已偷割稻谷的。”回家以后，他便拿出数千石谷米，借给那些贫穷的家庭，让他们收成好时再偿还，不收取一分利息。后来遇到荒年，五谷不熟，借粮的人无法还债，都来道歉，李士谦对他们说：“我家谷米有余，本来就是用来赈灾救济的，岂是为了自己求获利益？”于是来日，他摆设酒席，召集所有债务人，当众将借据焚毁，并说：“债已了了，请诸位再也不要挂念。”乡民无不感激涕零。

几年以后，再次大旱，李士谦将家中所有存储的粟米都做成糜粥来赈济饥荒，以此保全性命的乡民，数以万计。到了春天，他又将谷种赠送给穷人播种，赵郡的老百姓，无不蒙受他的恩德。老人都抚慰着儿孙说：“我们能有今日，都是李参军赐给我们的恩惠，愿我子孙，永远铭记恩德，设法报答。”

李士谦不仅自己尽力做善事，还经常教导邻居、乡人从善，并用自己的行动感化他们。乡里有两个兄弟分家，因为财产分配不均而打官司，李士谦知道了，便拿出自己的家财，补足双方而息事。两兄弟既感动又惭愧，相互推让，后来都成为乡中能够施舍的善士。

看到乡人有作恶、犯罪的，李士谦便心痛不已，认为自己没有尽到传法弘道，教化乡民的责任。于是，他捐资在乡里兴建校舍、寺庙，还经常亲自为乡邻说法，给他们讲历史上那些因果报应的故事，劝他们多行善事。曾经有一个不信因果的人，认为相关的学说都不足以采信，并问难于李士谦。李士谦耐心解释儒家“积善余庆，积恶余殃”，佛家“五道轮回转生”等道理，又列举历史上相关的记载，如周末杜宇，死后其魂化为杜鹃；褒君变为龙；春秋时鲁人牛哀转化成走兽，彭生死后变豕等。客人始终不能难倒他，拜辞而去；乡民听了以后，更加相信李士谦昔日的教导，坚定了为善之心。

李士谦去世的时候，享年六十六岁，赵郡的百姓知道后，无论男女老少无不哀伤痛哭，都说：“为什么我们不死，而让李参军死呢?”参加他丧祭的人，多达上万人，人们又为他树立石碑，永远铭记他的恩德。

李士谦就是一个与人为善的典型，不仅自己努力施舍济贫，还能引导别人向善，教化乡人做善事。

善是可以传递的，一个人做善事，只有一分功德；若能引导另一个人做善事，这便是两分功德；若能使千千万万人与你一同为善，这便是千千万万分功德。所以说，单独为善，功德有限；与人为善，功德无穷。行善者都要努力传播善心、善行，努力与人为善。

爱敬存心

原文

何谓爱敬存心？君子与小人，就形迹[①]观，常易相混，惟一点存心处[②]，则善恶悬绝，判然如黑白之相反。故曰：君子所以异于人者，以其存心也。君子所存之心，只是爱人敬人之心。盖人有亲疏贵贱，有智愚贤不肖；万品不齐，皆吾同胞，皆吾一体，孰非当敬爱者？爱敬众人，即是爱敬圣贤；能通众人之志，即是通圣贤之志。何者？圣贤之志，本欲斯世斯人，各得其所。吾合爱合敬，而安一世之人，即是为圣贤而安之也。

注释

①形迹：人物的神色与行为。

②存心处：内心，心中所存的东西。

译文

什么是爱敬存心呢？君子与小人，就神色、行为上看，常常容易混淆，唯有心中所存之物，则是善恶悬殊，如同黑色、白色一样截然相反。所以孟子说：君子之所以与常人不同，就在于他们心中所存的东西。君子内心中所存的只有爱护人、恭敬人的心思。人有亲近、疏远，尊贵、卑贱，智慧、愚蠢，贤能、不肖的区别；然而虽然各不相同，却都是我的同胞，都与我一样有生命、血肉，一样是人，哪个不应该去爱敬呢？爱敬众人就是爱敬圣贤；能够明白众人的志向，就能够明白圣贤的志向。这是为什么呢？圣贤的志向，本就是让这世上的这些人，都能过上自己认为幸福的生活。我处处爱人，处处敬人，使世间之人都能安乐幸福，那就是代替圣贤而使世人安乐幸福了。

经典解读

爱敬存心，就是胸中时刻有颗爱人、敬人的心，去尊敬、爱护任何人，去平等地礼敬任何人。任何人都有得到尊重、爱护的需求，一个礼遇的动作，一声尊重的称呼，有时可能比任何钱财上的帮助都更为可贵。儒家说“仁者爱人”，佛家说“普爱众生”，都是告诉人们要心存爱敬。

人本就有爱人、敬人之心，只不过被世俗所蒙蔽了。心中沾染了贫富之见，便会轻慢贫穷无财的人；心中沾染了尊卑之见，便会轻慢身份卑微的人；心中沾染了贤愚之见，便会轻慢头脑愚钝的人；心中沾染了亲疏、朋党之见，便会轻慢与自己关系疏远、观点不同的人……这些都是内心不够真诚。若能抛弃这些偏见，努力去扩充自己的爱人、敬人之心，便是贤君子；若能扫除一切偏见，以爱心、敬心对待世间众生，便是圣人、是佛。

哲理引申

爱人者，人亦爱之

孟子中有这样一段话：“君子所以异于人者，以其存心也。君子以仁存心，以礼存心。仁者爱人，有礼者敬人。爱人者，人恒爱之；敬人者，人恒敬之。有人于此，其待我以横逆，则君子必自反也：我必不仁也，必无礼也，此物奚宜至哉。”也就是说，君子和常人所不同的地方，就在于他们心中存着仁爱、礼敬之念；时刻都能用仁慈、礼敬去对待他人。所以，他们往往也能得到别人的爱戴、礼敬。即便是有不通情达理的人，对他们不仁、无礼，君子也不去怨恨对方，而是反思自己的不足：别人不爱我，一定是我没能做到仁爱；别人不礼敬我，一定是我没有礼敬别人。所以说，有没有仁爱、礼敬之心，就是一个人可不可以称为君子的基本标准；我们修身养德，最先需要做到的就是仁爱、礼敬。

仁爱、礼敬，是一个人有修养的表现。孔子的美德“温良恭俭让”，他对待任何人都是温良、谦恭、礼让的，无论是国君、大臣，还是弟子、平民，他都能怀着仁爱心、礼敬心与之交往。所以天下人没有不称赞他的美德的，没有不愿意向他请教的，没有不尊重他、钦佩他的。

世上的人虽然千差万别，但每个人都是有自尊的，都希望得到尊重、认可，而反感别人的轻视、嘲讽。尤其是那些存在身体缺陷、先天不足，或是犯过错误的人，他们更需要关爱和礼敬。做人一定要厚道，要关心别人的感受，能够推己及人、为人着想，才是有德行、有修养的表现。只图自己口舌之快，不顾及他人感受，轻慢人、嘲讽人、打击人，这都是无德，是罪业。

人心都是肉长的，你去爱敬别人，别人同样也会爱敬你；你伤害了别人，别人同样会伤害你。古人说："无言不仇，无德不报。"我们一定要慎重自己的所作所为，多种恩德，少种仇恨；多播善因，少增恶业。

南朝的时候，有个叫阴铿的官员，一次参加同僚聚会，天气很冷，大家在一起温酒谈笑。饮酒之时，阴铿留意到一个一直负责斟酒的仆人，露出想要喝酒的样子，但在那种场合下，仆人得不到主人允许，是没资格喝酒的。于是，阴铿命人将酒炙热，并亲自端着酒杯，赠予那位仆人。在座的宾客都笑阴铿多事，阴铿却说："我们整天酣畅饮酒，而他端了一天的酒杯却没有喝过一口酒，实在是没有道理啊！"仆人喝完酒后，十分感激地下去了。

几年以后，爆发了侯景之乱，朝中大臣都如鸟兽般四处散逃。阴铿也随人逃走，每当路上遇到危难的时候，都有一人前来搭救。后来，阴铿得到机会询问那人搭救的缘由，原来就是当年宴会上被他赐酒的仆人。

阴铿不轻视奴仆，礼敬待人，得到善报，被后世传为佳话。与此不同，历史上也有轻慢人而遭到恶报的人。

春秋时，晋国发生动乱，公子重耳被迫出逃，到处流浪，到达曹国的时候，曹共公很无礼。他听说重耳胸骨畸形，排列得很密，似乎并成一块，就想看一下。这种无礼的要求自然被重耳拒绝了，但曹共公还不死心，打算偷看。大夫僖负羁知道了，连忙劝谏，说："晋国是大国，曹国是小国，重耳贤能，身边跟随的又都是大才，不可轻视。"曹共公很不以为然，说："重耳虽然是大国公子，不过却违背君父意愿，叛逃出国，到哪里都不受欢迎，如今落魄地来到我国。我虽然轻视他，他又能怎么样呢？"于是，不顾僖负羁的劝谏，趁着重耳洗澡的时候，掀开帘子观看他的胸骨。

重耳受此大辱，愤恨地离开了曹国。没想到几年以后，晋国政局变幻，重耳在秦穆公的支持下回到晋国继承了君位。虽然过去了很多年，重耳却从未忘记在曹国时所受的羞辱。他即位以后，做的第一件事就是召集军队攻打曹国。曹国根本无力抵抗，国都被攻陷，曹共公也被俘虏回晋国。

曹共公轻慢重耳，肆意进行侮辱，所以国家灭亡，自己做了俘虏，这就是待人不知爱敬的下场。

爱人者，人恒爱之；敬人者，人恒敬之。不爱人，不敬人的人，自然也会被人所厌恶、痛恨，最终遭到报复，自食恶果。所以说，仁爱，礼敬，既是一个君子应该具有的美德，也是与人相处不可违背的原则。

成人之美

原文

何谓成人之美？玉之在石，抵掷①则瓦砾，追琢②则圭璋；故凡见人行一善事，或其人志可取而资可进，皆须诱掖③而成就之。或为之奖借④，或为之维持⑤；或为白其诬而分其谤；务使成立而后已。

注释

①抵掷：投掷、丢弃。

②追琢：雕琢、雕刻。

③诱掖：引导扶植。

④奖借：称赞推许。

⑤维持：保护、帮助。

译文

什么是成人之美呢？玉还在石头之中时，抛弃它，它就会成为一文不值的瓦砾，雕琢它，它就会成为价值千金的圭璋。所以但凡见到别人行一善事，或是看到别人志向向上、资质值得造就的话，都需要引导、扶植他，使他成为有用之才。或是夸奖、激励他，或是保护、帮助他；或是帮他辩白冤屈，洗清毁谤，一定要让他能立身于世，走向正道才罢休。

经典解读

善，即是美。这里所说的成人之美，就是促成他人的善行，助人养成善心，使他人成为一个受人尊重的善士。

善事是由人做的，有善人才有善事，有更多的善人，便会有更多的善事。所以人们说："为佛度人，不如度人成佛。"帮助别人成为一个善人，比自己做百件善事的功德都大。

哲理引申

为佛度人，不如度人成佛

世上的人都有一颗佛心，只不过很多人被尘俗所蒙蔽了，自己难以发现。佛心不得发扬，恶习性便展现出来，于是人们才不愿做善事，才有了种种罪恶。一个人去做善事，去制止邪恶，朝夕不辍，终其一生，能够做多少呢？假若他可以点化别人成为善人，那世间便会减少多少恶事，多了多少善行呢？成人之美，就是要度人成佛，把人从恶人、俗人，变作善人、佛菩萨。这种善行的功德要远远比一人为善大得多，也更能改变这个社会，使它变得更加美好。

北魏有个叫房景伯的人，字良晖，侍奉母亲极孝，年少时就闻名乡里，后来被举荐为辅国长史。他清廉耿介，尽忠职守，深受同僚、上司尊重。当时清河有盗贼作乱，朝廷屡次征剿不平，于是有人推荐了房景伯，朝廷任命他为清河太守。

清河郡民刘简虎，在房景伯未做官的时候，曾经欺负、触犯他，听说房景伯将要担任郡守，十分恐惧，率领全家逃亡而去。房景伯知道以后，立刻派遣官吏将他们拦了回去，刘简虎心中忐忑，以为一定会遭受报复。没想到房景伯不仅不报复，反而任命刘简虎的儿子为佐治官吏，郡中百姓无不称赞他的宽容。接着，房景伯有法令告谕山贼，说只要他们放下武器，回乡好好做农民，以往罪过一概不究。那些作乱的山贼，得到告谕都说："房公连自己的仇人都能宽恕，何况是我们呢。与其等着官兵前来收剿，不如早点去向房公投诚!”于是纷纷放下武器，出面投降。

房景伯平常居处，待人十分温和，他通晓经书史籍，经常对家人、僚属讲述前贤修德为善之事，所以他身边的人都很重视德行。他很爱护自己的弟弟们，兄弟之间从来没有争吵过，邻居们都说：“有礼有义，房家兄弟。”若有家人反目、兄弟相争的事情，人们就会说：“看看房家兄弟。”相争的人就会心生羞愧，不再争吵。

清河郡有一个老妇人，控告儿子不孝，官员都主张对他的儿子严惩。房景伯的母亲知道了这件事，对他说：“这些小民，未曾受到过教育，不知道礼教，不足以责备，应该用德化来引导他们，使他们知耻向善。”房景伯觉得母亲的建议很好，于是让老妇人每日到自家厅堂里陪伴母亲，让他的儿子侍立在堂下，景伯兄弟们则殷勤地侍奉母亲饮食休息，举止无不恭敬谨慎。不到十天，老妇人的儿子深受感化，真心悔悟，叩头流血，称自己先前真是禽兽不如，若非景伯教诲，不知罪业深重……其母亲也泣涕乞求回去。房景伯于是释放母子二人回家，从此其儿子果然洗心革面，后来以孝顺而闻名当地。

房景伯任官，每到一个地方都努力教化民众向善，于是他任职之处，无不改风易俗，涌现出很多善人善事，有很多人改过为善。人们也都十分爱戴他，将他视为让自己得到新生的大菩萨，每当他任满离去的时候，郡民都拦路、上表乞求他留下。

自己为善功小，教人为善功大。房景伯就是一个能够以己化人，教人为善的人，所以百姓爱戴他，认为他让自己找到了新生。历史上那些具有大善之德的圣人，无不是能够教化别人向善的：子路本是一个粗鄙好斗的人，但经过孔子的教诲，终于收敛了暴戾之气，成了守礼的君子；六祖慧能避难住在猎人队中，一直不忘仁慈之心，不仅自己坚持不吃肉、不杀生，还能经常以佛经道理劝说猎人们，最后使他们认识到杀生的过错，放弃猎杀的职业，回乡种地。这都是度人为善。

《孟子》中说：“天之生此民也，使先知觉后知，使先觉觉后觉也。”天下之人，有先觉悟的，有后觉悟的人，先觉悟的人懂得为仁行善的道理，后觉悟的人不懂得这些道理，先觉悟的人一定要认识到自己身上担负着启发、引导众人的使命。他们不能发现善心，我就要去帮助他们认识到自己的善心；他们不懂得为善积德的道理，我就要讲给他们听；他们本来可以成为仁人善士，却被世俗沾染做了恶人，我就要去拯救、度化他们……让世间的恶人越来越少，善人越来越多，这就是上天赋予我的使命。能做如此想，才是真正有大气魄、大度量的人，才能成就世上最大的功德。

辅翼善人

原文

大抵人各恶其非类，乡人之善者少，不善者多。善人在俗，亦难自立。且豪杰铮铮①，不甚修形迹，多易指摘②。故善事常易败，而善人常得谤；惟仁人长者，匡直而辅翼之，其功德最宏。

注释

①铮铮：刚直不阿。

②指摘：批评指责他人。

译文

大致来说常人大多厌恶和自己不同类的人，而一乡之中都是善人少，不善的人多。则善人处于世俗里，常常被恶人厌恶、排挤，很难立得住。且性情刚直的豪杰，不怎么刻意修饰外表、行为，还常常直言指责他人的过错。因此，越是善事就越容易失败，越是善人越容易受毁谤。只有宽厚的仁者，才能匡正世间的不正之风，辅助、保护那些善人，这样的功德才是最大的。

经典解读

世上有善人，也有恶人，善人能够宽容恶人，而恶人却往往因为善人阻止自己作恶而一心伤害他们。善人本无与人斗争之心，也疏于防范，而恶人却一心害人，又善于结党为奸，所以在善恶相争之时，恶人常能占据上风。面对这种情况，我们即便自己不能立到善人的一面，也应在暗中帮助、提点、拯救他们。若能在生死攸关的时刻，以一言半语挽救善人，使他们不遭厄运；或是在善人遭到打击以后，对他们，或其家人进行保护，这也算是大功德。

人一定要有是非心，能够明辨善恶对错，亲近善人，疏远小人，支持善者的事业，而不要为了权位、钱财出卖灵魂，助人为恶。助人为恶，即是恶人；助人为善，即是善人。我们在行事之时，不可不慎重思量。

哲理引申

保护善人就是为善

善人是上天派到世间帮助人们、引导人们走向善道的人，他们的一切努力，都是为了造福世人，让天下变得更加美好。很多时候，他们自己也会陷入危险、困苦之中，这个时候，世人理应去帮助他们，为他们解脱困厄。尤其是同样为善的人，要相互提携，才能将善道发扬光大。

一个人的地位越高，责任就越大，他要面对的恶势力也就更嚣张，他可能遭受的危险也就会越多。普通人虽然没有他那样的能力，不能像他一样直接和恶势力作斗争，但可以在力所能及的范围内帮助他，可以在他遇到困难的时候保护他。譬如春秋之时，晋灵公十分无道，大臣赵盾屡屡直言劝谏，引起灵公的厌恶。晋灵公派遣刺客鉏麑去刺杀赵盾，鉏麑知道赵盾是个清官，不愿杀他，最后自己触槐自杀；晋灵公又假意宴请赵盾，席间派出武士准备将赵盾杀死，赵盾的侍卫提弥明为了保护赵盾，力战而死；赵盾去世后，晋景公即位，听信奸臣屠岸贾的话诛灭赵氏全家，程婴和公孙杵臼为了保护赵氏遗留下的孤儿不惜牺牲自己。鉏麑、提弥明、程婴、公孙杵臼，都是保护善人的典型。他们虽然没有像赵盾那样直接同昏君、奸臣作斗争的能力，但能够为保护忠臣而流血献身，这同样是义、是善，同样值得后人称颂。

唐朝名相宋璟，也是一个能保护善人的人。

宋璟出生于邢州南和（今河北省邢台市），在武则天的时候担任御史中丞。他为人耿介不阿，守法正直。当时，张易之、张昌宗兄弟恃宠专擅政事，权倾朝野，他们的弟弟张昌仪也借势当了洛阳令。张昌仪本就是浮浪子弟，倚仗两个哥哥的势力，不守法度，肆意妄为，肃政中丞魏元忠是个清官，屡屡斥责他。张昌仪怀恨在心，便到张易之、张昌宗面前说魏元忠的坏话。正好此时，张易之的家奴，仗势横行都市，被魏元忠逮捕责打，死在杖下。二张怀恨至深，谋划诬陷魏元忠谋反，在武则天面前说魏元忠依附太子，私议“武后年老，为永久打算，不如倚附太子”等不守臣节言论。武则天听后大怒，立刻下令将魏元忠下狱，命令他和张昌宗当面对质，双方争论不决。张昌宗便暗中威胁凤阁舍人张说为自己作证，并用好官相酬谢，张说畏惧二张权势只好答应。

不料这件事被宋璟知道了，宋璟心中大惊，他知道万一张说作证的话，武后一定会相信张昌宗，那魏元忠就性命不保了。于是，他在临讯那天，预先等在朝房之中。魏、张二人争论不休，武后召张说入朝，宋璟在朝门处将张说拦住，正色责备他阿附奸人，又以大义劝说他：“名义最为重要，鬼神难欺，不可阿附邪党、陷害重臣，自求苟免。假若得罪了二张，遭受贬谪，名誉节操也能传扬；若是遭到不幸，我自当叩阁力救，若不能救援，愿意与君同死。万代瞻仰，在此一举！”张说听了宋璟的一番肺腑之言，十分感动，于是在武后面前以直情相对，说：“臣确实没有听到过魏元忠不忠的话，我不敢污蔑他。”因此，魏元忠得以免死。

张易之兄弟知道事情经过以后，对宋璟十分痛恨，竟然派遣刺客刺杀宋璟。宋璟能够救别人，自然也有人救他，在刺客到来之前就将消息传递给了他。宋璟潜到他处住宿，免过了大祸。不久，宰相张柬之举兵诛杀二张，那些阿附张氏兄弟的佞臣都被贬斥出朝廷，而宋璟因为能救援忠臣，被拜为广平郡公。后来，在唐玄宗时，宋璟任职宰相与姚崇同当朝廷重任，整肃朝纲，严明赏罚，成为开元盛世的大功臣，享年七十五岁而终，六个儿子都十分显贵。

宋璟知道魏元忠有灾祸，于是挺身相救，这就是对与恶势力作斗争的魏元忠最大的支持，这同样是难能可贵的善行。正是因为对善人的尽心扶植、保护，善人才不再孤独，才拥有了面对恶人、艰难的信心、勇气，世间的正义才得以彰扬，善道才能不断光大。

古人说："物伤其类，兔死狐悲。"有善人受到伤害，其他为善的人岂不心寒，使为善的人心寒是社会最大的悲哀！为善者心寒，为恶者得势，生活在社会中的人谁能不受到伤害呢？保护善人，就是保护我们自己，这是社会中每一分子不可推卸的职责。我们都希望自己、自己的后代生活在充满善良、温馨的世界中，那就要从自己开始，不再对善行冷漠，不要让为善的人孤独无助！

劝人为善

原文

何谓劝人为善？生为人类，孰无良心？世路役役[①]，最易没溺[②]。凡与人相处，当方便提撕[③]，开其迷惑。譬犹长夜大梦，而令之一觉；譬犹久陷烦恼，而拔之清凉，为惠最溥。

韩愈云："一时劝人以口，百世劝人以书。"较之与人为善，虽有形迹，然对证发药，时有奇效，不可废也。失言失人[④]，当反吾智。

注释

①世路役役：指尘世繁杂，人们为了生活而到处奔走、钻营。

②没溺：沉没、迷失，脱离善道。

③提撕：提携、拯救。

④失言失人：指当说还是不当说。当说不说则失人；不当说而说则失言。

译文

什么是劝人为善呢？生而为人，哪个没有良心呢？世事繁杂，人们为了生活不得不到处奔波钻营，所以容易迷失正道、沉沦堕落。但凡与人相处，当随时随地提醒他，帮他扫清迷惑。这就像在长夜浑浑噩噩的大梦之中，让他一下醒来；就如久陷萦绕不去的烦恼之中，让他一下脱离，这样的恩惠是最为广博的。

韩愈曾说："一时劝人就用嘴说，百世劝人就用书教。"劝人为善和与人为善相比，虽然不离形迹，但能对症下药，时常能获得奇效，不可以废弃不用。至于什么担心失言、失人的问题，就要运用自己的智慧谨慎衡量了。

经典解读

人人都有一颗为善的良心，只不过被世俗欲望所遮蔽了，所以才迷失正道，沉沦堕落。我们在与人相处的时候，应该提醒、点拨他们，使他们认识到善良的自己，抛弃恶习，走向善道。

很多时候，善恶只在一念之间，一句话就可以点醒迷失之人，使他改过自新，弃恶向善。这样的话于我们只是随口一说，但在别人那里就是金玉良言，可能会改变他的命运，重塑他的人生。所以千万不要吝惜自己的善言，也不要错过任何劝人向善的机会。

哲理引申

找回良知，劝人为善

"生而为人，孰无良心？"了凡先生指出，世上之人，都是有良心的。良心就是仁心、善心、是非心、恻隐心、羞恶心——这些都是人生来就有的。然而，为何那么多人脱离善道，去做奸恶不法的事情呢？是因为"世路役役，最易没溺"，尘俗之中的各种欲望遮蔽了他们的良知，使他们神智迷乱，不知道行善的好处，也不懂是非、羞恶。所以，他们看到善事，不愿主动去做；做了恶事，也不知过错，不知羞耻。圣人的教化，就是为了让人们扫清迷障，认清自己的本心，懂得善为善，恶为恶，懂得为善的快乐，为恶的羞耻。

人生世间，第一要成就自己，第二要成就他人、社会。成就自己，就是说我们要学习圣人的道理，以历史上那些有德贤者为榜样，不断反省，找回自己的本心，发挥自己的良知才能，使自己成为一个有道德的人。成就他人、社会，就是说我们在成就自己之余，还要劝化身边的人向善，使他们也能找回良知，改掉恶习，成为善士。

东汉人王烈，出生于太原，年少时拜名士陈寔为师，为人正直好义，能修身自持，平时又常以德行感化乡里，乡里人都非常尊敬他。他又乐善好施，遇到饥荒年，看到路上饥饿的逃荒者，常将家中粮食拿出来分给他们。

有一次，一个偷牛的贼被牛的主人捉到了，偷牛的人跪在地上请求说：“请将我送官法办，我甘愿接受王法的制裁，但求不要让王彦方知道。”大家都觉得奇怪，询问缘故，那贼说：“我曾经接受过王彦方的教导，立志成为一个善人，如今又犯了过错，心中甚是羞愧，没有面目再见他。”王烈知道了这件事，立刻派人来向失主谢罪，并送了一匹布给那偷牛的人。有人问：“您教育过他，他却又去偷盗。您为何还要送布给他呢?”王烈回答：“这个人虽然又犯了偷盗的错误，但他被抓后还怕我知道，说明他有羞耻心，有羞耻之心的人，必能改过向善。我所以这么做，就是要鼓励他能改过自新啊!”

这个小偷回去以后，果然没有再偷盗任何东西。后来，有个老汉路过太原，丢了一把宝剑，有一人捡到了，便在路边看守，等着失主前来认领。直到黄昏，老汉才回来寻找，那人便将宝剑送回，不取任何回报。老汉非常感激，询问姓名，竟然是以前偷牛的那个人。

王烈的正直品行，闻名乡里。附近凡是有争讼曲直的，都不去官府，而是让王烈排难解纷，断定是非。因为王烈平素的德教影响，争讼的人往往走到半途，就心生愧疚，愿意放弃争执，双方和解归去；还有的看到王烈的房屋，想到他昔日的教诲，便愿意主动退让，不再争讼。

朝廷闻知王烈的德行，屡屡征召他去做官，王烈都推辞不受。后来遭逢乱世，王烈和名士邴原、管宁等一起避难辽东，当地的夷人不懂礼仪，不知法纪，尚武好斗，经常为一些小事大打出手。王烈便讲学弘道，用仁义教化他们，以礼仪规范他们，使当地民风大变，人人谦和知礼。当地人受了他的教化以后，也争相敬奉他，以昔日的行为为耻。辽东太守公孙度起用王烈为长史，让他治理整个辽东，几年以后，在辽东强者不欺负弱者，没有人恃众凌寡，商人也没有抬高价格牟取暴利的行为了。曹操听说以后，派人来征召王烈为官，王烈婉辞不去，公孙度和继任的公孙康也不愿遣他离开。建安二十三年，王烈病逝于辽东，享年七十八岁，辽东士民无不痛哭流涕。

王烈以贤者为师，学习圣贤之道，能够修身自持，乐善好施，以德行而闻名，这就是成就自己，不使自己的良知迷失；他又能以己化人，劝人改过，教人为善，用自己的德行改变一方风俗，这就是成就他人、社会。在内他做到了善其身，在外他做到了兼济他人。这十分地难得，也为后世立志行善者树立了值得效仿的榜样。

自己为善的功夫不可放下，劝人为善的机会也不能错过；前者是善行，后者亦是善行。只知道自己为善，而不能将善道发扬光大，为善之功未免显得狭小；只知道劝人为善，自身不努力行善，难免会显得心口不一。所以，我们为善一定既要修己，又要劝人。

救人危急

原文

何谓救人危急？患难颠沛，人所时有。偶一遇之，当如恫瘝[①]在身，速为解救。或以一言伸其屈抑；或以多方济其颠连[②]。崔子曰：“惠不在大，赴人之急可也。”盖仁人之言哉。

注释

①恫瘝（tōng guān）：疾病、痛苦。

②颠连：困顿、困苦。

译文

什么是救人危急呢？遭遇患难、颠沛流离，在人生之中是常有之事。倘若偶然遇到这样的人，看着他的困苦，要像疾苦就在自己身上一样，赶快设法解救。他有什么受到冤屈、压迫的事，就要为他分辩明白；他有什么难以渡过的难关，就要设法解除他的困苦。崔子说：“恩惠不在于多大，只要看到别人的危难能赶快奔去帮助就行了。”这真是仁者的话啊！

经典解读

俗话说：“救急如救火。”心怀善念的人，看到别人处于危难之中，就会像自己同样处于水火之中一样，一点也不会迟疑，他们一定会奋不顾身地前去救助。反之，若看到了别人身陷险境，还能不温不火地冷眼旁观，那就是为善之心不够真诚。

人都有窘急之时，遭遇颠沛流离、陷入贫苦困境是很正常的。遇到别人这样，搭救一把，既是自己善心的体现，也能为自己结下善缘；不仅获得良心上的安稳，也能在将来自己遇到困难的时候，有人愿意出手相助。

哲理引申

救人危急，义不容辞

《围炉夜话》中说："肯救人坑坎中，便是活菩萨；能脱身牢笼外，便是大英雄。"人人都拜菩萨，都希望做英雄，难道菩萨只是立在庙中的泥胎？英雄只是小说中的编撰？非也！人人都可以是菩萨，人人都可以做英雄。只要在别人遇到坎坷之时，乐于去拯救人脱离苦难的，便是世间的活菩萨；能够跳出世俗利欲的牢笼，去帮助别人、奉献社会的，便是真正的大英雄。我们每个人都应该追求更高的人生境界，将做活菩萨、大英雄作为自己的人生目标，努力去救人危急。

徐弘敏，字有功，是唐朝偃师人（今河南省洛阳市），应试明经中举，担任蒲州司法参军。他在任职的时候，为政宽厚仁恕，从不轻易动用刑讯，而是以传统的仁义道德来教化百姓。蒲州的百姓都十分感动，敬服他的恩泽，称他为"徐无杖"，彼此相互约定勉励说："我辈应当守法，若有人犯罪，接受了徐参军的杖罚，大家就共同弃逐他。"徐有功在蒲州做了三年官，从来没有打过一个人，却把当地治理得井井有条，朝廷于是征召他入京，担任司刑寺丞的重要职务。

当时武后临政，为了巩固自己的统治，她任用酷吏，诬构大狱，连连诛杀所谓"不法"的唐的旧臣和宗室贵族，无辜入狱者更是数不胜数。酷吏们因为武则天做后台，恣虐天下，交相诬陷，常周密判定罪状，纳人于罪，朝野震恐，不敢正言。唯独徐有功常常据理力争，舍身去保护那些无辜的人，由他庇佑而活下来的百姓有数十家之多，许多被诬陷的死刑重罪者常获免死，天下人都称颂他为仁人。

当时狄仁杰是朝中骨鲠大臣，为人正直不阿，又多才智，被群小畏惧。于是，奸臣来俊臣、周兴、索元礼等便联合起来，诬陷狄仁杰等七人谋反，极力奏请斩杀，大臣们多不敢出言救助。独徐有功挺身而出，为他们辩护，并上奏直斥奸佞，揭露他们的险恶用心说："陛下有好生大德，俊臣等不能顺美，反要劝陛下为暴主，究竟是何心意，请陛下明察！"这种振聋发聩的言辞，使武则天深受震动，衡量再三以后，赦免了狄仁杰等人的死罪。

后来徐有功又为豫王妃窦氏之母庞氏申冤，力争不应处斩。这遭到了酷吏们的打击，他们污蔑徐有功阿私党同，当处绞刑。徐有功听闻以后，感叹说："难道唯独我一人会死，他人都永远不死吗？"于是闭门熟睡，置死生于度外。武则天也询问他为何总是失出（罪重而科轻刑或当科刑而不科刑），徐有功说："失出是人臣的小过，好生不杀是圣人的大德。"武则天赞赏他的回答，对他更加看重，庞氏也得免死刑。

后来周兴、来俊臣、索元礼等一班迎合圣旨取宠的酷吏，相继遭受诛杀，而徐有功却声誉日渐隆重，官居司仆少卿荣显善终。徐有功死后，庞氏的儿子窦希瑊感怀其拯救母亲的深恩，自愿将自己的官职让给徐有功的儿子，此后徐家世代荣显，其五世孙徐商，官至太子太保；商子徐彦官至宰相，封齐国公。

徐有功挽救他人危难，不惜自己犯险，既救了别人，也为自己带来了善报，所以其子孙能世代富贵。人一定要有同情心，看到别人遭受危难，也像自己亲身遭受一样，努力去救援。若口中说同情他人，实际却不放在心上，敷衍塞责，这种虚伪的行为比直接拒绝别人更可耻。《庄子》中就记载了这样一个寓言：

庄周家中十分贫穷，经常缺米缺粮，揭不开锅。有一回，他向朋友监河侯借三升小米。监河侯却对他说："可以啊！不过我家现在也没有多少米粮了，你再稍等一段时间，等我向老百姓收一点儿税之后，再借给你黄金三百两。"

听监河侯说完，庄周很感慨地打了个譬喻：在我来您家的途中，听到有声音对我呼唤、求救。我回头一看，原来是路上一个坑洞里的鱼，坑里的水就快干了，那鱼乞求我找点水救它。于是我对鱼儿说：“你不要着急，我先到南方向吴王、越王商讨借水，然后将西江水引来这里救你，使你可以游回东海。”那鱼听了我的话，很生气地说：“我失去了在水中的正常生活，困在这里，向你求救，只想让你赶快拿来几杯水救急，你却说要引东海的水来救我。那你不如明早去卖鱼店看看，那时我的身体都已经变成鱼干了！”

庄子之所以打譬喻讥讽监河侯，就是因为他面对朋友的危难随意敷衍，口中行善，却没有任何行动。这种人真是不配做朋友，不配称具有善心。

为善是为自己积德，不应有半点虚假。我们平时为善助人，一定要出自真心，像徐有功那样，奋不顾身地扶危救难，而不是像监河侯那样随意敷衍。

兴建大利

原文

何谓兴建大利？小而一乡之内，大而一邑之中，凡有利益[①]，最宜兴建。或开渠导水，或筑堤防患；或修桥梁，以便行旅；或施茶饭，以济饥渴；随缘劝导，协力兴修；勿避嫌疑，勿辞劳怨。

注释

①利益：指有利于公众之事。

译文

什么是兴建大利呢？小到一乡之内，大到一县之中，但凡有什么利于公众的事情，最应该发起兴建。或是开辟水渠来引水灌溉农田，或是建造堤坝防止水患；或是修建桥梁，以便于旅行、交通；或是施舍茶饭，来救济饥饿、口渴的人；随时碰到机会，都要劝导大家来共同行善，齐心修建有利于公众的工程；不要为了避嫌就不去做，不要因为劳苦、遭受埋怨而推托为善的机会。

经典解读

兴建大利，就是做有利于公众的事情，譬如修路建桥，修学建庙，修渠筑堤，捐建养老院、体育场、医院等公益设施。这些设施造福的是整个社会，却很难在利益上得到回报，所以建设它们最能体现一个人的利人之心，也最能积累功德。

兴建大利不一定非得大财主、富翁才能去做，每个人都可以。自己捐出家财来做公益是兴建大利，能够倡导、号召、集合众人之力来做公益同样是兴建大利。那些为兴建学校到处奔走、宣传的慈善志愿者，同样都是能兴建大利的人。他们的贡献可能有大有小，但在为善的精神上都是一样令人钦佩的。我们每个人都有义务让社会更加美好，多做公益就是最好的手段，在兴建大利之上一定要勿避嫌疑，勿辞劳怨，“有钱出钱，有力出力”。

哲理引申

兴建大利，永受崇敬

大利，就是利在大众。自古以来，方便大众、造福大众都是最为崇高，最受人们称颂的行为。这虽然不会给自己带来什么利益，但所有受到方便的人都会称赞兴建者的美德，都会永远铭记他的恩情。

北宋年间，练江两岸被大江阻隔，人们出行很不方便，要想去江对岸办事，只能靠渡船，若遇到风浪还常有覆舟溺亡的惨事发生。大峰祖师南下弘法，路过练江时深感人们的困难，于是立志要在练江之上修建一座大桥，来连通南北。

为了建桥，祖师不顾年老体衰，四处奔走，募众出资。当地很多人对修桥之事表现得十分冷淡，有的人觉得建桥没有必要，说：“祖祖辈辈都是这样过来的，建桥也不见得有什么好处。”还有的人认为桥是无法建造起来的，说：“要是能够在江上建桥，前人早就建了，又何必等到现在呢？这种事官府都没有力量组织，一个老和尚能有什么作为？”但祖师发愿坚定，不因任何言论泄气，奔走多年，终于募到了一批资金。

桥开始建造了，可并不顺利。因为江中地形复杂，所需投资远远超出祖师的预期，桥刚建了一部分就不得不停下来。祖师又开始出去募捐，有的人被祖师的诚意感动，慷慨解囊，然而也有些心怀恶意之徒，到处造谣，说祖师贪污善款，从中谋私。好心的人便劝祖师说："这么大的工程不是轻易可以完成的，您这么大年纪了，又何必非得蹚这蹚浑水，好好找个寺庙念佛诵经，清闲养老不好吗?"祖师摇摇头说："出家人修道就是为了造福世人，若看到百姓有困难不为他们解决，整天躲在寺中读经念佛又有何用。"

于是，祖师又开始了四处化缘募捐，使大桥的建设得以继续下去。可惜，在大桥即将建成之前，大峰祖师却因劳累过度而去世了。祖师虽然去世了，但他的精神已经感动了练江两岸所有的百姓，人们纷纷主动捐资、出力，很快就建好了大桥。

大桥建好以后，练江南北两岸来往方便许多，过江之人再也不用担心溺亡了。交流增多，经济也繁荣起来，往来客商不绝，没几年，人们的生活就发生了翻天覆地的变化。这时当地人才真正感受到祖师的远见和大德，于是纷纷纪念祖师。

上千年过去了，直到今日，生活在练江两岸的人们还都铭记着大峰祖师，将其视为行善的活菩萨，如今当地的很多善堂都是以祖师为号召的。

无独有偶，同样在北宋时期，朝廷中也有个名臣以兴建大利而受到后人的尊重，这就是蔡襄。

蔡襄是宋朝仙游人，字君谟，擅长诗文、书法，通明史事，有办政才干。他的家在洛阳江靠近海边的地方，当地没有跨江桥梁，人们过江只能乘船，但海边常有风浪，翻船是常事。当地人还好，大多善泳，可那些远来的客商就没那么幸运了，每年都有被淹死的人。蔡襄的母亲怀孕时，看到那些落水淹死的商人，魂留异乡，连个收尸的都没有，连名字都不知道，心中惨恻，于是拍着自己的肚子发愿说："假若我生下个儿子，儿子长大能发达富贵，必定要建造一座长桥，来帮助往来的行人！"

后来，妇人果然生了个儿子，就是蔡襄。蔡襄长大以后，聪明绝顶，在宋仁宗朝高中状元，官拜泉州知府。蔡襄回到家乡，母亲便将当年许愿造桥的事告诉了他。蔡襄也从小就看到过江中淹死人的惨事，立刻答应了下来。于是他组织当地熟悉水文的船员，精通建造的工匠开始造桥。也许是他们的诚心感动了上天，在固定桥墩的时候，海潮竟然一连八天没有来。大桥经历六年多最终造好，人们再也不用担心渡江的危险了。蔡襄又在桥两侧种植松树上百里，广为庇荫道路行人，州民莫不感恩颂德，于是建立石碑，流传后世，永远铭记蔡襄的大恩大德。

大峰祖师、蔡襄都因为能兴建桥梁而受到人们千百年的尊重，世上最大的福报也不过如此了，可见兴建大利功德之大。这样的事还有很多，像建造都江堰的李冰父子，兴建乐山大佛的海通禅师，在西湖筑堤灌田的白居易、苏轼，他们都是兴建大利的典型，至今人们都还在称颂他们的功德。吃喝挥霍一辈子，不如去做点有利于社会的好事；金银珠宝满堂，不如留下点儿造福社会的工程，兴建大利，造福社会，才是最有意义、功德无穷的事！

舍财作福

原文

何谓舍财作福？释门[1]万行，以布施为先。所谓布施者，只是舍之一字耳。达者内舍六根[2]，外舍六尘[3]，一切所有，无不舍者。苟非能然，先从财上布施。世人以衣食为命，故财为最重。吾从而舍之，内以破吾之悭，外以济人之急；始而勉强，终则泰然，最可以荡涤私情，祛除执吝。

注释

①释门：佛家。

②六根：指眼、耳、鼻、舌、身、意等六种感觉器官的认知能力。

③六尘：指色、声、香、味、触、法等六种能污染心灵之物。

译文

什么是舍财作福呢？佛门里的万种修行，唯以布施最为重要。所谓布施，就只有一个“舍”字。心性通达之人，在内舍掉六根，在外舍掉六尘，一切所有，没有不肯舍掉的。若是不能达到这种境界，就先从钱财上着手布施。

世人将衣食作为立命之基，所以钱财对于一个人维持生活是最为重要的。那我就先从钱财上施舍，对内而言，可以破除我的悭吝之心；在外而言，可以救济别人的急难；开始还只能勉强去做，最终就能泰然施舍了。这是最能消除自己私心贪欲，除去执着、吝啬的方法。

经典解读

布施是佛教之中最重要的修行，布施就是舍弃自己的利，去成全别人。佛之所以为佛，就是因为无私，为了成就别人，没有什么是不可舍弃的东西，在外可以舍弃财物，在内可以舍弃欲望。佛祖在得法之前，就曾有过割肉喂鹰、舍身饲虎的行为，连身体都能舍弃，还有什么不能施舍的呢？当然，我们如今行善，用不着牺牲自己去喂鹰饲虎，但一定要有奉献的精神，要能够在别人处于危难的时候，慷慨出手相助。

施舍是行善积德的方法，也是培养自己无私善心的手段。人最初都难免有悭吝之心，不能放弃自己的财物，不愿损害自己的利益，但若能坚持施舍，善心就会慢慢增长，而悭吝之心就会逐渐消失。开始施舍时，尚存勉强，最后则泰然为之，毫无吝啬，那胸中的私情便消除干净了。这在修养上便是极大的提升。

哲理引申

积攒钱财，不如舍财作福

钱财乃身外之物，花出去了才实现其价值，有的人喜欢收集金银，将其堆积在仓库之中，这样的人即便富可敌国，也不过是个守财奴而已。而花钱最有意义的便是施舍给他人，购买良心的安宁，和别人的感恩。战国之时，便有冯谖市义之事，烧掉了无用的契券，却得到了百姓的尊重，从而为孟尝君免除灾祸。

世上那些好的学说，没有劝人贪恋钱财的，无不劝人舍财行善，让人重德轻财。老子告诉人们：“金玉满堂，莫之能守；富贵而骄，自遗其咎。”孔子告诉人们：“不义而富且贵，于我如浮云。”佛家更是大力劝人布施，认为这是立人间和乐、出世圣法的根本。

佛经中有这样一个故事：

一次释迦牟尼佛在静坐的时候，看到一对非常贫穷的夫妇，他们住在黑洞洞的茅棚里，靠在垃圾堆里寻找到的果皮和其他腐烂食物来维持生活，但他们的头上却显示出大觉悟的征兆。佛都感觉很奇怪，便决定前往拜访他们。

那一天，这对夫妇在垃圾堆中，意外地捡到了一块牛头旃檀。这是种十分名贵的香木，富贵人家都用它来熏衣、祭祀。夫妇二人捡到这块香木后非常高兴，便用它换了三碗白米。他们这一生中从来就没有吃过米饭，能吃上白米是夫妇二人最大的愿望了。夫妇俩小心翼翼地将白米捧回家去。

临近吃饭的时候，两人决定下一碗米，尝一尝白米的味道。当米饭蒸熟时，沁人心脾的香气飘满整个屋子。夫妇二人将米饭端出来，正要吃的时候，忽然门被敲响了。打开门，原来门口来了一个化缘的佛徒，这正是佛陀的弟子舍利弗。夫妇二人见到尊者舍利弗前来化缘，非常高兴。他们早就想修德种福，只是因为家贫实在没有东西供养佛徒，今天恰好得到三碗米饭，于是毫不犹豫地将刚刚蒸熟的一碗米饭施给了舍利弗。舍利弗向夫妇二人致谢后便离开了。

夫妇二人于是又将第二碗米饭下锅，过了一会儿米饭又熟了。他们端出米饭，刚要食用时，门又被敲响了。打开门，原来是佛陀的另一个弟子迦叶尊者。夫妇二人看到又来一位尊者，心中既欢喜又舒坦，立刻将第二碗米饭舍给了他。

迦叶尊者离开以后，夫妇二人将第三碗，也就是最后一碗米饭下锅。饭刚刚煮好，门外又有人前来，这次是一个穿得破烂不堪，又脏又臭的乞丐。他拿出破碗讨要吃的，夫妇二人将剩下的一碗米饭给了他一半。自己刚要食用，乞丐已经将碗里的饭吃光了，又伸手讨要。看到乞丐那种饥不择食的样子，夫妇二人前思后想，慈悲顿起，将剩下的半碗米饭也给了他。他们自己已经没吃的了，想到只能挨饿一整天，不禁叹息。

这时，乞丐忽然化作了佛陀，他被夫妇二人的真诚所感动了，便看着他们说："一切罪灭尽，百宝从地生。"刹那之间，这对夫妇所住的破茅棚中充满了金银珠宝，夫妇二人再也不用蒙受贫苦了。但此时，二人的心也觉悟了，他们想："纵有广厦千间，也不过数尺身躯；纵有锦衣玉食，也不过三餐保暖。只有心中的慈悲才是最可贵的东西！"于是将所有的钱财分散给穷人，前去寻找佛陀，央求佛陀收了他们做弟子。

这夫妇二人，可以说是善于舍财作福的人了，贫穷的时候能够将仅有的米饭施舍给他人，富贵的时候又将金银珠宝全数舍出，所以最终能够成为佛陀弟子，修得正果。

钱财能够满足吃穿之用就足够了，多了就要施舍出去，施舍出去的换回恩德，这才是人生中能够享用的无形财富。南北朝时，有个叫吴明彻的人，家中很有积蓄，他看到有邻里居民饥饿贫困，便建议哥哥按乡里人口，平分赈济。哥哥接受了他的建议，将粮食全部发放给同乡，救助了很多民众。后来，有盗匪听说吴明彻家富有，便前来打劫，乡人知道了纷纷前来救援，盗贼慌忙逃窜。这就是施舍换来的财富。反之，若不知施舍，积攒钱财，不仅没益处，还会给自家招致灾祸。譬如晋朝时的石崇，富可敌国，不修德义，最后身遭杀戮，钱财也都被他人占有。

所以说，多余钱财没有用，施舍于人才是福；人一定要懂得“舍就是得”的道理，舍财作福，而不要做愚蠢的守财奴。

护持正法

原文

何谓护持①正法？法者，万世生灵之眼目也。不有正法，何以参赞②天地？何以裁成③万物？何以脱尘离缚？何以经世④出世？故凡见圣贤庙貌，经书典籍，皆当敬重而修饬之。至于举扬正法，上报佛恩，尤当勉励。

注释

①护持：保护、维持。

②参赞：参赞化育，指人协助天地自然化育万物。

③裁成：筹谋而成就之。

④经世：入世，指治理国事或阅历世事的意思。

译文

什么是护持正法呢？法，是世间一切生灵的眼睛。若没有正法，怎么能协助天地化育万物呢？怎么能辅助自然成就万物呢？怎么能脱离尘俗的束缚呢？怎么能入世、出世呢？所以，但凡见到先贤的宗庙，以及经书典籍，都要心存敬重，并尽力去维护整理。至于弘扬正法，报答佛祖的恩德，这种事情更应该努力去做。

经典解读

正法，不单单指佛法，而是世间一切好的道理，佛家提倡的慈悲，儒家提倡的仁义，法家提倡的公正，墨家提倡的节俭……这些所有能够被世人所认可的好的道理，都可以称之为“正法”。护持正法，既要持，又要护。持，就是自己坚持恪守，不违背；护，就是要维护，与破坏正法的行为作斗争，反驳不合正法的异端邪说。

孔子说：“人能弘道，非道弘人。”人行善就是为了将善道发扬光大，而不要去追求通过行善获得什么利益。要有为护持正法而奉献、牺牲的精神，而不要将正法当作谋利的幌子。若觉得那些好的道理，能掩饰自己谋私的便宣扬它们，当它们不能为自己谋私的时候，就抛弃它们，那便成了乡愿之辈，成了危害正道的贼。

哲理引申

护持正法

正法，就是正道，世间一切好的道理，譬如仁义、慈悲、公正……这些是社会能够有序进行的根本。没有正法，或是正法遭到破坏，那社会就必然陷入混乱，生活在其中的所有人都要遭受危害。所以，君子要造福天下，造福万民，最重要的就是护持正法，使这些原则不受侵犯，得到彰显。

护持正法，首先要认同正法。知道正法是好的，也就是儒家所说的是非之心。推崇仁义，而反对残暴；推崇慈悲，反对杀戮；推崇公正，反对压迫；推崇和平，反对战争……一定要树立正确的是非观，这是人能够认同正法，有护持正法意愿的前提。

护持正法，其次就是要坚持正法，持有正法而不疑惑，不抛弃。譬如孔子称赞颜渊，能够长时间恪守仁道；譬如陶渊明，宁愿辞官不做，也不会为了富贵而向五斗米折腰；譬如西去取经的玄奘法师，路上历经艰难险阻也不放弃对正法的追求……这些都是护持正法的体现。

护持正法，还要能弘扬、宣扬正法。正法是给世人带来安宁、幸福的，然而很多人不了解正法，不知道正法的好处，此时先觉悟的人，就应该教育、劝导他人，使他们得到正法带来的好处，同时也使正法发扬光大。北宋大臣文彦博，就是一个能弘扬正法的人。文彦博一生出将入相，闻名四海，世人都称之为贤相。他信奉佛法，皈依佛门，敬重德行，爱好行善。晚年卸职以后，向道之心更加勇猛，诵经念佛，早晚行坐，从不懈怠，他常常发愿："愿我常精进，勤修一切善；愿我了心宗，广度诸含识。"每见有人性情兢刻，或是行为不检点，他就劝人念佛，告诫人要心怀慈悲，当时士大夫受其感化，念佛者颇多。古代人的平均寿命都不长，而文彦博却活到了九十二岁的高龄。

护持正法，还要能维护正法，发愿与违背正法的行为作斗争。既然说要护持正法，那一定有和正法相反的价值观，面对这些不合正法的价值观时，要勇于站出来与其进行斗争，以维护正法的权威，使民众不被异端邪说所迷惑。

南北朝时，佛教十分昌盛，出现了很多有道高僧，但也混入了很多"假僧人"，他们虽然加入佛门，却不是为了真心修道，而是欺世盗名，逃避兵役。所以当时，很多人都不再敬重佛教，认为佛教就是那些假和尚所代表的东西。北周武帝统一北方以后，便决定消灭佛教。

一天，武帝将文武百官和天下有名的高僧都召集到大殿中。他当众宣布："天下久经战乱，民众需要休养生息，而佛教无益于教化，只会扰乱人心；且僧人不事生产，以空言骗取百姓供养，是贫穷产生的重要根源，所以朕要下令，废除佛教！"

大殿中一阵骚动，百官议论纷纷，高僧们更是面面相觑，惊慌失措。但他们都畏惧皇帝的威势，不敢提出异议。武帝看到这种情况，非常满意。

就在这时，有个僧人从人群中走出来，高声说："陛下，此事万万不可！"

人们的目光都集中在这位僧人身上，原来这就是当时著名的和尚慧远。众人都不禁为慧远捏着一把汗。武帝听到有人反对后，脸上陡然变色，不悦地说："为何不可！"

慧远毫无惧色，仰头直视武帝，朗声答道："陛下疆土辽阔，地位至尊，本该维持教人向善的佛法，使众生都可以了解佛理，认识真佛，怎能废除呢？”

武帝说：“真佛众人自然知道，不需要借助佛经和佛像。”

慧远说：“汉明帝之前，没有佛经、佛像，众人为何不知道真佛是什么呢？”

武帝不能回答。

慧远又说：“如果不借助佛教，人们就能懂得佛法的真谛。那么三皇五帝没有文字的时候，人们就应该知三纲五常之类的东西了。但那时的人们，只知其母，不知其父，和禽兽一样。”

武帝不能反驳他，但已经显露出了恼怒的神色。

慧远又说：“若因为佛像无情，就要废除佛教。那么宗庙中前代天子的画像，难道就有真情，必须加以尊敬吗？”

武帝说：“佛经是外国的法，本国不用。”

慧远说：“如果因为是外国的法就不用，那么孔子昔日的说教来自鲁国，难道秦国、晋国就要废除仁义的行为吗？”

武帝不回答。

就这样，慧远一连问了十几个问题来反驳，武帝大多不能回答，满面怒气。众僧都听得目瞪口呆，唯恐武帝一怒之下下令处死慧远。幸好武帝因为理屈词穷，不便下手，而传旨让众僧先回去。

退出大殿以后，众僧人纷纷上前，握住慧远的手，声泪俱下地说：“天子的威势难以犯触，你能穷经理而护佛法，的确是活菩萨。武帝的罪过不可恕。你为护法尽了心。”

慧远说：“正理必须伸张，哪里顾得上性命。”

后来，武帝还是下达了禁佛的命令，慧远则躲到汲郡西山之中，在山中勤奋修道。隋朝建立后，隋文帝大兴佛法，慧远因为当年为佛法辩护而受到了皇帝的器重。

正法是社会运行的基础，护持正法的志士便是社会的栋梁。世上任何学说都有被误解、歪曲的时候，越是这个时候越需要人们来护持正法。历史上那些有作为的圣贤之人，都是看到世风日下、道德倾危，能够奋起而维护正法的，他们让世人重新重视圣贤的大道，从愚迷之中解脱出来，所以能获得后人的尊重。一切有见识者，都应该有一颗慧远禅师那样的护持正法、为正法献身的心。

敬重尊长

原文

何谓敬重尊长？家之父兄，国之君长，与凡年高、德高、位高、识高者，皆当加意奉事。在家而奉侍父母，使深爱婉容[①]，柔声下气，习以成性，便是和气格天[②]之本。出而事君，行一事，毋谓君不知而自恣[③]也。刑一人，毋谓君不知而作威[④]也。事君如天，古人格论[⑤]，此等处最关阴德。试看忠孝之家，子孙未有不绵远而昌盛者，切须慎之。

注释

①婉容：容貌保持温和。

②和气格天：以和气感动上天。

③自恣：恣意妄为。

④作威：滥用权威、作威作福。

⑤格论：金玉良言，精辟、正确的定论。

译文

什么是敬重尊长呢？家中的父亲、兄长，国中的君主、长者，凡是同年纪高、德性高、地位高、见识高的人相处，都要加倍敬奉他们。在家中侍奉父母，要有深爱他们的心和温婉的容貌，对他们讲话要柔声和气，这样逐渐养成习惯，和气就能逐渐积累以至感动上天。在外侍奉君主，无论做任何事，都不要怀着君主不知道的侥幸心态而肆意妄为；惩罚任何人，都不要怀着君主不知道的侥幸心态而作威作福。侍奉君主就要像侍奉上天一样虔诚而不敢欺瞒，这是古人的金玉良言，这些事最关乎人的阴德。试看那些以忠孝为家风的人家，子孙后代没有不兴旺发达的，对此一定要格外谨慎小心。

经典解读

敬重尊长，最重要的是尊重家中的父母、长辈，这就是孝，是中国传统美德中最为重要的一项。连禽兽都有跪乳反哺之情，人而不孝，何以为人？孝敬父母、长辈，是一个人最基本的道德，若连孝都不能做到，那也就白长了个人的面目。敬重尊长，也要尊敬自己的同辈兄弟，尤其是年长于自己的哥哥，这就是悌。兄弟友爱，家庭才能和睦，家族才能兴旺发达，也能让父母长辈安心。敬重尊长，除了尊重自己家中的长辈、兄弟外，还要尊重君主，尊重年高、德高、位高的长者。一方面这是孝悌之心的发挥——“老吾老，以及人之老”；另一方面，也是对道德、知识的敬畏。年老代表着丰富的生活经验，人们常说：“不听老人言，吃亏在眼前。”尊重老人，就是尊重他们的生活经验，尊重知识。能够居于高位者，必然有居于高位的道理，要么是其先祖有德，受到余荫；要么是其自身有值得让人钦佩的道德、才能，尊重他们就是尊重道德，尊重贤能。

有子说：“其为人也孝弟，而好犯上者，鲜矣；不好犯上，而好作乱者，未之有也。君子务本，本立而道生。孝弟也者，其为仁之本与！”孝悌之道是为人的根本，是践行仁道的基础，君子的一切追求都应该由“孝悌”两个字开始。

哲理引申

孝道是为人的基础

佛经中说：“慈父恩高如山王，悲母恩深如大海。”山是世上最高大之物，可父亲对子女的恩情比山还要高；海是世上最深之物，可母亲对子女的恩情，比海还要深。我们的生命就是父母赐予的，没有他们哪来我们呢？十月怀胎，养育之恩，一生不变的关心、教导，这些都是子女们如何也不能完全报答的，人一定要懂得饮水思源，无论自己如何，都要铭记父母的恩情，尊重他们，孝敬他们，努力回报他们。

百善孝为先，孝是一切德行的根源。一个人若连孝顺父母都做不到，又怎么会去爱别人呢？对一个人进行评价，最基本的就是看其是否能够孝顺。孝顺的人，良知就没有泯灭，即便其他方面存在不足，也是可以教导、挽救的。若是连孝顺都不知道，连父母都不爱敬，那这个人就是禽兽不如，一切恶行都会在他身上展现。

孝顺不止于亲生父母身上，对继父母、养父母、公婆等应该一般对待。

二十四孝之中的闵子骞、王祥，之所以被后人尊重，就是因为他们能孝顺继母。闵子骞是孔子的弟子。他的母亲去世得很早，父亲娶了后妻。继母又生下了两个孩子，所以对闵子骞很不好。到了冬天，继母做了三件棉衣，给自己亲生孩子的两件用棉花絮里，而给闵子骞的一件，却用芦花填充。后来闵子骞的父亲察知了真相，十分愤怒，想要将继母赶回家去。但闵子骞跪着拉住父亲说："继母在时只有自己一个人挨冻，继母若走了，三个孩子就都挨冻了。"继母听到以后，也十分感动、愧疚，从此待闵子骞和自己的儿子一样。闵子骞侍奉父母也更孝顺。王祥的故事也类似，母亲去世得早，继母不喜欢他，多次陷害他。但王祥对待继母如初，最终使继母感动。恪尽孝道的人就当如此，对自己的父母尽孝，也能对别的长辈尽孝。

唐朝博陵崔家，有个唐氏媳妇，她的婆婆长孙夫人，年纪很高，身体老迈，牙齿也都脱落光了，饮食不能自理。但唐氏非常孝顺，每天谨慎侍奉婆婆吃饭、安息。婆婆不能吃坚硬的东西，唐氏便每天早起专门熬粥糊来给她吃；因为害怕婆婆长期吃粥，体力不济，唐氏想尽办法来奉养婆婆，帮她补充营养。这样经过了多年，老夫人虽然没有牙齿，多年不吃饭粒，身体却仍然保持健康安宁。

后来，老夫人病重，将要过世时，老人召集全家所有子孙来到床前，对他们说："这么多年来，我能够延续生命，全靠这个贤孝的媳妇，这份恩情，今生今世无法报答，但愿我后世子孙，都能像我这媳妇一样贤孝，那我就感到万分欣慰了。"此后，崔家便将孝顺作为家风，世代传承下去。

其后，崔氏子孙世代昌盛，唐氏的儿子崔邠，官任同州刺史，他生了八个儿子，个个都有才名，闻称当世。整个博陵崔氏家族，官至尚书及节度使等朝廷重臣者，多达数十人。

博陵崔氏，以孝顺传家，所以能够兴旺发达起来，历史上也有因为不孝而遭到世人唾弃，家族衰微的。

唐德宗年间，大臣李皋在温州任职，一次他到境内各处去巡视，看到一个白发苍苍的老妇人，独自一人哀伤哭泣，心中十分怜悯，便上前询问她的身世境况。老妇人回答说："我是李氏的妇人，生了两个儿子，一个叫李钧，一个叫李锷，他们先后离开家乡，到京都去参加科举考试，以求取功名，可是至今已经二十年了，一直没有回乡探望。这二十年来，我孤苦伶仃，贫穷挨饿，到如今已经无法继续维持生活了……”话未说完，老人便悲伤哽咽，失声痛哭。李皋听完以后，十分震惊，因为老妇人所说的两个儿子都已经在朝中做了高官，李钧是殿中侍御史，李锷是京兆法曹，两人在京城都颇有声望。

李皋一方面安顿老妇人，一方面派人调查老妇人说的话是否属实。经过调查，确认为官的李钧、李锷的确是这个老妇人的儿子。李皋不仅感慨说：“为人子弟‘入则孝，出则悌’，在家里能对父母心存恭敬，服劳奉养，以尽孝道，出门在外才能仁爱推及一切人，像李钧、李锷这样忘本之人，在朝为官，怎能公正尽忠呢?”于是，上书朝廷，列举李氏兄弟的不孝之过。真相曝光以后，满朝哗然，皇帝立刻下令免除了二人的官职，并将他们流放到远方，终身不录用。天下人知道以后，都对李钧、李锷感到羞耻，朋友和他们绝交，没有人愿意和他们做邻居。

崔氏以孝顺传家，从而使家族兴旺；李氏兄弟不孝顺母亲，而被世人唾弃，无处立身。可见孝顺是美德的基础，也是一个人立身社会的根基，一个家族兴旺发达的根基。每个人生活在社会之中，无论从自身道德出发，还是从个人、家族的前途考虑，都必须做到孝顺父母、尊长。

爱惜物命

原文

何谓爱惜物命？凡人之所以为人者，惟此恻隐之心[①]而已；求仁者求此，积德者积此。《周礼》：“孟春[②]之月，牺牲毋用牝[③]。”孟子谓君子远庖厨[④]，所以全吾恻隐之心也。故前辈有四不食之戒，谓闻杀不食，见杀不食，自养者不食，专为我杀者不食。学者未能断肉，且当从此戒之。

渐渐增进，慈心愈长。不特杀生当戒，蠢动含灵，皆为物命。求丝煮茧，锄地杀虫，念衣食之由来，皆杀彼以自活。故暴殄之孽，当与杀生等。至于手所误伤，足所误践者，不知其几，皆当委曲防之。古诗云：“爱鼠常留饭，怜蛾不点灯。”何其仁也！

善行无穷，不能殚述[⑤]；由此十事而推广之，则万德可备矣。

注释

①恻隐之心：同情之心、怜悯之心。

②孟春：早春。

③牝：雌性牲畜。

④庖厨：厨房。

⑤殚述：尽述。

译文

什么是爱惜物命呢？人之所以是人，就是因为在内有颗恻隐之心；求仁的求的就是这个，积德的积的也是这个。《周礼》中说："孟春之时，祭祀不要用雌性动物。"孟子称君子要远离杀生的厨房，这些都是为了让人保全恻隐之心。所以前贤有四种肉类不吃的训诫，指：听见宰杀动物的声音，便不吃它的肉；看到宰杀动物的场面，便不吃它的肉；自己喂养的动物，不吃它的肉；专门为我杀掉的动物，不吃它的肉。人们不能完全不吃肉，至少也应该从这四不食开始戒起。

修为渐渐增进，慈悲心不断增长，不仅仅杀生之事应该戒止，世间一切众生都是生命，都当爱护。抽取蚕丝时需要煮茧，耕种土地时会杀死虫子，想到衣食之用的由来，都是杀死别的生物来维持自己生活。所以糟蹋粮食、浪费衣物的罪孽，都当与杀生之事相同。至于失手误伤、失足踩伤的就更是数不胜数了，这些都当想方设法地避免。古诗说："怜爱老鼠，就常常留下点儿剩饭，怜惜飞蛾，夜里就不点燃灯火。"这是多么仁慈啊！

善行是无穷无尽的，不能一一详细述说；只需从这十件事情上逐渐往外推广，那么最终所有的功德必然都能具备。

经典解读

爱惜物命，就是珍惜生命，不仅仅是人类的生命，也包括其他各种生物的生命。孟子说过："恻隐之心，人皆有之。"又说，"无恻隐之心，非人也。"但凡是人都应该有同情心、怜悯心，看到别人受苦受难，就要有种感同身受的心情，努力去帮助他们摆脱困厄；看到别的生命遭到摧残，就要有点儿不忍心的念头，应该想到它们的痛苦、悲伤，即便不能去营救，也应心存怜悯，至少自己不要再去加重它们的苦难。孟子说："君子之于禽兽也，见其生，不忍见其死，闻其名，不忍食其肉。”这就是君子的恻隐之心。

“己所不欲，勿施于人”，我们都知道自己的生命只有一次，是最为宝贵的，可别的生物又何尝不是如此呢？上天赋予它们生命，让它们享受美好的世界，我们有什么权力去剥夺？动物都是有灵性的，那些生命遭到摧残的动物，心中难道不会存在怨恨吗？不珍惜生命，众怨所集，福德也就损害了。

哲理引申

珍爱生命，远离杀戮

生命是世间最为宝贵的东西，爱惜生命、使万物繁荣生长，是天地自然之道，一个人若轻视生命，滥杀无辜，就是违背天地之道，必然要受到惩罚。譬如古代那些嗜杀的将领们，杀人之时手起刀落，但最终肯定会因为滥杀无辜而失去人心，给自己招致灾祸，如白起、项羽等都因滥杀而不得善终。

历史上滥杀而遭到报应的故事不胜枚举。相传，三国时蜀国车骑将军邓芝攻打涪陵，路上看到一个黑猿在山上攀缘，邓芝伸手拉弓，射中了猿猴。猿猴从山上落下，跌死在地上。这时邓芝看到有个小猿猴在它的怀里哀鸣，又从树丛中摘下叶子，塞在死去母猿的伤口中。邓芝十分感伤，叹息说：“唉！我违逆物的本性，恐怕将要死了。”不久邓芝便去世了。

南北朝时，有个叫王敬则的将领，担任暨阳县令，当时县内有一些盗贼，常常骚扰百姓。王敬则派出人劝告他们，说若能出面自首，改过自新，一定替他们申请减免罪刑，盗贼不信。

当时县中有个非常灵验的神庙，为了招降盗贼，王敬则便当众在神庙中立誓，说：“一定履行诺言，绝不相负。”那些盗贼本来就是出身于贫苦农民，最初因为战乱、官府的逼压才做了强盗的。他们见县令能够宽恕自己的过错，便商量决定从此改过从良，重新好好做人。于是，一起出面自首。

可王敬则在盗贼自首以后，立刻背弃了誓言，下令将他们全部抓起来，准备处斩。有人劝说：“这些人既然自首，就说明他们有悔改之心了，将来多加监督、教导必定可以成为良民，为何随意杀死这么多性命呢！”王敬则不听，他说：“这些人不过是山上盗贼罢了，何必对他们守信。我不知道他们将

来能不能悔改，但今天一下杀了，以后就肯定没有机会作乱了。”

于是，王敬则向众人宣布说：“我先前在神庙中起誓时，暗自发愿说假若违背誓言，愿以十头牛祭神还愿。”于是，下令让人牵来十头牛一起杀死，又将罪犯一概斩杀。行刑时，牛的哀鸣声，犯人的呼喊咒骂声连成一片，观看的人都心中凄恻，王敬则不为所动。

后来王敬则为萧道成逼迫宋主禅位，因功被拜为寻阳郡公。在齐明帝即位以后，多杀朝臣，王敬则自生疑虑，图谋造反，兵败被杀，子孙都被夷灭。

王敬则违背诺言，滥杀无辜，最后自己也兵败族灭，后人都认为这就是嗜杀者的报应。一个宽厚有德的人，一定不会滥杀生命，他们不仅爱惜同类的性命，甚至还能推及其他物类之上，不残害禽兽鱼虫。他们的心中充满仁慈、和气，故能积累福泽，获得善报。

六祖慧能逃避追杀的时候，曾经寄身猎人队中。猎人常常煮肉作为食物，慧能从来不吃肉，只吃肉锅旁边的青菜。猎人让他看管陷阱，慧能却往往驱赶动物，使它们远离险境。若是陷阱中捕得活的动物，慧能还会小心将他们释放。猎人们眼看猎物数量下降，都很疑惑，后来他们才发现是慧能放了猎物。开始的时候，他们还埋怨慧能，但很快就被慧能的仁善之心所感动，慧能又对他们讲了杀生的不好，劝他们不要再随便杀鸟兽。很多猎人因此放弃了捕猎的生活方式，回到山下开始耕田为生。六祖慧能不仅自己爱惜物命，还能劝别人不杀生，所以他能修得正果，将禅宗发扬光大，这也可以说是上天给他的福报。

随着网络越来越发达，虽大大便利了人们的生活，但其中也出现了一些负面的信息，如虐猫、虐狗的消息。有些人认为自己敢于虐待其他动物，敢于杀生就是勇敢了，就比别人厉害了。其实，这是典型的不分是非。不懂得爱惜生命，说明一个人野蛮、没有教养，道德卑劣；越是对弱小的性命表现出残忍，越能体现一个人的懦弱无能。

恻隐之心，人皆有之。我们要向圣贤学习，发挥自己的恻隐之心，去爱惜世上的任何生命，用仁慈、善良来对待这个社会，远离残忍与杀戮。

谦德之效

谦虚体现着一个人的美德，是处世为人最高明的智慧。“满招损，谦受益”，谦虚的人才能获得无穷的益处，而骄傲自满的人只能招致损害。成功的人生一定要从学会谦虚开始。了凡先生在第四训中就着重强调了谦虚的美德，他引经据典，罗列事实，就是告诉世人一定要谦虚，谦虚，再谦虚！只有谦虚者才能主导成功的人生。

天道好谦，谦者必达

原文

《易》曰[①]：“天道亏[②]盈而益谦；地道变[③]盈而流谦，鬼神害[④]盈而福谦，人道恶盈而好谦。”是故谦之一卦，六爻皆吉。

《书》曰：“满招损，谦受益。”予屡同诸公应试，每见寒士将达，必有一段谦光可掬。

注释

①文字出自《周易·谦卦》的彖辞。

②亏：削损。

③变：改变、溢出。

④害：损害、降祸。

译文

《周易》中说：“上天之道，是使盈满的受损而补偿谦逊的事物；大地之道，是使盈满之处溢出而流向谦逊的地方；鬼神之道，是使盈满者受到殃祸而赐福谦逊者；人的本性也是厌恶盈满的人而喜欢谦虚的人。”所以在“谦”卦中，六爻都是吉利的。

《尚书》中说：“满招损，谦受益。”我多次和同乡诸贤士一起参加考试，每次看到那些将要发达的寒门学子，都必然有一脸谦逊之色。

经典解读

上天不喜欢盈满，过分的东西一定会削弱，所以“日中则昃，月满则亏”；大地不喜欢盈满，所以水涨满了就要溢出，山过高了就要崩塌；鬼神不喜欢盈满，所以骄奢自满的人必然遭受损害，而谦虚恭谨的人则受到赐福；人们同样不喜欢盈满，都会主动接近谦恭有礼的人，而远离傲慢自大的人。一个人有没有德行，往往从他是否谦虚上就可以看出来——孔子德行最为隆盛，最重要的表现就是“温良恭俭让”；那些道德低劣的昏君乱臣，无不是自以为是，骄傲放纵的。

我们平时做人处世，一定要遵从天地之道，顺从鬼神的意愿，以圣人为规矩，时刻保持谦恭、温和的态度。如此才能避免因骄傲而败亡，因自大而取祸，最终在道德、学问之上取得应有的成就。

哲理引申

谦卑得福，自大取祸

阳明先生在为弟子讲学时，曾经说过这样的一段话：人生最大的毛病，只是一个“傲”字。身为子女的傲慢，一定不孝顺；身为臣子的傲慢，一定不忠诚；身为父亲的傲慢，一定不慈爱；身为朋友的傲慢，一定不诚信。尧的儿子丹朱、舜的兄弟象都不肖，也只是因为一个“傲”字，一个“傲”字便定下了一生的命运。诸位一定要经常领会这点。人心原本就是天然的理，精明纯洁，没有纤毫沾染，只是有一个“无我”罢了。胸中千万不可“有我”，“有我”便是傲慢了。古代圣贤有诸多优点，也都是因为“无我”而已。“无我”便能自谦，谦谨是一切善的基础，傲慢是一切罪恶的根源。

在阳明先生看来，人的命运就系在一个“傲”字之上。胸中傲慢自大的人，一定是道德不足的，他一定不会成功；胸中谦卑恭谨的人，其他方面的道德也必定高尚，这样的人才能有所作为。

《素书》中也说："孤莫孤于自恃。"傲慢自大，自以为是的人在交往之中是最令人厌恶的，没有人会愿意接近他们，他们必定会陷入孤立无助的境地之中，从而遭受失败。三国的时候，名将关羽，忠诚、勇敢、有智略，然而却有一个"傲"字不能改。他不仅轻视对手，还轻视盟友，轻视手下的人。糜芳、傅士仁、刘封都是带兵的大将，关羽却瞧不起他们，所以这些人要么投降，要么坐视关羽失败而不去救援；孙权是刘备联合抗曹的盟友，关羽却不给孙权面子，用"虎女焉能嫁犬子"来拒绝孙权求婚的好意，所以孙权转而生恨，趁关羽伐魏时偷袭荆州，导致关羽败亡。

人无论取得什么样的成功，都不要忘乎所以，自认为了不起，否则必定失败。

秦朝末年，项梁在江东起兵，起兵以后连连取得胜利，便骄傲起来。他领兵西进，到达定陶，连续两次击败秦将章邯，又派遣刘邦、项羽击杀秦将李由，从而更加轻视秦军。宋义规劝他说："打了胜仗后，如若将领骄傲、士兵怠惰，必定会失败。现在士兵已有些怠惰了，而秦兵却在一天天地增多，我替您担心啊！"项梁听后，很不高兴，不采纳宋义的建议，又打发他出使齐国。宋义在路上遇到了齐国使者，便对使者说项梁骄傲自大一定会遭受失败。果然，没过几天，章邯便率军大破楚军，项梁战死。

三国之时的马谡也是这样，他曾经多次给诸葛亮出谋划策，得到诸葛亮的信任，便以此自满，认为自己很了不起。诸葛亮北伐之时，派遣马谡和将军王平一起守卫街亭。诸葛亮吩咐他驻守在山下，马谡却自以为是，将阵营迁到山上，王平苦苦劝谏，马谡不听，且出言讥讽王平不懂兵法。结果，魏军将山团团围住，蜀兵不战自溃，马谡回去以后，被诸葛亮以军法处死。

前秦的苻坚也是因自大而导致的败亡。苻坚在王猛的辅佐下，统一了长期战乱的北方，应该是很有作为。但很快变得骄傲起来，在王猛去世以后，他不顾王猛的遗诫和大臣们的劝谏，执意征讨东晋。大臣们说东晋有长江天险，不可轻易讨伐。苻坚却说："我有百万大军，人人都将马鞭投入长江，就能使长江断流！”然而，在淝水之战中却一触即溃，苻坚仓皇逃窜，落下了风声鹤唳、草木皆兵的笑话。

谦虚使人进步，骄傲使人后退；谦虚使人成功，骄傲令人失败；谦虚使人获福，骄傲使人受祸。傲慢自大，是一种卑劣的品质，是一种极为低级的愚蠢。子思曾经对孟子说：“自大而不修其所以大，不大矣。”真正的伟大源自于内心的谦恭与真实，绝非自以为是，傲慢不恭。

势力再强大也经不起骄矜，基业再丰厚也经不起狂妄，自恃者无功，自傲者必败，真正拥有智慧的人，一定会在与人交往之时，努力避免骄傲自大之心。

谦者厚德，天必助之

原文

辛未（1571年）计偕[①]，我嘉善同袍[②]凡十人，惟丁敬宇宾，年最少，极其谦虚。

予告费锦坡曰：“此兄今年必第。”

费曰：“何以见之？”

予曰：“惟谦受福。兄看十人中，有恂恂款款[③]，不敢先人，如敬宇者乎？有恭敬顺承，小心谦畏，如敬宇者乎？有受侮不答，闻谤不辩，如敬宇者乎？人能如此，即天地鬼神，犹将佑之，岂有不发者？”

及开榜，丁果中式。

丁丑（1577年）在京，与冯开之同处，见其虚己敛容[④]，大变其幼年之习。李霁岩直谅[⑤]益友，时面攻其非，但见其平怀顺受，未尝有一言相报。予告之曰：“福有福始，祸有祸先，此心果谦，天必相之，兄今年决第矣。”已而果然。

注释

①计偕：指举人赴京参加会试。

②同袍：朋友、同乡。

③悃悃款款：恭谨温顺，忠实诚恳貌。

④虚己敛容：虚心待人，容貌庄重。

⑤直谅：耿直、坦率。

译文

辛未年（1571 年）与同乡举人一起赴京参加会试，我们嘉善同乡一共十人，其中有个人叫丁宾，字敬宇，年纪最小，极为谦虚。

我对同行的费锦坡说：“这位兄台今年一定会考中。”

费锦坡问：“如何能看出来？”

我说：“只有谦逊的人才能获得福报。你看我们十人之中，还有谁像敬宇一样忠实诚恳的呢？还有谁像敬宇一样恭敬顺承、小心谦逊的呢？还有谁像敬宇一样受辱不反击、闻谤不辩解的呢？人能像他这样，天地鬼神都会前来佑护，岂能不发达？”

等到发榜的时候，丁敬宇果然高中了。

丁丑年（1577 年），我在京城，与冯开之住在一起，只见他谦虚谨慎，神色端庄，完全改变了幼年时的习性。他的朋友李霁岩为人正直坦率，经常当面指责他的过失，他从来都是坦然接受，没有一句反驳辩解的话。我对他说：“福气有福气的开始，灾祸有灾祸的根源，心中果然谦逊恭谨，上天一定会帮助你。你今年一定会高中的。”后来发榜，他果然高中。

经典解读

丁敬宇、冯开之两人都能谦恭待人，所以了凡先生在考试之前就预测他们一定会考中，果然都不出所料。这就证明了谦恭的好处，说明了这样一个道理：越是有实力的人，越懂得谦虚；越是谦虚的人，越容易成功。

俗话说：“一瓶子不满，半瓶子晃荡。”越是学识渊博的人，越能认识到自己的不足，所以他们不会到处炫耀自己的才能，不会到处卖弄知识。反而那些略有一点儿本领，学了点儿皮毛的人，往往认为自己了不得，到处卖弄夸耀。这样的人，在别人眼中只不过是上蹿下跳的小丑而已，只能贻笑大方。

哲理引申

聪明人，不炫耀

丁敬宇、冯开之都是有学问的人，所以能够金榜题名，而他们却时刻谦虚谨慎，从不炫耀自己的学问。这种不炫耀，正是他们身上的可贵之处。不炫耀，说明一个人有广阔的胸怀、高远的志向，所以他不为当前所取得的一点儿小成就而自大自满；不炫耀，说明一个人有淳厚的美德，他不愿炫耀自己而给别人带来压力，不炫耀自己的才能而伤害那些不能者的心；不炫耀说明一个人有足够的智慧，他懂得什么才是最重要的——知识本身，也懂得什么是微不足道的——虚名虚誉。

几千年前老子就曾说过：“自见者不明，自足者不彰，自伐者无功，自矜者不长。”越是有道德、有才能的人就越懂得低调、谦和，懂得学无止境；越是没有真知灼见、没有智慧的人，就越喜欢夸夸其谈，张牙舞爪。越是志向高远的人，越没有时间来浪费在炫耀显摆之上；越是目光短浅，无所事事的人，越会将生命浪费在自夸自乐之上。

田骈是战国之时齐国的名士，很有见识，所以当时很多人都去拜访他探讨学问。一天有位客人前来，他的衣服合乎法式，他进退合乎礼仪，举止娴雅，言辞敏捷，谈起治理天下国家的大道理滔滔不绝。田骈在一旁静静地听客人高谈阔论，等客人说完，田骈就找一个理由谢绝了他。

客人出去以后，田骈目送他远去。陪侍在一旁的弟子不禁感叹：“这位客人真是多闻多知啊！”于是问田骈：“来客是位士吗？”

田骈说：“大概算不上吧！”

弟子很奇怪，问：“他衣服、进退、举止、言辞，没有不出众的地方，为何却算不得一个士呢？”

田骈回答：“客人所掩饰收敛的地方，正是士人所述说施行的；而士人所掩饰收敛的地方，正是客人所张扬炫耀的。火光只照耀一个角落，半个屋子就会昏暗无光。骨骼过早生长，就会疏松而不结实，身材必然难以高大。一个人若不专心道义，只在外表上着意造作，那就很难成才。心志不正，就不能立功。贪得恶施，虽然富有也难以成就大业，灾祸时时都会到来。作为君子，仪容应该像钟山美玉一样纯洁美好却不炫耀自己的光彩，像高山上的大树一样坚强却保持朴实的本性；无论取得什么样的成就，都要真诚谨慎，敬畏教化，不敢骄傲自满；无论受到什么样的肯定，就要宠辱不惊，继续孜孜不倦地学习，永远心地淳朴。这样的人才能够称为士，而刚才来的客人，有了点儿见识就高谈阔论，自以为是，大概他称不上是士吧！”

《荀子·劝学》中说：“不登高山，不知天之高也；不临深溪，不知地之厚也；不闻先王之遗言，不知学问之大也！”人越是见识深远，越是知识渊博，就越会感到世界的广大，知识的无穷尽，就越会了解自己的渺小，自身见识的不足。这样的人怎么会到处炫耀呢？连别人称赞他的长处时，他都难免要生出羞惭之心。那些自以为是，骄傲自大的人，大多是毫无见识的井底之蛙，他们从来未见到过广大的世界，所以才生出那种狂妄的自负来。

《韩非子》中有这样一个小故事：有两个小儿在一起相互炫耀自己的父亲。其中一个说：“我父亲的皮裘比别人的都好，上面多了一条尾巴！”另一个说：“我父亲的裤子穿得很节省，每年冬天都不会磨坏！”原来第一个小儿的父亲是个装狗盗窃的人，所以才穿有尾巴的皮裘；而另一个小儿的父亲则因为犯罪，遭到过刖刑，被砍断了双脚，所以才不浪费裤子。

身为狗盗、遭受刖刑都是十分可耻之事，一般人连隐瞒、避讳都来不及呢，而两个小儿却因为无知而拿来夸耀，这是多么可笑啊！其实，那些经常夸耀自己的人，大多都和这两个小儿一般无知。

真正有学问的人，往往谦逊，不会逢人就显摆；真正有德行的人，往往低调，不会逢人就炫耀；真正有智慧的人，往往沉默，不会到处招摇；真正有品位的人，往往自然，不会矫揉造作……一个人越是炫耀什么，往往代表着他缺少什么。他这种炫耀，要么是故意掩饰，要么是十足的无知。

虚心受教，方能进步

原文

赵裕峰光远，山东冠县人，童年举于乡①，久不第。其父为嘉善三尹②，随之任。慕钱明吾，而执文见之，明吾悉抹其文，赵不惟不怒，且心服而速改焉。明年，遂登第。

壬辰岁（1592 年），予入觐③，晤④夏建所，见其人气虚意下⑤，谦光逼人，归而告友人曰："凡天将发斯人也，未发其福，先发其慧。此慧一发，则浮者自实，肆者自敛。建所温良若此，天启之矣。"及开榜，果中式。

注释

①举于乡：在乡试中考中了举人。

②三尹：官名。各级主官属下掌管文书的佐吏。

③入觐：官员入京朝见天子。

④晤：遇到、见面。

⑤气虚意下：谦卑恭谨。

译文

赵光远，字裕峰，山东冠县人，不满二十岁时就在乡试中中了举人，但多次赶考都不能中进士。他的父亲调任为嘉善三尹，他也跟随赴任了。他十分仰慕钱明吾，拿着自己的文章前去拜访、请教，钱明吾将他的文章全部否定了，赵光远不仅不生气，反而心服口服地迅速改正。第二年，他果然考中了进士。

壬辰年（1592 年），我入京觐见皇帝，遇到了夏建所，见他神气谦虚，恭谨待人，归来告诉朋友说："但凡上天要让某人发达，在未降下福报之时，一定先启发他的智慧；这智慧一旦启发，那么浮躁的人就会沉淀下来，放肆的人就会收敛起来。夏建所如此温顺恭良，上天已经开启他的智慧了。"等到开榜之时，夏建所果然高中。

经典解读

赵裕峰拿着自己的文章去拜访所仰慕的钱明吾，钱明吾很看不起他的文章，将其全部抹掉，普通人遇到这种情况，可能会勃然大怒，心怀怨恨，转身离去；赵裕峰不仅没有生气，反而心中膺服，接受批评。他能以这种心态做学问，所以进步很快，第二年便中了进士。

夏建所也是一个十分谦逊的人，形容他“气虚意下，谦光逼人”，就是说他能够容忍别人的指责，在受到指责之时不仅不生气，反而更加恭谨。通过这个特点，了凡先生就知道他能考中，果然不出所料。

在面对别人的批评指责之时，如何应对显示了一个人的气度、智慧。受到指责，不生气，能反身自省，这就是大气度，有智慧，这是继续求知前进的基础；受到指责，怨恨发怒，则是没气度，没智慧的体现，这样自负、易怒的人是很难有所作为的。

哲理引申

不要误会别人的“不认同”

北宋有个叫苗振的读书人，做了几年官后又准备去朝廷应试。应试之前他专门去拜访了当朝宰相晏殊，拜访之中苗振夸夸其谈，显出一副胸有成竹的样子。晏殊见后便好心告诫他，剩下几天应该好好复习功课，毕竟做了几年官对学问有点生疏。苗振却觉得晏殊轻视自己，满不在乎地说：“一个养护了几十年孩儿的老妈子难道还会倒绷孩儿?”

然而，几天以后，苗振果然在考试之中犯下了错误，把“普天之下，莫非王土”写成“普天之下莫非王”而落选。再次见到晏殊之后，晏殊打趣他说：“你这三十岁的老妈子，将婴孩倒绷了！”苗振感到十分惭愧。

晏殊提醒苗振本是出于好意，而苗振却满不在乎，结果在考试之中闹出错误，贻笑大方。很多时候，别人提醒我们，都是为了我们好，即便言辞激烈，在我们看来是“泼冷水”，我们也不能轻易误解他们的善意，更不能怨恨他们。要知道，越是在你骄傲的时候，能给你泼冷水的人，越是真正关心你的人。那些对你毫不在意的人，哪来时间提醒你；而那些在你越是骄傲自负时，越称赞你的人，往往心中巴不得你失败呢！

苏东坡年轻的时候，就很有才名，也因此有了些自负的情绪。他在京城为官的时候，一日到宰相府拜访王安石，恰好王安石不在家，家人将苏轼请到书房等候。苏轼在王安石的书房中，看到桌上有两句还没有写好的诗，翻开一看便笑了。原来诗句写道："明月当空叫，黄狗卧花心"。明月怎么能当空叫呢？黄犬怎么能卧在花心当中？苏轼觉得王安石大概是为了押韵，不顾现实情况了。于是提笔将"叫、心"二字改为"照、荫"。过了一会儿，没有等到王安石，苏轼便告辞离去了。

王安石回到书房以后，得知苏轼来过，又看到自己的诗句被改动了，并未言语。几天以后，苏轼被一纸文书贬到合浦。临行之时，王安石特意前来送行，嘱咐他："到了南方，凡事要多走访百姓，多调查研究，切勿自以为是。"苏轼表面答应，心中却很不服气：我只不过改了您两句诗罢了，您却如此小气，一下子将我贬到蛮荒之地！

到了合浦以后，苏轼倒也经常下去体验民情。有一天，他看到一种小鸟总在空中不挪地方地振动翅膀不停鸣叫，老百姓都称之为"明月"。又有一次，他听到一群孩子吵着捉黄犬，走过去一看，原来"黄犬"是种常常躲在花心中的毛毛虫。苏轼这才知道自己的过错，也懂得了王安石将自己贬到这里来的深意。

经过这次教训以后，苏轼深悔自己的无知和唐突，从此变得谦逊起来，再也不到处炫耀学问了，受到别人的批评以后也都能坦然接受，不再随意猜疑人家。

每个人都希望得到别人的赞扬、称颂，不愿意受到怀疑、指责，但人们往往忽略一点，那就是是否自己真的配得上所期望的赞扬。当自己的能力有所不足的时候，过度地称颂只会让自己更加骄傲、自负、看不清自身；而善意的批评、指责却能使人醒悟过来，知道自己的不足。称颂赞扬就如美酒，虽然可口，但喝多了却不利于身体健康；批评指责往往是良药，虽然苦口，却有利于消除病患。人要有自知之明，要能辨别是非、好坏。

吴王夫差喜欢听伯嚭的阿谀，不愿意接受伍子胥的批评，最后国家灭亡，羞愧自杀；秦二世喜欢听赵高的奉承，不愿接受李斯的劝谏，最后国家灭亡，自身被杀；项羽骄傲自大，刚愎自用，不愿听从别人的劝谏，最后兵败自刎；刘邦才能不如项羽，唯独善于听取别人的好意见，最后统一了天下……历史上那些大有作为的君主，莫不是善于听取批评、劝谏的；而那些亡国之君，则无不自以为是，骄傲自大。正视他人的“不认可”，才能清晰认识自己的缺点，虚心接受别人的批评，从而避免失败、灾祸；固执地自觉良好，对忠言良药视而不见，只能走向败亡。

所以，当我们感到自我良好之时，若有人来反对我们，为我们泼一盆冷水，一定不要急着反驳，要把这盆凉水当作使自己清醒的良药、弥补自己不足的契机。要感谢那些为你泼冷水的人，正是他们让你不会迷失，永远前进。

谦逊修德，勿迁怒于人

原文

江阴张畏岩，积学工文[①]，有声艺林。甲午（1594 年），南京乡试，寓一寺中，揭晓无名，大骂试官，以为眯目[②]。

时有一道者，在傍微笑，张遽移怒道者。道者曰：“相公文必不佳。”

张益怒曰：“汝不见我文，乌知不佳？”

道者曰：“闻作文，贵心气和平，今听公骂詈，不平甚矣，文安得工？”

张不觉屈服，因就而请教焉。

道者曰：“中全要命；命不该中，文虽工，无益也。须自己做个转变。”

张曰：“既是命，如何转变？”

道者曰：“造命者天，立命者我。力行善事，广积阴德，何福不可求哉？”

张曰：“我贫士，何能为？”

道者曰：“善事阴功，皆由心造。常存此心，功德无量。且如谦虚一节，并不费钱，你如何不自反而骂试官乎？”

张由此折节[3]自持，善日加修，德日加厚。丁酉（1597年），梦至一高房，得试录一册，中多缺行。问旁人，曰："此今科试录。"

问："何多缺名？"

曰："科第阴间三年一考较[4]，须积德无咎者，方有名。如前所缺，皆系旧该中式，因新有薄行[5]而去之者也。"后指一行云："汝三年来，持身颇慎，或当补此，幸自爱。"是科果中一百五名。

注释

①积学工文：积累学问，擅长做文章。

②眯目：指有眼无珠。

③折节：改变昔日的作风。

④考较：考察。

⑤薄行：不好的品行。

译文

江阴人张畏岩，有学问，擅长做文章，在读书人中颇有名气。甲午年（1594年），在南京参加乡试，寄宿于寺中，揭榜后却发现榜上没有自己的名字，便大骂考官，说他们有眼无珠。

当时有一个道人在旁边微笑，张畏岩立刻将怒火发向了道人。道人说："你的文章一定不好。"

张畏岩生气地说："你没有看过我的文章，怎么知道不好？"

道人说："我听说写文章，最重要的就是心平气和，如今听到你在这里怒骂别人，心中很是不平，这样文章怎么能平整呢？"

张畏岩听了道人的话，不觉中服气了，便向道人请教。

道人说："中不中举全靠命运；命中不该中，文章虽然写得工整，也没有用处。必须自己做出转变。"

张畏岩问："既然是命中注定，又如何转变呢？"

道人说："创造命运的是天，决定命运的却是自己。只要努力去做善事，广积阴德，什么样的福求不来呢？"

张畏岩问："我是贫穷之人，能做什么善事呢？"

道人说："善事阴德，都是由心而生的，胸中长存善心，便是无量的功德。就如谦虚一事，并不费钱，你为何不自己反省不足，反而去怒骂考官呢？"

张畏岩从此改变了昔日的作风，谦虚克制，善事越做越多，德行也越来越厚。丁酉年（1597 年），他梦见自己来到一座高大的房子中，得到一份科举考试的录取名册，其中有很多行是空缺的。询问旁边的人，旁边的人回答说："这是今年科举的录取名册。"

张畏岩问："为何空缺这么多呢？"

旁人回答："参加科举的人，阴间也要三年考察他们一次，必须行善积德、没有过错的人才能金榜题名。那些空缺的都是本该考中，却因为最近有了不好的行为而被除名的人。"又指着一行对他说，"你三年以来，持身颇为谨慎，或许能补充到这里，希望你继续保持下去。"那一次科举，他果然考中了一百零五名举人。

经典解读

张畏岩自以为很有学问，没有考中不去反省自己的不足，反而破口大骂考官不懂文章，这就是自以为是、不自知。生活中像这样的人实在是太多了：有的人去面试工作，夸夸而谈，不被别人认可，便称别人不识大才；有人画了一幅画，或是制作了一件雕塑，别人评价不好，不去反省自己水平有限，反而讥笑别人不懂艺术；有的演员、导演，拍了一部电影，在网上得到差评，不知道反省自己的创作水准，却宣称评论的人无知……这些人自认为了不起，自认为高人一等，其实是见识不足，狂妄过头，若不改变这种心态，那在事业上永远不可能取得更高的成就。

孟子说："爱人不亲，反其仁；治人不治，反其智；礼人不答，反其敬。行有不得者皆反求诸己，其身正而天下归之。"别人不认可我们，一定是我们自身存在不足，做得还不够，这时只有反省自身，改过缺点，才能得到他人的认可；若不去反省，而是一味抱怨别人，迁怒于人，那成功是不会自己到来的。

哲理引申

自欺欺人者最可悲

每个人都期望自己是个有能力的人，可以得到别人的尊重，若是身怀绝艺，能力超群，被人羡慕就更好了。可往往很多时候自己并不是，也得不到别人的尊重，反而会遭到忽略、受到轻视。那么这个时候该如何呢？有的人认识到自己的不足，通过勤奋努力，不断弥补自己的缺点，使自己成为真正有能力的人，这样的人可以说是自知自强者。而有的人却不愿付出努力，虽然没有能力，他们却装出一副有能力的样子，以此“骗得”别人的尊重；装的时间久了，甚至连自己也骗过了，便自认为真的很了不起了，像了凡先生所举的张畏岩一样，被人称赞久了就真的以为自己文采不俗了，当受到别人怀疑的时候，他们不知道反省自己，反而怨恨别人“不识才”。他们让自己生活在幻想的成功之中，在虚假中得到快乐，但这种快乐是不可能长久的，必定有暴露真相的一天，那时一切荣耀、满足都会化作羞辱、嘲笑，其实，这种行为是最为可悲的。

南郭先生“滥竽充数”就是这样的例子。

齐宣王喜欢听竽，他让三百人聚集在堂下一起吹竽，给他们丰厚的奉养。南郭先生知道以后，也想获得奉养，就混入其中，每天学着别人吹竽的样子，别人向右摇，他也向右摇，别人向左摇，他也向左摇。虽然每天装得很累，但因为能够吃到美味佳肴，也沾沾自喜起来。然而，好景不长，不久齐宣王病逝了，他的儿子湣王即位。齐湣王虽然也喜欢听竽，不过他只听单人独奏的，他下令每个人一一吹给他听，南郭先生一看，装不下去了，便找个借口逃走了。

现实中很多炫耀者其实和南郭先生并没有什么区别，他们明知自己没有才能，却为了获得某些利益而进行伪装，有的像南郭先生一样，为了骗吃骗喝，有的则是骗取名声、地位，骗取别人的认同。无论是为了什么，这种行为都是一种欺骗，欺骗他人，也欺骗自己。孟子说：“声闻过情，君子耻之。”君子受到别人的推崇，若是超过自己的实际能力，都会感到羞耻，更何况那些自欺欺人的行为呢？必定是他们所不屑，所蔑视的。所以说，自欺欺人者，只能欺骗愚昧无知之人，只能欺骗一时，最终必将遭到唾弃。

南郭先生自欺欺人，虽然可笑，但还没有遭到什么大祸，然而有些人就没这么幸运了：

元末的时候，吴地有个男子，成天在别人面前吹嘘，夸大自己的才能。周围的人都没什么见识，被他一顿忽悠，竟然都称赞起他来。这样时间长了，这人还真以为自己了不起了。他最喜欢吹嘘的就是兵法，吹着吹着，就觉得自己比吴起、孙武还懂军事了。当时正值天下大乱，张士诚在苏州称王，与元朝争雄，战争还没有定胜负。听说了附近有个非常精通兵法的人才，张士诚十分欢喜，连忙派人将那个人才接到苏州。那男子见到张士诚以后，便说："我看当今天下的形势，地形地势没有比苏州更便利的，粮食布匹没有比苏州更富足的，铠甲兵器没有比苏州更坚固、锋利的。但是您却不能称霸，就是因为您的将领太差，都不懂兵法啊，所以打仗的时候，都像老鼠一般打斗，没有一点计谋。若是您让我做将领，去招募懂得作战的士兵，那中原一定可以得到，平定天下也没什么困难啊！"

张士诚听了男子的话，欣喜若狂，立刻提拔他为将军，给他大笔钱财，让他去招募士兵，并告诫管粮的官吏，不要和他计较粮食的多少。这个男子曾经到钱塘游玩，认识了一帮泼皮无赖，于是便前往钱塘招募士兵，将那些无赖都招入军中，给他们官职。这些人每日只知道吃喝玩乐，耗费的钱财数以万计。男子每日与这些招募来的人谈论一些击打刺杀坐下起立的方法，空闲时就杀牛备酒，一起喝酒，偶尔谈两句孙武、吴起兵法之中的话，便觉得大家都懂兵法了。

后来，朱元璋和张士诚决战，这个男子得到命令镇守钱塘，没想到他的军队还没有开战就溃散了，一点儿也不敢和敌人格斗。这个男子也只好带着那帮无赖逃命，没逃多远就被朱元璋的军队抓住，全部押到辕门砍了脑袋。他到临死的时候还说："我擅长孙武、吴起的兵法。"

人或多或少都有些虚荣的心理，都喜欢别人认同、称赞自己，这很正常。但若超出了正常的限度，过于虚荣，甚至为了得到心理或是物质上的满足，而弄虚作假，自欺欺人，那就太可怜了。这样不仅对自身的成长没有任何益处，反而会使自己沦为世人的笑料，给自己带来灾祸。

尺有所短，寸有所长。每个人的优点、缺点体现在不同的地方，在某一方面不如他人是很正常的。我们可以发挥自己的优点，在其他方面得到弥补，也可以通过不懈努力，获得自己所不具备的才能，但唯独不可不懂装懂、不能装能，要知道，这种自欺欺人的行为才是一个人进步的最大障碍。

存心制行，念念谦虚

原文

由此观之，举头三尺，决有神明；趋吉避凶，断然由我。须使我存心制行①，毫不得罪于天地鬼神，而虚心屈己②，使天地鬼神，时时怜我，方有受福之基。彼气盈③者，必非远器④，纵发亦无受用。稍有识见之士，必不忍自狭其量，而自拒其福也。况谦则受教有地，而取善无穷，尤修业者所必不可少者也。

古语云："有志于功名者，必得功名；有志于富贵者，必得富贵。"人之有志，如树之有根。立定此志，须念念谦虚，尘尘方便⑤，自然感动天地，而造福由我。今之求登科第者，初未尝有真志，不过一时意兴耳。兴到则求，兴阑⑥则止。

孟子曰："王之好乐甚，齐其庶几⑦乎。"予于科名亦然。

注释

①存心制行：存善念，行善事。

②虚心屈己：谦虚谨慎，屈节守下。

③气盈：盛气凌人，傲慢自大。

④远器：心胸远大，能担当大事的人。

⑤尘尘方便：处处与人方便。

⑥兴阑：兴尽。

⑦庶几：差不多。

译 文

由此看来，举头三尺，定有神明；趋向吉利、躲避凶灾，都是由我们自己决定的。必须让自己存善念，行善事，丝毫不得罪天地鬼神，且谦虚谨慎、屈节守下，使天地鬼神时时怜悯我，这才有获得福报的基础。那些盛气凌人的人，一定不是心胸远大能成大器之人，即便发达了也无福受用。稍有见识的人，一定不会让自己心胸狭窄而使福泽远离。况且谦逊便能得到受教的机会，能够获益无穷，这尤其是读书人所不可缺少的美德。

古语说："立志取得功名的人，就一定能取得功名；立志得到富贵的人，就一定能得到富贵。"人有了志向，就如树木有了根基。立下了志向，就必须念念谦虚持身，时时与人方便，这样自然能够感动天地，自己求来福泽。如今追求考取功名的人，最初并未真正立下志向，只不过是凭借一时的兴趣罢了。兴趣来的时候就去追求，兴趣尽了就停止。

孟子说："大王既然如此喜欢音乐，齐国治理得大概也就差不多了。"我认为考科举也是这个样子。

经典解读

越是志向远大的人越会谦逊谨慎，因为他们时刻想着远大的志向，不会在小处与人争长比短，浪费大好时光；越是志向远大的人越会屈节守下，因为他们不会与世俗之辈争强好胜，而危害自己的生命；越是志向远大的人，越不会盛气凌人，因为他们明白：成大事，必须包容万物，不能因自己的傲慢使人才疏远自己；越是志向远大的人，越敢于承认自己的不足，因为他们明白：只有了解自己的不足，才能克服缺点，使自己的人格越来越完美……胸怀大志的人，首先就要拥有一颗成就大事的心，它一定是谦虚、恭谨、温良、礼让的，而非傲慢自大、自以为是的。

"王之好乐甚，齐其庶几乎！"孟子认为，一个君王若喜欢音乐，那国家也就应该治理得差不多了。也就是说，只有将国家治理好，才能追求音乐上的享受。只有将道德修养完备，才能去追求名声上的成就；只有将学问做得好，才能得到各种荣誉、地位。君子应该知道什么是自己应该努力追求的，什么是没有必要去追求的。道德、学问这些是人应该不懈追求的，名声、地位这些都是无须去刻意追求的。当你的道德、学问达到了足够的境界，名声、地位等必然自动到来；反之，若你没有足够的道德、学问，却通过其他手段强求得到名声地位，那这些就是没有根基的，即便得到了也将失去。这就和听音乐一样，国家没有治理好，却整天沉浸于音乐美酒之中，等到败亡到来时再后悔就晚了。

哲理引申

满招损，谦受益

《尚书·大禹谟》中说："满招损，谦受益，时乃天道。"几千年前，我们的前辈就懂得了这个道理。自大自满的人，必定会招来损失和灾害，而时刻谦虚谨慎的人，则能获得益处。

人一旦有了自满之心，就会安于现状，不愿意再向别人学习，也不愿听取他人的意见；他的不足，不会得到弥补，他的错误越积越多，最终必将让自己遭到损害。而谦虚的人，能够不断虚心学习，不断进步，他的受益也是无穷的。

春秋之时，楚庄王任命孙叔敖为令尹，执掌全国上下大事。官吏们纷纷前来道贺，都提着礼物，祝贺孙叔敖获得高位，称赞他的贤能。只有一个老者，穿着粗布衣服，戴着白色帽子，最后才来。他不是来祝贺的，反而吊问，孙叔敖的门人很生气，都要打他，将他赶走。孙叔敖连忙制止门人，并非常礼貌地接见了老者，对他说："楚王不以为我无才无德，是个鄙贱之人而任命我为令尹。吏民因此来祝贺我，而先生却独独前来吊问，请问有什么说法吗？"

老者看了孙叔敖一眼，说："当然有说法了。身份已经很高贵但却对人态度骄横无礼的，百姓就会除掉他；官位已经很尊贵但却独揽大权的，国君一定厌恶他；俸禄已经很丰厚但还是不知满足的，是不会富贵长久的。"

孙叔敖听了，再次拜谢说："我恭敬地接受您的教诲，希望您再多说一些。"

老者说："越是谦虚的人，越能承受福泽。官位越高，就应该越没有架子；官职越大，就应该越小心谨慎；俸禄越丰厚，就越应该清廉节俭。你要严谨地遵循这三条，那么就可以保全自身而又能使楚国强大了！"

老人说完就走了，孙叔敖却将他的这些建议都铭记在了心中。无论得到楚王什么样的信任，他都不敢作威作福；无论下属们怎样奉承他，他都不敢怠职忘本；无论获得了什么赏赐，他都要分给下属、百姓……所以，他为官多年，民众越来越爱戴他，楚王越来越信任他，朝中百官、权贵宗亲都对他心服口服。在他的治理下，楚国国富军强，成了天下霸主。

孙叔敖谦恭待人，所以能听到好的意见；谦逊立身、为官，所以能取得全国的信任，建立功业。这就是“谦”的力量。

谦虚的人，不夸耀自己的功绩，而人们往往更加尊重他；不懂得谦逊的人，时刻将自己的功绩放在心上，时间久了，这就会引起别人的厌烦，遭到猜忌，从而给自己带来灾祸。

东汉大将冯异，为人谦逊礼让不矜夸，他走在路上和别的将领相遇时，总是先驾车让开路。每当打完仗驻扎的时候，其他的将军们都喜欢聚在一起夸耀自己的功劳，而冯异却常常一个人独坐在树下，对功绩闭口不言，大家都称他为“大树将军”。将士们了解他谦虚的品性，都愿意追随他，光武帝也因此对他格外尊重。

明朝的时候，蓝玉是个十分出色的将军，他多次统领大军到处征战，尤其北出大漠讨伐蒙古，建立了卫青、霍去病一般的功绩。但他为人却没有卫青那样谦逊，十分骄横傲慢。他倚仗自己功高权重，便不将国家法令放在眼中，肆意强占民田，又蓄养很多庄奴、义子，乘势横行霸道。朝廷御使了解以后，便上门查问，蓝玉大怒，竟然将御使驱赶出门。还有一次，他带兵出关作战，回来的时候在夜里抵达喜峰关。守关官吏没有及时开门接纳，蓝玉竟然纵兵毁关，破门而入，朱元璋知道以后，很不高兴。蓝玉西征返回之后，被封为太子太傅，这已经是很尊贵的官位了，但他却很不满意，说：“我难道不能做太师吗！”就这样，他越来越骄横，甚至把持军权，任凭己意任免军中将校，以至于威胁皇权。后来，有人告发蓝玉谋反，朱元璋立刻下令调查，将蓝玉及其党羽一网打尽，蓝玉被抄家、灭三族，死后还被剥皮食肉。

同样是将军，冯异受到皇帝信任，而蓝玉却遭到猜疑，被处以酷刑，这就是“谦”与“满”的不同下场。古人云：“谦与满，祸福之门。”人的命运决定于自己的性格，谦虚温恭者受福，傲慢自满者受祸，对此不可不慎重。